Michael Delavante

Den inbillade kloke: Om konsten att förneka verkligheten

Reviderad Upplaga

Förlag: BoD – Books on Demand, Stockholm, Sverige
Tryck: BoD – Books on Demand, Norderstedt, Tyskland
ISBN: 978-91-8007-582-4

Innehåll

"Om det inte finns någon fri konversation ackumuleras mänsklig aggression ... Om människan inte kan lösa sina vardagliga spänningar genom ord, kommer de arkaiska primitiva kraven inom henne växa ... Världen faller offer för ackumulerade tvångstankar och till slut bryter kollektiv galenskap igenom. Låt oss tala nu, så att vi inte blir galna djur ".[1]

Joost A. M. Meerloo

Förord

Hur kom det sig att debatten i Sverige förvandlades till en intellektuell återvändsgränd dominerad av människor som tycks ha fastnat i en närmast verklighetsresistent åsiktskorridor? Där alla som ifrågasatte eller på minsta vis försökte problematisera det officiella narrativet angående migrationspolitik, den grova brottsligheten, klimatförändringar eller genusteorier, reflexmässigt stämplades som rasister, nazister, stollar och sexister? Vad baserar de som anser sig ha tolkningsföreträde i dessa frågor sina påståenden på, och vad är det som gör att de anser sig ha rätt att idiotförklara alla som tycker annorlunda än dem själva? Och hur kan det komma sig att styrande politiker, från vänster till höger, tillåtit en utveckling där Sverige har utvecklats till ett av Europas våldsammaste länder och blivit känt som ett paradis för kriminella[1] och en bankomat för bedragare?[2] Med god hjälp av landets ledarskribenter, en lång rad ängsliga forskare och ett otal mer eller mindre världsfrånvända debattörer, vägrade makthavarna in i det längsta se verkligheten för vad den är. Trots en uppenbar ökning av segregation, extremism och grova våldsbrott, matades vi år efter år med falsk retorik och önsketänkande floskler om att Sverige aldrig har varit tryggare. Samtidigt invaggade man folket i en absurd fantasi om att vi alla är mer eller mindre lika och att allt nog kommer att ordna sig bara man är snäll, generös och tolerant mot allt och alla. Oviljan till en öppen och ärlig debatt och kväsandet av dem som har försökt lyfta och diskutera det som sker har medfört att nödvändiga åtgärder fördröjts i årtionden och att Sverige numera blivit ett avskräckande exempel för det övriga Europa.

Först efter enorma mängder skjutningar, sprängningar, brottsoffer och ett sanslöst slöseri med skattebetalarnas pengar började politiker och medier på allvar tala om saker det tidigare inte gick att beröra utan att ramaskrin uppstod. Inte minst tack vare polisens alarmerande rapporter och en allt mer frustrerad allmänhet insåg man till slut det omöjliga i att fortsätta förneka det uppenbara. För att kunna lösa problem måste man ju först tillstå att de existerar. Därefter bör man rimligen försöka utröna hur de kan ha uppstått? Kompetenta politiker och seriösa forskare med självrespekt brukar göra detta oavsett om svaren skaver. Eftersom de slutsatser vi drar aldrig är bättre än informationen de är baserade på måste vi utgå från empiriska fakta för att hitta fungerande lösningar. Utöver det behöver vi dessutom ha någorlunda insikt om hur den mänskliga hjärnan fungerar och vilka filter den tolkar tillvaron genom. Hjärnan innehåller cirka 86 miljarder celler med minst 100 000 miljarder kopplingar. Dessa kallas synapser och skapar intrikata nätverk som styr kroppens organ samt bearbetar, tolkar och prioriterar en ständig ström av intryck från våra sinnen. Om lärande kan definieras som förmågan att skaffa sig nya kunskaper och färdigheter genom instruktion eller erfarenhet, så brukar minne beskrivas som en process genom vilken kunskaper behålls över tiden. Hjärnans förmåga att förändras via inlärning beror på dess plasticitet, det vill säga formbarhet. Eftersom flödet av information aldrig upphör och vi till följd av det också lär oss nya saker genom hela livet måste hjärnan ständigt omforma och anpassa sig efter den information som mottas. Vår hjärna är följaktligen formbar under hela livet och dess funktioner och struktur präglas av den information som den mottar, behandlar och skickar iväg.

Den senaste forskningen tyder på att hjärnan kan lagra information motsvarande otroliga 4,7 miljarder böcker.[3] Det är tio gånger mer än man tidigare trott och praktiskt taget lika med hela internets databas.[4] Hjärnan fungerar dessutom enligt en ekonomisk princip: genom att kategorisera och förenkla får den en känsla av kontroll över tillvaron. Det är logiskt såtillvida att vi måste sortera intryck för att det inte ska uppstå kaos men det innebär inte nödvändigtvis att de tolkningar som ligger till grund för våra slutsatser stämmer överens med verkligheten. Redan 1951 gjorde den polsk-amerikanske psykologen Solomon Asch ett experiment där försökspersoner trodde sig delta i ett syntest. Deltagarna delades in i grupper på sju till nio personer. Vad de inte visste var att det bara fanns *en* försöksperson i varje grupp. Resten var medarbetare till Asch som skulle hjälpa honom att undersöka om grupptryck kunde få försökspersonen att gå mot sitt förnuft och följa massan. Grupperna fick se två bilder, varav den ena föreställde *en* lodrät linje och den andra *tre* lodräta linjer av olika längd. De fick sedan peka ut den linje på bild nummer 2 som de ansåg lika lång som den på bild 1. Assistenterna svarade avsiktligt fel och försökte övertala försökspersonerna att göra likadant. Det visade sig att 77 procent av personerna gav efter och följde gruppen istället för sitt förnuft.[5] Det kan delvis förklaras med att vi är flockdjur och finner trygghet i grupptillhörighet, vilket varit en viktig överlevnadsmekanism i mänsklighetens historia. Kruxet är att det ofta leder till tunnelseende och att vi riskerar välja bort korrekt information till förmån för gruppens acceptans. Den amerikanske socialpsykologen Irving Janis illustrerade detta på ett banbrytande sätt när han på 70-talet studerade fenomenet *"grupptänkande"*.[6]

Uttrycket myntades redan 1952 av journalisten William H. Whyte och är ett psykologiskt fenomen som uppstår när grupper värdesätter konformitet och viljan att uppnå enighet mer än ett kritiskt förhållningssätt till sina egna idéer. Janis upptäckte att grupper ibland eftersträvar konsensus så till den grad att realistiska slutsatser ignoreras och oliktänkande åsikter tystas, varpå en omedvetet inbyggd censur och önsketänkande skapar en skev verklighetssyn. Istället för att förutsättningslöst möta verkligheten fogar sig samtliga inför gruppens konsensus även om det går emot empiriska fakta. Det här gäller både mindre och större grupper, vilket innebär att inte bara religiösa och politiska rörelser, utan även aktivister och akademiker, riskerar att gå i fällan. Andra tydliga drag i grupptänkandet är enligt Janis en överskattning av gruppens egna förmågor och moral samt trångsynthet. För dem som fastnat i grupptänkande är de egna teserna så intellektuellt och moraliskt självklara att varje rättänkande individ bara *måste* hålla med. Gruppen kan helt enkelt inte tåla att någon ifrågasätter eller utmanar deras hjärtefrågor. Eftersom människan är en flockvarelse, vars största rädsla är att bli utstött ur gemenskapen, finns behovet av tillhörighet och rädslan för utanförskap närmast inbäddad i våra gener. Därav följer att både gemene man och så kallade intellektuella oftast brukar rätta in sig i ledet. Följden blir inte sällan att ingen på allvar tillåts störa det officiella PK-narrativets konsensusbild av verkligheten. Det finns flera sätt genom vilket detta brukar ske. Ett är *Ad Hominem,* vilket är ett latinskt uttryck som betyder *"argument mot personen"*. En vanlig metod för att diskreditera ett resonemang genom att förlöjliga, förkasta och vanhedra en individ vars åsikter man ogillar.

De fritänkare som gräver vidare efter information och viktiga pusselbitar i den digitala och urbana världen i sina försök att göra världen mera begriplig har med andra ord en rätt stor utmaning framför sig. Det hela blir inte mindre komplicerat av att uppgifter som tyder på att vi har blivit lurade i en viktig fråga tenderar vända upp och ner på tillvaron varpå en inre konflikt brukar uppstå.

När det sker blir individen tvungen att göra något av följande val:

1. Ihärdigt ifrågasätta informationen och vägra tro på den.

2. Ignorera informationen och fortsätta som förut.

3. Med ett öppet sinne undersöka informationen.

Det vanligaste är att vi väljer alternativ 1 eller 2, vilka båda kan sägas vara ett resultat av *kognitiv dissonans*. Det vill säga när olika tankar kommer i konflikt med varandra eftersom vi får reda på något som inte stämmer med vår tidigare uppfattning. Det är obekvämare att välja det sista och mer tankeödande alternativet som dessutom kräver ett visst mod. I boken *"Tänka snabbt och långsamt"* redovisar Nobelpristagaren och professorn i psykologi, Daniel Kahneman, mängder av logiska fel vi gör utan att reflektera och som leder till att vi okritiskt följer andra. Han beskriver två olika beslutssystem: *ett reflexmässigt* som tar beslut vi inte hinner tänka igenom, och ett långsammare, mer *reflekterande,*[7] inom psykologin kallat *"jaget"*. Vi fattar omedvetet beslut med det snabba även när vi borde använda det långsamma och logiska.

Kahneman beskriver det som systematiska *tankefel* och *förutfattade meningar*. Ett intressant exempel var när den förre underrättelseanalytikern Donald Kretz ledde ett spionspelstest 2014 för analytiker och nybörjare som gick ut på att undersöka hur de fattar beslut. I projektet så fick deltagarna till uppgift att avvärja ett påhittat terroristhot. Precis som i verkligheten fick de även tillgång till en mängd data från både myndigheter, sociala medier, telefontrafik och räddningstjänst. Om deltagarna resonerade rationellt så borde de kunnat lösa uppgiften men Kretz placerade ut en fälla som gjorde att de riskerade att fokusera på en känd terrorgrupp istället för en till synes ofarlig. När resultatet var klart visade det sig att den enda av deltagarna som hade lyckats räkna ut vilken grupp som utgjorde det verkliga hotet var en av nybörjarna.[8] Samtliga experter lurades av en tankefälla kallad *"confirmation bias"*. Det vill säga *en bekräftelse byggd på förutfattade meningar*. Den typen av snedvridna bekräftelser kan alltså få oss att ignorera information trots att vi har den mitt framför våra ögon. Vad gör vi då om vi upptäcker viktig information och vill nå ut med den till andra på ett trovärdigt sätt? Grunden för all vetenskaplig metodik är att noggrant redovisa vad man observerar och på vilket sätt. Den här principen sägs härstamma från Antikens sju frågor inom retoriken: Vem, Vad, Varför, När, Var, Hur och med hjälp av Vad?[9] Den goda journalistiken ska rimligen kunna svara på de första sex. En annan viktig metod för att bedöma sanningshalten i påståenden är förstås källkritik. I den enorma "ocean" av information, misinformation och desinformation som dagligen sköljer över människor har den blivit ett allt viktigare verktyg för att hjälpa oss med att spåra allt ifrån enklare fel till medvetet falska nyheter.

Källkritiken är sprungen ur historievetenskapen och fick sitt genombrott i Sverige när professor Lauritz Weibull i Lund lanserade sin historisk-kritiska metod i början av 1900-talet. Under de två föregående seklena dominerade en ganska konservativ och nationalistisk historiesyn som representerades av historiker som akademiledamoten Harald Hjärne. Genom ett tufft, källkritiskt program lyckade Weibull utradera flera av de "historiska sanningar" som ansetts självklara. Historievetenskapens uppgift är att så exakt som möjligt försöka reda ut vad som har hänt i det förflutna. Historievetenskapen tillämpas även inom journalistiken men handlar då mer om ett nära förflutet. I den Sokratiska metoden, uppkallad efter den grekiske filosofen, använder man kreativt ifrågasättande för att demontera befintliga idéer och ompröva frågor som diskuteras. Aristoteles var en samtida tänkare vars metod för att finna sanningen gick ut på att observera alla fakta i en given situation och utifrån dessa dra den mest logiska slutsatsen. På 1900-talet försökte den österrikiske vetenskapsteoretikern Karl Popper att definiera skillnaden mellan trosföreställningar och vetenskap. Enligt Popper kan en hypotes bara anses vetenskaplig om den är falsifierbar. Det vill säga om det existerar möjliga observationsätt genom vilka det logiskt går att visa att den är falsk. Bevisligen finns det mycket som genom historien betraktats som självklara sanningar men som senare visat sig helt felaktigt. Än värre är det faktum att det i alla tider även funnits individer och grupper som ansett sig ha monopol på sanningen och slagit ner på alla som varit "ofina" nog att opponera sig mot deras verklighetsbeskrivning. När Sokrates ifrågasatte vedertagna "sanningar" i Aten på 400-talet f.Kr provocerade han många, inte minst bland eliten.

Själv så ansåg han sig inte besitta några egentliga kunskaper men när Sokrates via problematiserande resonemang och frågor utmanade "de lärde" i staden upptäckte han att de inte tycktes veta vad de pratade om. Sokrates inspirerade de unga i Aten att undersöka, analysera och dra egna slutsatser istället för att okritiskt acceptera överhetens dogmer. Det ledde till att han dömdes till döden. När den italienske munken Giordano Bruno under slutet av 1500-talet ifrågasatte den katolska kyrkans doktriner så retade han upp prästerskapet. När han dessutom dristade sig att försvara astronomen Copernicus heliocentriska världsbild, det vill säga att solen, inte jorden, befinner sig i centrum, och att planeterna i själva verket kretsar runt den, var hans öde beseglat. Bruno fängslades av inkvisitionen och när han vägrade att göra avbön dömdes han till döden och brändes på bål år 1600. År 1847 så arbetade en ungersk läkare vid namn Ignaz Semmelweis på ett sjukhus i Wien. Semmelweiss upptäckte att dödligheten på en förlossningsavdelning som sköttes av läkarstudenter var tre gånger högre än vad den var på barnmorskornas. Eftersom han märkte att studenterna gick direkt till förslossningsavdelningen efter obduktionslektionerna så misstänkte han att de bar med sig smitta till kvinnorna på förlossningen. Semmelweis beordrade därför både läkarna och studenterna att tvätta sig innan de undersökte de gravida. Resultatet var minst sagt slående. Dödligheten vid Semmelweiss avdelningar sjönk nämligen till mindre än 1 procent.[10] Trots detta så ansåg flera av hans läkarkollegor att teorin om att bristande hygien, baciller och bakterier kunde orsaka död i barnsäng endast var ett resultat av Semmelweis inbilling. Något som ledde till att tusentals dog helt i onödan.

Semmelweis öde är ett bra exempel på filosofen Arthur Schopenhauers´ berömda påstående om att alla sanningar genomgår tre stadier:

Först blir de förlöjligade.

Sedan blir de våldsamt motarbetade.

Slutligen blir de accepterade som alldeles självklara.[11]

Den framsynte läkaren har fått ge namn åt den så kallade *Semmelweisreflexen,* en metafor för den reflexliknande tendensen att helt avvisa nya kunskaper eller bevisning som motsäger redan etablerade normer, övertygelser och paradigm.[12] Något vi dessvärre har sett åtskilliga exempel på inte minst i Sverige de senaste decennierna. Kritiker av dem som bekymrar sig över de allt större inskränkningarna av yttrandefriheten brukar hävda att det här bara är överdrifter. Vi diskuterar visst svåra ämnen, hävdar de, och vi gör det hela tiden. Men på vilket sätt görs det i så fall ? Och vad har diskussionerna egentligen lett fram till? Det intressanta är väl om debatterna har lett fram till nya insikter och konstruktiva åtgärder, eller om de i själva verket bara är ändlösa matcher i retorik. "Det smartaste sättet att hålla människor passiva och lydiga", skrev den amerikanske lingvisten och samhällskritikern Noam Chomsky, "är att strikt begränsa spektrumet av acceptabla åsikter men tillåta en mycket livlig debatt inom detta spektrum, ja till och med uppmuntra mer kritiska och dissidenta åsikter. Det ger människor en känsla av fritt tänkande, samtidigt som systemets premisser förstärks av de gränser som satts för debattens omfång".[13] Det är väl värt att tänka på.

Statsvetaren Ulf Petäjä skrev för ett 20-tal år sedan en avhandling där han beskrev de viktigaste argumenten för rättfärdigande av yttrandefriheten. Ett demokratiskt samhälle. Förklarar han, främjas av att det existerar en kommunikationsprocess som är pålitlig i betydelsen att det finns en mångfald av åsikter.[14] En pålitlig kommunikationsprocess, bör ses som en process utan slut där både "goda" och "dåliga" idéer tillåts. Petäja pekar på två konkurrerande synsätt på yttrandefrihet: Dels kan man det som en individuell rättighet och dels kan man se det som ett främjande av det kollektivt goda. De analyserade argumenten betraktas ofta som politiskt liberala och borde alltså uttrycka att yttrandefrihet motiveras med utgångspunkt från individualistiska synpunkter. Petäjä fann emellertid att majoriteten av de analyserade argumenten istället hävdar att yttrandefrihet motiveras med skälet att det är det kollektivt goda som främjas, snarare än att det är en individuell rättighet. Argumenten är alltså inte fullt så liberala som vi kanske tror, säger han. En fungerande demokrati kräver också informerade medborgare. Inget styrande organ kan förväntas fungera väl och konstruktivt utan relevant kunskap om frågor det ska styra över. Och folkstyre, det vill säga demokrati, innebär ju att folket ska informeras. I representativa demokratier har pressen dubbla roller: Dels ska den informera medborgarna och dels ska den skapa en återkopplingslinje mellan regeringen och väljarna. Massmedierna ska redovisa för allmänheten hur regeringen agerar. Om väljare ogillar de politiken kan de vidta korrigerande åtgärder genom att rösta på något annat i nästa val. Regeringsformen säger att "var och en är gentemot det allmänna tillförsäkrad yttrandefrihet, det vill säga, frihet att i tal, skrift eller bild eller på annat sätt meddela upplysningar samt uttrycka tankar, åsikter och känslor" (2 kap.1§ RF). Yttrandefrihet i tal och i skrift regleras i två av våra grundlagar, *Tryckfrihetsförordningen* och *Yttrandefrihetsgrundlagen*. Den förstnämnda innefattar yttrandefrihet i radio, tv, bloggar, video med mera. *Yttrandefrihetsgrundlagen* innebär att du är nästan helt fri att säga vad du vill och syftar till ett fritt meningsutbyte och allsidig upplysning. Reservationer finns emellertid. Exempelvis för sådant som hets mot folkgrupp. När tryckfrihetsförordningen firade sitt 250-årsjubileum 2016 så kunde man på regeringskansliet hemsida läsa att "den är inte bara äldst i sitt slag i världen. Den har också gett Sverige en stark tradition av oberoende press och är en oomtvistad grund för ett demokratiskt styrelseskick."[15] Det här borde ju utgöra en god grund för en sund journalistik kan man tycka. Men hur objektiva är våra svenska journalister? Janne Josefsson, en av våra mest kända reportrar, hävdar att det inte existerar någon fullständigt objektiv journalistik i Sverige.[16] Han menar även att journalisters vägran att ta till sig kritik riskerar underminera professionen. Det är en viktig poäng. Det finns många exempel på hur journalister agerat aktivister istället för att skildra verkligheten förutsättningslöst. Det är givetvis okej att hysa den personliga åsikten att folk har tokiga åsikter. Det är däremot inte okej att hänga ut dem som dårar,[17] rasister,[18] antifeminister[19] och nazister[20] för att de är kritiska till de "sanningar" etablissemanget omhuldar. Särskilt inte om ens uppgift är att objektivt skildra verkligheten. Tvärtom riskerar ett sådant förhållningssätt bara att öka misstron mot journalister. I mitten av 1800-talet skapade den franske författaren Gustave Flaubert ett lexikon han kallade *"Le Dictionnaire des idées reçues.*[21]

Verket var en satir över dåtidens mest konventionella tänkande och klichéer där Flaubert drev med de föreställningar och åsikter som folk enligt gängse tidsanda *"borde"* ha. I en ironisk ton svingade han mot de högdragna viktigpettrar, som övertygade om sin egen förträfflighet alltid ansåg sig hysa rätt åsikter, trots att de mest levererade floskler och trams. "Flaubert upptäckte dumheten", skrev författaren Milan Kundera många år senare. "Jag vågar påstå att det är den största upptäckten under ett århundrade som var så stolt över sitt vetenskapliga förnuft. Den moderna okunnigheten innebär inte okunnighet utan frånvaro av egna tankar över anammade idéer. Flauberts upptäckt är viktigare för jordens framtid än de mest omstörtande idéerna hos Marx och Freud. Ty vi kan ju föreställa oss framtiden utan klasskamp eller utan psykoanalys, men inte utan den oemotståndliga framryckningen av de annammade idéerna, vilka programmeras in i datorer, förs fram i massmedierna och riskerar att bli en kraft som krossar originellt och indviduellt tänkande och därigenom utplånar själva essensen hos den Nya tidens europeiska kultur".[22] Dietrich Bonhoeffer var en tysk präst som deltog i en komplott mot Hitler och greps 1943. Innan han avrättades i koncentrationslägret Flossenbürg två år senare så hann Bonhoeffer skriva ner sina tankar om enfalden och dess konsekvenser: "Dumheten är en farligare fiende till det goda än ondskan", förklarade Bonhoeffer. "Mot det onda kan man protestera, man kan avslöja det, i värsta fall förhindra det med våld. Ondskan när alltid självförintelsens grodd inom sig, eftersom den åtminstone framkallar ett inre obehag hos människan. Mot dumheten är vi värnlösa. Varken med våld eller protester kan man få rätsida på den; sakskäl tar inte;

fakta som motsäger den förutfattade meningen behöver helt enkelt inte bli trodda, i sådana fall blir den dumme rent av kritisk, och kan man inte komma ifrån sakskälen, skjuter man dem helt enkelt åt sidan som intetsägande undantag".[23] 1974 gav sociologen Steven Lukes ut boken *"Power - a radical view"* i vilken han studerade och återknöt till den politiska diskussionen som rådde i USA på 60- och 70-talet huruvida landet styrdes av en elit. Lukes betonade vikten av att uppmärksamma den typ av maktaspekter som inte är direkt iakttagbara och beskrev tre dimensioner av makt, där den första fokuserar på makten över beslutsfattandet och den andra på makten att bestämma över vilka frågor som ska finnas på dagordningen och vilka som ska sorteras bort. Den tredje och mer komplicerade dimensionen, handlade om de frågor som ligger till grund för våra till synes valfria handlingar,. Hur definieras dessa och av vem? Med andra ord: makten att definiera verkligheten; vad som uppfattas som ett problem eller ej. "Den högsta, mest lömska och allestädes närvarande maktutövningen, i den tredje dimensionen, sker idag genom kontroll av informationen, medierna och socialiseringen",[24] skriver Val Kauth i *"Power in society"* i en analys av Lukes´ text. "Följaktligen är varje medborgare i dagens samhälle påverkad av en indoktrinering till samtycke om att bli dominerad".[25] Makten över tanken, handlar även om att hindra latenta konflikter från att uppdagas. Om det finns en latent konflikt mellan två aktörer ligger det i den dominerande, eller starka aktörens intresse att hindra den dominerade, eller svaga aktören från att inse att det finns en konflikt, hävdar Lukes. "Det ligger också i den starka aktörens intresse att inför sig själv förneka konflikten. Det finns samhällsgrupper som systematiskt utövar makt över andra grupper genom att, medvetet eller omedvetet, förneka att det finns konflikter mellan dessa grupper".[26] Något som för tankarna till Sverige vad gäller synen på exempelvis migration, kulturkrockar och integration. Eller snarare kanske brist på integration. Det finns ett berömt ordspråk som säger att den som ignorerar historien är dömd att upprepa den. Citatet sägs vara en variant på den spanske filosofen George Santayana´s tes att den som inte minns det förflutna kommer att upprepa det. Även om den anses behandla en teori om hur kunskap förvärvas snarare än att uppmana oss att uppmärksamma historien behöver vi knappast betvivla att den som inte lär av tidigare erfarenheter löper risk att göra om gamla misstag. Enligt samma princip kan man hävda att den som inte lever med ett öppet sinne begränsar möjligheterna att förstå världen. Redan på 100-talet e.Kr påpekade den grekiske filosofen Epiktetus att det första den som praktiserar filosofi måste göra är att bli av med sin inbillskhet eftersom det är omöjligt att lära sig det man redan tror sig veta. Tvåtusen år senare skulle den amerikanske historikern Daniel J. Boorstin hävda att det största hotet mot kunskap inte är okunskap, utan illusionen av kunskap. Poängen i dessa visdomar är att vi lätt kan bedra oss själva genom att intala oss att vi vet mer än vad vi faktiskt gör och att det i sin tur begränsar vår förmåga att ta in ny och och eventuellt viktig information.

Förhoppningsvis kan den här boken bidra till att öka läsarens kunskaper något inom de områden som avhandlas och kanske till och med vidga sinnet en smula.

Michael Delavante, Maj, 2023

Inledning

Under lång tid bar många av oss på övertygelsen att i Sverige levde vi i den bästa av världar. I flera avseenden kan man också hävda att det finns en del substans i påståendet. Vi har varit förskonade från krig i över 200 år, haft en allmän läskunnighet tidigare än de flesta andra och lyckats skapa ett välfärdsamhälle som imponerat på omvärlden. Grunden lades via den omvandling från bonde- och ståndssamhälle till demokratisk industristat som inleddes på 1800-talet och framgångsrikt fortsatte under följande sekel. 1864 skrotades skråväsendet och näringsfrihet infördes. Efter avskaffandet av systemet med adel, präster borgare och bönder dök en ny maktfaktor upp i form av Socialdemokraterna år 1889. De föresatte sig att förbättra vilkoren för de hårt ansatta gruv- och skogsarbetarna vilket ledde till att arbetarklassen fick ett allt större inflytande. Ideologiska motsättningar till trots så ifrågasatte både liberaler och socialister delar av de gamla värderingarna i samhället och lyckades i början av 1900-talet enas om att införa allmän rösträtt. När arbetarrörelsen och arbetsgivarna, efter åratal av diverse konflikter, slöt ett avtal i slutet av 30-talet om att tillgodose varandras intressen, så inleddes ett unikt och fruktbart samarbetsklimat som kom att bli typiskt svenskt. Näringsfrihet och arbetarskydd kunde förverkligas och eftersom vi stått utanför världskriget 1939-45 var både infrastruktur och industri intakt. Efterfrågan på råvaror var stor vid Europas uppbyggnad under 50- och 60-talen och den svenska ekonomin blomstrade. Vi blev ett av världens rikaste industriländer med arbetskraft från länder som Finland Ungern, Österrike, Grekland, Italien, Jugoslavien och Turkiet.

Diplomater och politiker som Hammarskjöld och Palme satte Sverige på världskartan, svensk film gjorde succé utomlands via Bergman och Widerberg och Abba tog musikvärlden med storm. Det fanns ett socialt skyddsnät och trots att industrins konkurrenskraft försämrades och vår andel av världshandeln minskade snabbare än andra I-änders efter oljekrisen 1973-74 förblev välfärden intakt och samhället tryggt. Under 80-talet hårdnade debatten om vänsterns dominans inom myndighetsutövande och dess stora inflytande på press och Public service. Det kollektivistiska vänstertänket stötte på patrull. Dels via vanlig högerretorik men framförallt via den nyliberalism som svepte fram över världen och leddes av Thatcher och Reagan. En ytterlighet möttes av en annan och storebror staten fick nu ge plats för galopperande marknadskrafter som sa att avreglering och privatisering var det enda sättet att få fart på hjulen. Mitt i detta skulle Sverige dessutom drabbas av ett statsministermord en kylig februarikväll 1986. Tidigare hade svenska ministrar promenerat runt i godan ro på våra gator men efter skotten på Sveavägen så skakades bilden av det fridfulla Sverige om. På 90-talet fortsatte nyliberalernas triumftåg när länder pressades att avreglera, investera och nedmontera skyddsnäten. I slutändan visade det sig att de rika blivit rikare och de fattiga fattigare. Samtidigt skedde omvälvande saker inom säkerhetspolitiken. När Berlinmuren föll och Sovjetkommunismen kollapsade blev det allt svårare för USA att motivera en fortsatt krigsupprustning. När attackerna den 11 september inträffade 2001 så hittade man dock en ny fiende. Ironiskt nog samma slags religiösa extremister som man själva sponsrat och beväpnat för att bekämpa Sovjetunionen efter att de invaderat Afghanistan 1979.

Först hade man emellertid ett annat viktigt mål i sikte. Med god hjälp av en närmast enig journalistkår och en uppsjö medlöpare i USA och Europa lyckades man via en skamlös retorik trumma upp en skogstokig föreställning om att Irak måste invaderas. Detta efter att först ha salufört den löjliga sagan om att Saddam Hussein var inblandad i 11:e september-dåden och när den visat sig grundlös sålt in den fåniga fabeln om att Irak hade massförstörelsevapen och utgjorde ett hot mot västvärlden. Det vanvettiga krig som sedan följde 2003 ledde inte bara till att hundratusentals oskyldiga dog och ännu fler skadades. Det bidrog dessutom starkt till att ökända terrorgruppen *Islamiska Staten,* (IS), bildades.[1] När krigshetsarna väl hade öppnat Pandoras ask och släppt ut mer av världens ondska skapades ett moment 22 där allt större övervakning av världens medborgare kunde införas och rättssäkerheten sättas ur spel med hänsyn till "rikets säkerhet". Decenniet innan medförde internets tillkomst en revolution för kommunikations- och informationsvägarna på jorden. Med det så följde att vi fick en enorm plattform, inte bara för att ta del av och saluföra information, utan även desinformation, samt mer eller mindre kontroversiella åsikter på diverse forum runtom i världen. På senare år har politiker, medier och företag allt oftare börjat reglera, censurera eller till och med stänga ner internetsidor som påstås utgöra ett hot mot "det fria samhället". Vad farliga, våldsverkande grupper och individer beträffar så är det självklart motiverat att vidta åtgärder, men i takt med att kommentarsforum och hemsidor började hårdgranskas eller tas bort i kölvattnet av ett allt hårdare debattklimat och uttryck som näthatare och hatsidor introducerades så började man nu även jaga folk som hyste "fel" åsikter.

Självklart ska vi vara uppmärksamma på rasistiska och odemokratiska strömningar, dessa finns bevisligen även i vårt samhälle. Men det som förut syftade på framförallt högerextrema eller religiösa extremisters åsikter började nu inbegripa även dem som inte hade "vett" nog att följa PK-filen i den allmänna åsiktsmyllan. Faran med det här borde vara uppenbar för alla som förstår och respekterar yttrandefrihet. Om myndigheter och andra personer i maktposition försöker sätta munkavle på obekväma medborgare och vill likrikta dem till intellektuell underkastelse genom att hindra dem från att säga eller skriva vissa saker hotas i förlängningen demokratin i sig. Detta eftersom yttrandefriheten utgör demokratins innersta kärna. Det ena kan inte skiljas från det andra. Det finns många exempel på hur folk har påkletats nedsättande epitet och kallats extrema för att de trätt utanför den polititiskt korrekta hagen och uttryckt åsikter som avvikit från maktens.[2] I totalitära stater, vare sig vi pratar om kommunistiska som Sovjetunionen, Kina och Nordkorea, eller om fascistiska som Hitler-Tyskland, Mussolinis Italien eller Francos Spanien, alternativt teokratiska/religiösa som i Mellanöstern, så var, och är, det mer regel än undantag att folket har tvångsmatats med det som makthavarna har ansett vara "rätt" åsikter. Personer som hyst "fel" åsikter har i dessa stater både förföljts, attackerats, fängslats och tystats. Den holländske läkaren och psykoanalytikern Joost Meerloo såg det som önsketänkande att tro att våra demokratiska samhällen skulle vara helt befriade från den typen av tendenser. Denna åsiktspåverkan finns både på en politisk och icke-politisk nivå, hävdade Merloo och han beskrev den som potentiellt lika farlig för den fria livsstilen som de totalitära regimerna i sig.

Detta eftersom frihet och demokrati delvis beror på utbildning i mental frihet. Rätten och möjligheten att tänka helt fritt. Att hjälpa barn och vuxna att tänka själva och att se det väsentliga i ett problem, samt att hjälpa dem att förstå begrepp istället för att bara memorera fakta, är därför av yttersta vikt, ansåg han: "Varje kultur institutionaliserar vissa beteenden som kommunicerar och uppmuntrar vissa typer av tänkande och handlande för att forma karaktären hos medborgarna. Denna konstant psykiska manipulation sker ibland så till den grad att våra kulturinstitutioner tenderar att försvaga de intellektuella i samhället."[3] Vilket för oss till det svenska debattklimatet. Där vad som stundtals kan liknas vid en anti-intellektuell epidemi tycktes sprida sig i takt med att problemen med invandring, segregation, hedersvåld och brott i samhället bara ökade. Merloo tillstod att de som dristar sig att ifrågasätta det officiella narrativet i demokratiska länder visserligen inte riskerar fängelse eller död, men däremot att utsättas för utfrysning och hån. Med andra ord: precis den teknik som åsiktspoliser i Sverige har använt mot kritiker av till exempel invandringspolitik klimatalarmism eller genusteorier. Och då har vi ändå, bortsett från högerextremisterna, inte ens nämnt åsiktspolisens favoritpajasar, de så kallade *konspirationsteoretikerna.* (som förvisso återfinns bland extremister ibland). Ordet konspirationsteoretiker har idag blivit ett vanligt retoriskt vapen för att avfärda meningsmotståndare utan att ens diskutera sakfrågan. Uttrycket populariserades av CIA i mitten av 60-talet för att demonisera dem som var "fräcka" nog att ifrågasätta den officiella versionen av mordet på President Kennedy 1963. Manualer skrevs för hur man via medierna skulle misskreditera alla som hade "obekväma" åsikter i ämnet.

Exempelvis föreslog man följande:

"Anställ propaganda-agenter för att besvara och vederlägga attackerna från kritiker. Bokrecensioner och artiklar är särskilt lämpliga för detta ändamål".[4]

Den legendariske Watergatereportern Carl Bernstein avslöjade att hundratals journalister på tidningar och TV-bolag som New York Times, Associated Press, Newsweek, Miami Herald, Reuters,Time, NBC, CBS med flera, i åratal gick CIA:s ärenden.[5] Låt oss med beaktande av detta titta närmare på ämnet konspirationsteorier. Det är en vanlig missuppfattning att det hör till undantagen att folk i allmänhet tror på konspirationsteorier. Forskning visar nämligen att ju fler konspirationsteorier någon räknar upp, desto fler personer svarar också att de tror på någon. Den amerikanske konspirationsforskaren Joseph Uscinski vid University of Miami säger att det visar att nästan alla tror på minst *en* konspirationsteori. Asbjørn Dyrendal är professor vid NTNU:s institution för filosofi och religionsvetenskap och specialiserad på just konspirationsteorier. Han bekräftar detta men vill tillägga att alla tror *lite grann* på någon konspiration. Påståendet att män är konspirationsteoretiker oftare än kvinnor stämmer inte heller, förklarar Dyrendal: "När vi tittar på ett stort antal olika konspirationsteorier, hittar vi inga tillförlitliga könsskillnader i medelpoängen".[6] Däremot så tror de som ogillar jämlikhet, föredrar hierarkier och ser sig själva och sin grupp som överlägsna, mer på konspirationsteorier som specifikt handlar om särskilda grupper. Något som tar sig uttryck i generella fördomar gentemot grupper som anses stå lägre i den sociala hierarkin eller de som ses som ett hot.

Sådana personer tenderar lättare tro på konspirationer som immigration, judisk dominans, muslimer eller liknande,[7] säger Dyrendal, och denna preferens är lite starkare hos männen. Det politiska och mediala etablissemanget, liksom stora delar av akademia utmålar gärna konspirationsteoretiker som ett hot mot samhället som bör censureras och utfrysas. Är det rätt väg att gå? Under en föreläsning vid det Världsekonomiska forumet i Davos 2018 påpekade författaren och professorn i psykologin Steven Pinker att ett envetet fasthållande vid politisk korrekthet riskerar göda, snarare än minska, extrema krafter. Detta eftersom ihjältigandet av vissa åsikter bara förstärker bilden av att det akademiska etablissemanget inte kan bemöta vissa sanningar. Pinker hävdar att det är först när alla typer av diskussioner får luftas som felaktiga och farliga idéer kan vädras ut.[8] Psykologen Rob Brotherton, författare till *"Suspicious Minds: Why We Believe in Conspiracy Theories"*, instämmer. Han vill få skeptiker att ifrågasätta sina egna åsikter lika mycket konspirationteoretikernas. Brotherhon påpekar även en annan viktig sak i sammanhanget. Stereotypen om tokskallen i foliehatt är felaktig, och genom att avfärda konspirationsteoretiker som folk med faktafel missar man en viktig psykologisk realitet: Att vi alla är potentiella konspirationsteoretiker, eftersom det är så våra sinnen fungerar. Psykologisk forskning visar nämligen att vi alla har "avsiktliga synsätt" inbäddade i hjärnan. Något som får oss att anta att varje händelse som inträffar sannolikt är resultater av någons avsikt. Ett proportionellt synsätt övertygar oss om att viktiga händelser måste ha lika viktiga orsaker. Det innebär att vi alla är mer eller mindre benägna att se mönster även i tillfälliga händelser. Oftast hjälper dessa förutfattade meningar oss att navigera i tillvaron och att skydda oss men okontrollerade kan de vilseleda. Precis som vissa är benägna att övertolka och se mönster där de inte finns riskerar andra att helt bortse från det. Att folk konspirerar ibland är självklart, påpekar Brotherton. Tricket är att kalibrera sin skepsis på ett konstruktivt sätt. Något som förutsätter en insikt om att det inte bara är dem du ifrågasätter som har förutfattade meningar, utan även du själv.[9] Efter 11:e-september-attackerna 2001 hördes rabiata "realister" ivrigt tävla om att ta heder och ära av de "foliehattar" som understod sig att ifrågasätta påståendet att de orkestrerats av en saudisk grottman borta i Afghanistan. Detta med hjälp av en grupp araber beväpnade med plastknivar samtidigt som världens främsta militärmakt som av en händelse bara "råkade" stå handlingsförlamade just den dagen. Alla som framlade en annan teori om 9/11 än den officiella var per definition "stollar" och sysslade enligt respekterade akademiker som Erik Åsard med "det dunkelt tänkta".[10] I tidningar, radio och TV klumpades kritiker av den officiella versionen ihop med högerextremister och förintelseförnekare. Argumenten från konsensusvakterna var att de minsann kunde peka på att vissa personer inom extremgrupperingar också ansåg att det var något skumt med den officiella förklaringen. Den här tekniken, som på engelska kallas *guilt by association*, (skuld genom sammankoppling) är numera ett mycket vanligt sätt att demonisera en person eller grupp genom att påpeka en likhet mellan dennes/deras åsikt i en specifik fråga med personer eller grupper som hyser extrema värderingar. Ungefär lika logiskt som att anklaga alla fotbollsfans för vad huliganer gör. En annan målgrupp som attackeras med nästan samma frenesi är de personer som är fräcka nog att ifrågasätta att människan är huvudorsak till den globala uppvärmningen. När Peter Stilbs, en professor i fysikalisk kemi vid Kungliga tekniska högskolan som gör just detta, intervjuades i Sveriges Radios P1 för några år sedan för att ge sin syn på saken klipptes intervjun ner till två minuter. Därefter kallades en psykolog in för att förklara varför vissa personer ifrågasätter den officiella teorin[11] om varför vi ser de temperaturskillnader vi gör. Underförstått att alla som gör det måste ha något fel i huvudet. Att det finns över 500 publicerade vetenskapliga artiklar som på olika sätt undergräver de klimatföreställningar som ligger till grund för EUs klimatpolitik är inget som brukar påpekas i svenska medier.[12] Enligt rådande norm förväntas vi utgå från att de är skrivna av stollar. Dessvärre är detta inget unikt. Det må låta osannolikt, men numera har det gått så långt att forskare på Chalmers i Göteborg och Psykologiska institutionen i Uppsala erhåller forskningsanslag för att studera karaktären hos folk som är kritiska till den officiella teorin om global uppvärming. På Chalmers hemsida kan vi läsa att "klimatförnekelse" är "kopplad till högernationalism" och att det finns en "koppling mellan konservatism, främlingsfientlighet och klimatförnekelse".[13] Med andra ord: Om du är skeptisk till, eller ifrågasätter den officiella klimatteorin, anses du inte bara vara konservativ, utan även främlingsfientlig. Det här dogmatiska synsättet märks redan i skolan. Vid en intervju 2020 berättade grundskoleeleven Ragnar om hur han ombetts att lämna klassrummet efter att ha ifrågasatt lärarens version om klimatförändringarna.[15] Ragnar, en då brådmogen 12-åring med intresse för teknik, klimat och politik, menade att det fanns fler förklaringar till uppvärmningen än dem skolan lärde ut.

När han på rasten diskuterade ämnet med en skolkamrat blev denne så upprörd att han hämtade en lärare som bad Ragnar sluta sprida lögner eftersom det är något bara obildade personer gör. Därefter tillkallade läraren en koordinator som på stående fot förklarade att Ragnar fick tycka vad han ville men inte sprida osanningar. Efter möten med både rektor och lärare så föreslog skolledningen att Ragnar skulle debattera klimatfrågan mot elever som förespråkade den officiella versionen. Ragnar tackade ja till erbjudandet och föreslog även att båda parter skulle få bjuda in sina egna experter. Då backade skolledningen varpå hela debatten ställdes in. När man följer diskussionen i "vanlig" media om den globala uppvärmningen så är det lätt att få för sig att dagens temperaturer är helt unika och att det aldrig har varit varmare på jorden. Om man studerar fakta i ämnet framgår att så inte är fallet. Det finns flera perioder under jordens historia då det har varit lika varmt eller varmare. För några år sedan så kunde vi exempelvis läsa att "rekonstruktioner av yttemperaturer på kontinental nivå visar att det är mycket troligt att det i flera årtionden under den medeltida värmeperioden (år 950 till 1250) i vissa regioner var lika varmt som under senare delen av 1900-talet."[15] Vad var då ursprunget till detta uppseendeväckande påstående? Uttalandet är hämtat ur en vetenskaplig rapport från FN:s klimatpanel IPPC, (*Intergovernmental Panel on Climate Change,*), som släpptes i december 2013.[16] Ökade halter av koldioxid och andra växthusgaser i atmosfären leder successivt till att det blir varmare på jorden, därom är det flesta forskare överens. Det officiella budskapet, som det inte går att ifrågasätta utan att idiotförklaras, är att orsaken till uppvärmningen är människans utsläpp av växthusgaser, främst koldioxid.

Men vad orsakade i så fall temperaturhöjningen under medeltiden? Den vanligaste teorin är en ovanligt hög aktivitet hos solen samt avsaknad av stora vulkanutbrott. Detta då sulfatpartiklar från vulkaner sprider solljuset effektivt och kyler ner klimatet när mindre solstrålning når jordytan. Innebär det att solen bara hade ovanligt hög aktivitet och jorden hade få vulkanutbrott just då? Vi ska återkomma till det men låt oss först göra en återblick i klimathistorien för att få lite mer fakta på fötterna. Klimatet på jorden har alltid växlat. Det är ett faktum som ingen seriös forskare skulle förneka. Vissa perioder har varit varmare och andra kallare. Inte minst de så kallade istiderna. Observera emmelertid att det är viktigt att skilja på väder och klimat. Väder är hur det ser ut för tillfället. Exempelvis varmt, kallt, torrt, regnigt, vindstilla blåsigt och så vidare, medan klimat är hur det ser ut över en längre tidsperiod. Under bronsåldern var det flera grader varmare än under större delen av järnåldern. Temperaturen i det som nu är Sverige steg långsamt och för cirka 8000 år sen uppnåddes den högsta medeltemperaturen. Med tiden sjönk temperaturen men även för 3000 år sedan så var det varmare än vad det är idag. Om vi studerar vi senare perioder så var vintern år 1172 så mild på vissa håll i Sverige att träden grönskade redan i slutet av januari och fåglarna byggde bon i februari. År 1241 var träden utslagna i mars månad. 1269 märktes ingen vinter alls. 1421 blommade träden i mars och samma månad fanns mogna körsbär. 1538 stod trädgårdarnas träd i full flor i december och 1588 grönskade träden i februari. Under åren 1538, 1607, 1617, 1650 och 1659 så fanns det varken snö eller frost i landet. År 1722 var träden gröna redan i februari månad och 1863 kunde man beskåda utslagna tusenskönor i Skåne.[17]

Stora gräsbränder och stormar skylls numera ofta på global uppvärmning men i exempelvis Nordamerika var det både varmare och fler naturkatastrofer i början av 1900-talet. Större delen av temperaturhöjningen skedde mellan 1900-1940. Temperatursänkningen kom efter vad som i National Geographic beskrevs som "sex decennier av onormal värme".[18] Vad orsakade då uppvärmningen i början av 1900-talet när människans utsläpp av koldioxid var minimala jämfört med idag? Jo, ovanligt hög aktivitet hos solen och avsaknad av stora vulkanutbrott, om man ska tro forskarna. Om det lät bekant så är det för att man hänvisar till samma orsak som uppvärmningen under medeltiden. Men idag slår man alltså tvärsäkert fast att uppvärmningen som sker måste bero på människan. 2017 gav den amerikanske journalisten David Wallace-Wells ut *"Den obeboeliga planeten"* där han lovade att "det är mycket värre" än vi tror. Wallace-Wells plockade ut de mest extremaste tolkningarna och målade upp det ena skräckscenariot efter det andra. Bland annat "förklarade" han att delar av planeten riskerar att bli så varm att människor kommer att "kokas till döds inifrån och ut".[19] Boken hyllades förstås i medierna. Trots att den byggde på en artikel med samma namn som fått rejält med kritik från flera insatta forskare.[20] När FN:s klimatpanel släppte 2021 års rapport och genersekreterare Antonio Gutterer deklarerade en *"code red for humanity"* spreds nya domedagvarningar som stressade upp inte minst barn. Vad klimatpanelen inte berättade var att IPCC-rapporten, trots alarmerande varningar, i själva verket visade att det extrema scenariot, kallat *RCA8.5*, med oåterkalleliga klimatförändringar, som 2013 lyftes fram som de mest troliga scenariot nu anses osannolikt. Journalisten Ann Charlott Altstadt på *Bulletin* skrev efter att ha läst rapporten att panelens värsta scenarier, som gett åtskilliga människor klimatångest och kostat enorma skattemiljarder, bygger på "helt befängda antaganden".[21] Exempelvis att kolkonsumtion kommer öka så mycket att kärnkraft, olja, vind- och solkraft slås ut och bilar måste drivas av kolvätska. "Hur kan raderandet av decenniers tekniska utveckling för en koldystopi benämnas som ett *business as usual*-scenario? Medierna berättar inte för sina läsare att Gutteres ord var ett politiskt uttalande och inte ett forskningsresultat. Och de låter oss också helt felaktigt tro att klimatpanelen konstaterat att extremväder som översvämningar, extrem blåst, hagel, åskväder, blixtar och tropiska cykloner beror på ökande koldioxidutsläpp. Vilket inte stämmer".[22] Sådana väderhändelser beror främst på naturliga väderväxlingar och var lika vanliga förr som nu.[23] Däremot lyfter man sällan uppvärmningens positiva effekter. En studie från 2016 visade exempelvis att världen blivit grönare och enligt forskarna kunde 70 % av det förklaras av högre koldioxidhalt.[23] Dessutom dör betydligt fler i världen av kyla än värme. I den största studie som gjorts av dödsfall på grund av värme respektive kyla publicerad i ansedda *The Lancet* granskades över 74 miljoner dödsfall på 384 platser i 13 länder. Studien omfattade både kalla, tempererade, subtropiska och tropiska länder. Forskarna fann att hetta är en avgörande faktor i cirka en halv procent av alla dödsfall medan kyla i sin tur orsakade sju procent av alla dödsfall under året. Ur ett globalt perspektiv dör 17 personer av kyla för varje person som dör av hetta. I USA dog exempelvis 9000 personer av värme 2015, medan antalet döda på grund av kyla var 191 000.[24] Faktum är att allt färre dör av extremväder och klimat.

Trots en kraftig befolkningsökning så dör allt färre i översvämningar, torka och stormar.[25] Många auktoriteter ifrågasätter den officiella klimatteorin men de ges sällan något utrymme i media. Däribland Lennart Bengtsson, som är en av världens mest meriterade klimatforskare och ledamot av *Kungliga Vetenskapsakademien*. Han har forskat på klimatet i 60 år och beskriver debatten som "helt vrickad".[26] "Extremt väder beror inte i först hand på temperaturen utan i flera fall på temperaturskillnaderna", säger Bengtsson. "Det är därför som vädret på våra breddgrader ofta är mer våldsamt och dramatiskt under vinterhalvåret. När det gäller översvämningar, torka, tropiska cykloner, vinterstormar, tornador, åskväder med hagel och blixt samt extrema vindstyrkor kan inte något säkert samband fastställas som kopplas till global uppvärmning. Dessa väderhändelser beror främst på naturliga väderväxlingar och har varit lika vanliga tidigare som de är nu".[27] Notera att IPCC inte är en vetenskaplig organisation utan en politisk sådan, bildad inom FN. Den består av en panel med representanter från 195 länder som utser en byrå med 34 medlemmar för att leda arbetet. IPCC bedriver ingen egen forskning. De anlitar istället forskare som i rapporter sammanställer den aktuell forskningen om klimatet. Utöver det så utformas en "*Sammanfattning för beslutsfattare*", som är skriven av forskare som har utsetts av byrån. Rapportens innehåll diskuteras därefter av de politiska representanterna och forskarna varpå ändringar föreslås och genomförs. Slutligen ska den godkännas av de olika medlemsländerna. Följaktligen är den lika mycket en politisk rapport som en vetenskaplig sådan. IPPC har många representanter som står redo att avfärda dem ifrågasätter deras teser. "Att den globala uppvärmningen orsakas främst av människor är alla seriösa aktörer överens om",[28] sa exempelvis Johan Rockström, professor i miljövetenskap vid Stockholms universitet. Med uttalandet inkompetensförklarade han inte bara Bengtsson, utan många andra framstående vetenskapsmän som inte köper IPPC:s version. Däribland nobelpristagaren Bill Nordhaus, klimatologen och förre ordföranden *för School of Earth and Atmospheric Sciences at Georgia Institute of Technologhy*, Judith A. Curry, liksom emeritus professor Richard Lindzen, vid *Atmospheric Science at the Massachusetts Institute of Technology*, även medlem av *National Academy of Sciences*.[29] Detta samtidigt som Rockström indirekt klassar dem som "klimatförnekare", alarmisternas skällsord på alla som förordar en mer ödmjuk inställning till klimatförändringarnas orsak. Bland de forskare som inte stämmer in i konsensuskören finner vi både klimatologer, geologer, kemister, astronomer och matematiker. Fysikern och nobelpristagaren Ivar Giaever hör till kritikerna, liksom Roy W. Spencer, professor i meteorologi och forskare vid University of Alabama. Spencer är vetenskapsledare för *Advanced Microwave Scanning Radiometer* vid NASAs Aqua-satellit och seniorforskare för klimatstudier vid *NASAs Marshall Space Flight Center*. Spencer menar att större delen av uppvärmningen sannolikt beror på helt naturliga förändringar i mängden solljus som absorberas av jorden på grund av naturliga förändringar i molntäcken. Spencer slår även hål på flera myter om klimatförändringarnas följder. Som att gräsbränder och intensiva stormar ökar eller att skördarna minskar. Eftersom värme och koldioxid gynnat grödan har skördarna faktiskt ökat mer än fem gånger sedan 1930.

Spencer påminner också om att vi i decennier har fått höra att vi bara har tio år på oss att rädda världen.[30] Vid den första miljönkonferensen 1972 hävdade exempelvis FN:s dåvarande miljöchef Maurice Strong att "vi har tio år på oss att hejda katastrofen".[31] När den amerikanske klimatforskaren James Hansen, känd som "den globala uppvärmingens gudfader", 1988 fick frågan hur en uppvärmd planet skulle se ut om 20-40 år, (numera alltså), påstod han att New York skulle stå under vatten.[32] Vid ett tal vid University of Chicago 2018 hävdade James Anderson, professor i atmosfärisk kemi, att det var i princip noll chans att det kommer finnas någon permanent is kvar i Arktis efter år 2022.[33] Andra är mer sansade. Richard Lindzen är atmosfärisk fysiker och har arbetat för IPCC. Han anser att dagens politiker saknar förståelse för vad vetenskap handlar om men visar en övertygelse utåt för att dölja sin inkompetens. Något som ger intrycket av att den "okunniga eliten vet vad den talar om".[34] Roy Spencer reagerar på att många så okritiskt tar IPCC:s ord som absolut sanning men även att forskare uttalar sig tvärsäkert. "Klimatforskare känner inte på långa vägar till så mycket om orsakerna till klimatförändringar som de ger sken av", säger han. "Vi har en ganska god förståelse för hur klimatsystemet fungerar i genomsnitt men orsakerna till små, långsiktiga förändringar i klimatsystemet är fortfarande extremt osäkra. Den totala mängden koldioxid människan lagt till atmosfären de senaste 100 åren har stört jordens strålningsenergibudget med bara 1%. Hur klimatsystemet reagerar på denna lilla rörelse"är mycket osäkert. IPCC säger att det kommer bli en stark uppvärmning med molnbyten som gör uppvärmningen värre. Jag hävdar att det kommer bli en svag uppvärmning, med molnförändringar som verkar för att minska påverkan av den förändringen på 1%. De av oss som är skeptiska till mänsklighetens inflytande på klimatet har en mängd olika åsikter om ämnet. Det krävs bara att en av oss har rätt för att IPCC:s antropogena globala uppvärmning, (AGW)-korthus ska kollapsa".[35] Det vore inte första gången forskare tar fel. Under 60, 70 och -80-talet talades om en ny istid bland flera forskare.[36] Under 70-talets energikris sades att råoljan skulle ta slut år 2000.[37] En av dem som svartmålats i svenska medier på senare tid är ingenjören och energianalytikern Elsa Widding. När hon började studera klimatfrågan för några år sedan fann hon att den utvecklats till en mångmiljardindustri där alarmistiska och vilseledande budskap okritiskt fördes fram. Något hon menar skrämmer upp folk i onödan. Särskilt barn. Flera nya studier visar att klimatalarmism bidrar till depression och ångest hos barn. 2017 diagnosticerade amerikanska psykologförbundet den ökade ångesten för klimatet som "kronisk rädsla för naturens undergång".[38] 2019 varnade brittiska psykologer för att barn tar skada av alarmistiskt prat om klimatet.[39] 2020 visade en stor enkät att 1 av 5 barn har mardrömmar om klimatet.[40] Samma år redovisade BRIS att en ökning av klimatångest spär på barns oro för framtiden.[41] Hösten 2021 gjorde *SVT Aktuellt* ett reportage om Widding där man plockade ut *ett* felaktigt påstående från hennes populära youtube-kanal *Klimatkarusellen* för att misskreditera henne. Notera då att hon har släppt över 50 avsnitt där hon pedagogiskt pratar om klimatet med utgångspunkt i den senaste forskningen. Eftersom Widding, som läser både IPCC:s rapporter och mycket annan forskning, ifrågasätter alarmismen använde man det enstaka felet för att framställa henne som en okunnig klimatförnekare. Efter det har flera försök gjorts att karaktärsmörda Widding. Det kan räcka med att hon befinner sig på samma konferens med någon individ som Expo eller vanlig media finner suspekt. Widding har dock visat sig vara en skarp analytiker på mer än ett område. 2009 ville statliga Vattenfall köpa det holländska gasbolaget *Nuon*. Widding, som tidigare hade jobbat på Vattenfall och fungerat som ämnessakkunnig för bolaget, beräknade att affären skulle innebära en värdeförstöring på hela 30 miljarder med Vattenfalls rådande avkastningskrav och varnade bolagets finanschef Dag Andresen och Victoria Aastrup, statens representant i Vattenfalls styrelse, för att affären var en dålig idé. Tyvärr talade hon även då för döva öron. Dåvarande näringsminister Maud Olofsson tog del av affären i en hemligstämplad promemoria där det framgick att regeringens finansiella rådgivare ansåg priset rimligt. Vattenfall gjorde sedan slag i saken och slantade fram 89 miljarder. Fyra år senare hade Nuons värde sjunkit med 42 procent och Sveriges sämsta affär någonsin var ett faktum. När *Konstitutionsutskottet,* (KU), senare frågade ut Vattenfalls förre ordförande Lars Westerberg hänvisade han till Widding som en ensam tjänsteman som fått rätt utan att veta varför.[42] "Det intressanta är inte hur jag kunde komma till slutsatsen att ägarens avkastningskrav inte skulle nås", sa Widding, "utan snarare hur styrelsen kunde komma till den motsatta slutsatsen".[43] Ingemar Nordin, som är professor emeritus i filosofi och huvudredaktör för *Klimatupplysningen,* kommenterade med anledning av SVT:s inslag att de "antagligen ville göra ett inslag om vilka typer som "klimatförnekarna" är; typ okunniga, amatörer, högervridna, vetenskapsförnekare etc"[44] eftersom det är en vanlig strategi. Internationellt sett har debatten kring klimatet förts i enlighet med strategier utformade av byråkrater och kommunikatörer som velat hindra skeptiker inom vetenskapen att publicera sig. När den metoden inte fungerade, eftersom vissa tidskrifter ändå fortsatte att publicera artiklar som var skeptiska till den officiella version i ämnet, gick man i USA istället över till att hindra kongressen från att kalla skeptikerna till att vittna. "Allt vilar på auktoritetsargument där medierna själva väljer ut vilka som är 'auktoriteter'," förklarar Ingmar Nordin. "Rena lögner blev OK, för den goda sakens skull. Även rena lögner om vad IPCC säger prånglas ut".[45] Anders Bolling är en före detta journalist på Dagens Nyheter. 2021 så avslöjade han att tidningen vägrade publicera miljö- och klimattexter som inte var alarmistiska.[46] När han ville skriva en artikel om att ökenspridningen är en myt och att det ända sen 80-talet pågår en förgröning på jorden fick han genast nobben. Redaktionschefen medgav att ämnet var för kontroversiellt. Bolling, som även publicerat flera böcker, däribland *"Apokalypsens gosiga mörker:världen ser inte längre ut som den gjorde men det vägrar vi att inse"*, drev tidigare nätsidan *Framstegsbloggen* där han tog upp vetenskapliga rön och statistik om klimatet som sällan syns i medierna. Exempelvis att få typer av extremväder ökar, att antagandena om klimatets känslighet för koldioxidutsläpp varit oförändrade i 40 år och att de flesta djur och växter inte haft särskilt stora problem med jordens värmeökning.[47] Bolling berättar om hur han kallades in till en chef som förkunnade att han sätt att beskriva globala uppvärmningen och dess konsekvenser på "var problematisk". Vidare förklarade chefen att han pratat med "ett par vetenskapligt kunniga personer" på tidningen varpå han citerade en ofta refererad undersökning som påstods visa att "97 procent av klimatforskarna" är överens i frågan. Därefter gjorde han en jämförelse med hur tidningen brukar hantera förintelseförnekare, "som vi ju också håller kort".[48] Så här kan det alltså gå till numera om någon understår sig att ifrågasätta klimatalarmismen. Inte nog med att hederliga journalister beskylls för att fiska i grumliga vatten, de likställs till och med vid förintelseförnekare. De som hänvisar till de "97 procenten" använder sig av ett typiskt halmgubbeargument, förklarar Bolling. Att bygga en halmgubbe, (på engelska *straw man argument,*) innebär att man först skapar en nidbild av och förvränger motståndarens åsíkter, och därefter argumenterar mot denna nidbild. Påståendet att 97% av forskarvärlden är eniga om att människans koldioxidutsläpp ligger bakom klimatförändringarna härrör från en enkätundersökning av Peter Doran, professor i geologi och geofysik, och hans student Margaret Zimmerman vid Universittet i Illinois 2008. Zimmerman skickade ut mejl med två frågor till 10257 forskare, däribland några klimatologer. 3,146 personer svarade på enkäten, varav 96,2 % fanns i Nordamerika och 6.2% i Kanada. Zimmerman kapade därefter antalet klimatexperter till 79, varav 97% var eniga om att klimatförändringarna beror på mänskliga koldioxidutsläpp. Vad hela saken handlar om, påpekar Bolling, är *hur* stor påverkan är, *hur* känsligt klimatet är för ökad koldioxidhalt, *hur* mycket själva vädret påverkas av det och i *vilken mån* förändringarna är skadliga eller ibland kanske till och med kan ha fördelar. "Av någon anledning har de "97 procenten" kommit att betyda att hela forskarsamhället är ense om att klimatförändringarna är extremt akuta och allt är människans fel", säger Bolling. "Det räcker att läsa IPCC·s senaste rapport med neutrala ögon för att inse att det inte är så enkelt".[49] Hur kommer det sig att denna akademiska hordmentalitet kunnat bre ut sig? "Att den här frågan blivit så svartvit har mycket att göra med den dramaberoende medielogiken och den symbiotiska dans som pågår mellan politiker, aktivister och journalister".[50] säger han. Att en uppvärmning skett och påverkar klimatet på gott och ont går inte att förneka. Det officiella narrativet är att dess negativa påverkan hotar jordens existens. Det talas om att "planeten brinner", som om hela världen stod i brand, och att vi närmar oss ett "klimathelvete". Risken för att dö i klimatrelaterade katastrofer har dock minskat dramatiskt, säger den danske forskaren Bjorn Lomberg, känd för boken *"Världens verkliga tillstånd"* där han visar att de flesta miljöproblemen inte förvärrats. I själva verket är det tvärtom. Medan jordens befolkning fyrdubblats de senaste 100 åren har risken att dö i miljörelaterade olyckor minskat med 99 %.[51] En minskning med 99,4 % från 20-talet fram till nu. Samtidigt har livsviktiga miljöfrågor hamnat i skymundan. Som att giftiga kemikalier sprids via både land, luft och hav. Sen 1950 har en 50-faldig ökning av kemikalieproduktionen skett och idag är över 350 000 kemikalier i omlopp.[52] Produktionen beräknas tredubblas till år 2050 och vissa kemikalier ökar mäns steriltet. De senaste femtio åren har spermieproduktionen sjunkit med 50 procent i väst och den fortsätter att sjunka.[53] Om detta minst sagt skrämmande faktum hörs i stort sett ingenting i debatten. 2008 intervjuade den amerikanske journalisten Lawrence Solomon ett 30-tal framstående klimatforskare som var skeptiska till delar av IPCC:s teorier. Även om ingen förnekade mänsklig påverkan på klimatet fanns en rädsla att gå miste om forskningsanslag och karriär om man ifrågasatte för mycket. De varnade att forskare, tvärtemot sin övertygelse, skulle tiga om kritiska åsikter för att överleva akademiskt. Något som nu sker på många områden. Vi ser en oroväckande trend där känsloretorik börjat ersätta kunskap i våra akademiska institutioner, samtidigt som de har blivit alltmer politiserade.[54] Exempelvis ska allt genusceritifieras, vilket bland annat innebär att personer kvoteras in utifrån kön och inte bara kompetens. Man har alltså frångått den gamla principen om meritokrati (av latinets *meritus,* förtjänst, och grekiskans *kratein,* styrka) där begåvning, utbildning och resultat i kombination med tidigare prestationer spelade en avgörande roll vid befordran. Samtidigt höjs paradoxalt nog röster som hävdar att kön inte ens existerar utan bara är en social konstruktion. Andra menar att om du känner för att vara man ena veckan och kvinna nästa, då är du det. För några år sedan dömdes Stephen Wood, en brittisk våldtäktsman som bytt namn och påstod sig vara kvinna, att avtjäna straffet i kvinnofängelse där vissa interner även hade sina barn. Wood hade varken tagit några hormoner eller genomgått kirugiskt könsbyte utan bluffat om könsbytet.[55] I fängelset förgrep han sig på flera kvinnliga interner varav ingen informerats om att Wood biologiskt var man.[56] I Skottland sattes en våldtäktsman temporärt i kvinnofängelse 2022 efter att ha sagt sig vara kvinna.[57] I USA rapporteras om flera övergrepp utförda av transmän som placerats på kvinnoanstalter.[58] Man vill även, trots flera exempel på hur transmän utklassat kvinnliga idrottare, tvinga skolor låta transmän dela omklädesrum och tävla mot kvinnor.

Om någon invänder stämplas de som transfob, oavsett om de inte har några problem med transpersoner i övrigt. När simmerskan Riley Gaines vid ett tal i år diskuterade det rimliga i att transpersoner som är män tävlar i kvinnoklassen attackerades hon både verbalt och fysiskt av rasande transaktivister och tvingades med polisskydd barrikadera sig i ett rum.[59] För något år sedan sände BBC ett utbildningsprogram för 9-12-åringar som sade att det finns över hundra olika könsidentiteter.[60] Den här könsideologin påverkar både hur vi uppfattar verkligheten och talar säger Tanja Olsson Blandy, som är fil.dr i statsvetenskap och styrelseedamot i Sveriges Kvinnoorganisationer, (SKO). "Denna radikala syn på kön, som inte bygger på verklighet och fakta, utan är just en ideologi, är numera vedertagen i våra institutioner och ändrar definitionen av kön", påpekar hon. "En könstillhörighetslagstiftning som grundar sig på en känsla, innebär en total relativisering av verkligheten. En syn på kön präglad av ideologi, är precis lika farlig som en akademi präglad av ideologi".[61] Akademierna genomsyras idag av ideologisk indoktrinering. 2023 utlystes exempelvis en professurtjänst i design och visuell kommunikation vid Linnéuniversitetet där de sökande förväntades arbeta utifrån "normkritik, dekolonialism, feminism, queerteori och teorier om posttillväxt". Som om inte det var nog möts alla, (oavsett vad de forskar på) som söker forskningsmedel, från *Forskningsrådet för hälsa, liv och välfärd,* av frågan: "På vilket sätt är ett teoretiskt grundat genus- och mångfaldsperspektiv viktigt för forskningsprojektet?"[62] Det här genomdrivs av *Jämställdhetsmyndigheten,* som på fullaste allvar skriver att "all vetenskap egentligen är en maktstrid mellan ideologier"och att "argument och bevis är bara dekorationer och dimridåer i kampen om makten".[63] Författaren Lena Andersson skrev: "Vill man förstå hur ett samhälle förgör sig självt inifrån kan man beakta detta samtidens förryckta spektakel och påminnas om att de goda idéerna behöver försvarare som inte böjer sig".[64] Observera att i Sverige finansieras en fjärdedel av all forskning med skattemedel. Det är 42 miljarder om året och nära 4 procent av hela statsbudgeten. När Nationalmuseét återinvigdes i oktober 2018 hade flera tavlor fått varningstext. Konsten framställdes inte sällan som förtryckande redskap i onaturligt samhällstyre. Exempelvis fick Carl Gustaf Cederströms *"Karl XII:s likfärd"* (1884) och Anders Zorns *"Midsommardans"* (1897), texter som varnade för "nationalism".[65] Som om besökare skulle bli militanta extremister av att beskåda verken. Mycket av utställningen handlade om 1800-talets konst och dåtidens samhälle beskrevs som förljuget och patriarkalt. Vissa texter förklarade att 1800-talet var dåligt, borgerligt och i stort saknade framsteg, medan 1900-talet beskrevs som bra och socialdemokratiskt. Skyltarna på temat sanning beskrev 1800-talskonsten som falsk och osann, oavsett om det handlade om landskapstavlor, historiska händelser eller bruksföremål. Ett samhälle växer fram där vi ska skyddas mot åsikter, tankar och bilder som på minsta vis kan uppröra. Där skollitteratur får triggervarningar och *"säkra zoner"* införs och lärare kan få sparken om de använder fel ord. Enskildas rätt att "må bra" står med andra ord över andras rätt att tala fritt och uttrycka åsikter som skiljer sig från mittfåran. På Kings College i London så har man nuförtiden infört säkerhetspoliser vid studenternas sammankomster och politiska diskussioner för att se till att ingen av dem ska utsättas för "påfrestande åsikter".

Den medicinska fakulteten vid Harvards universitet och den juridiska vid Yales universitet erbjuder terapihundar som studenterna får klappa för att minska sin stress.[66] Vi har alltså en situation på lärosätena i väst där man lindar in studenter i bomull så de ska slippa provocerande argument. Detta på de institutioner som var ämnade att främja kritiskt tänkande. Detta får såklart konsekvenser. I rapporten *"Så fri är konsten"* 2021 berättade många av dem som sökt bidrag att de anpassat sitt konstnärliga innehåll till fastställda kriterier för att främja särskilda perspektiv. Mer än hundra år tidigare så skrev den amerikanske journalisten Randolph Bourne en briljant essä som förtjänar att lyftas i sammanhanget. Bourne beskrev hur staten gått till väga för att skapa villig kanonmat och tysta kritiker till regimens bild av första världskriget. Krig, förklarade Bourne, "sätter automatiskt igång alla de oemotståndliga krafter i samhället som kan verka för enhetligt, passionerat samarbete med regeringen, och det tvingar minoritetsgrupper och folk som saknar den större fårmentaliteten till lydnad. Regeringens maskineri tillämpar drastiska påföljder, där minoriteter antingen skräms till tystnad, eller långsamt dras med via en subtil övertalningsprocess..."[67] När USA beslutat gå med i kriget 1917 införde president Wilsons regering hårda repressalier för dem som protesterade. Dessutom väckte Justitieministern åtal mot både utländsk och inhemsk press för att stoppa avvikande åsikter. Via Executive Order 2594 så tillsattes *Committé on Public Information* som leddes av journalisten George Creel, krigsminister Newton Baker och utrikesminister Robert Lansing. Syftet var att sprida propaganda för att saluföra kriget hos folket. Via stora tidningsannonser uppmanades medborgarna att rapportera alla som spred "pessimistiska berättelser", ropade på fred, eller förringade USA:s strävan att vinna kriget.[68] Creel skrev bland annat om "kampen om människors sinnen för att erövra deras övertygelser."[69] Tysk litteratur förbjöds och avlägsnades från biblioteken och tyska kompositörer, som exempelvis Brahms och Beethoven, fick inte spelas. Det gick till och med så långt att sauerkraut, det vill säga surkål , döptes om till *liberty cabbage* (frihetskål).[70] Tusentals amerikaner greps och sattes i fängelse för att de motsatt sig kriget. Wilsonadministrationen drev även igenom *Espionage* Act, ett eko av en lag från 1798 som förbjöd all opposition mot krigsinsatser. Året därpå så klubbades också *Sedition Act* igenom, vilket utökade lagen till att omfatta ett bredare spektrum av brottsliga handlingar. Exempelvis tatt tala illa om krigsinsatsen, om regeringen, om flaggan eller styrkorna. Socialisternas flerfaldige presidentkandidat Eugene Debs, dömdes till hela tio års fängelse efter att ha hållit ett ett tal mot värnplikten.[71] Trots det så hade Creel efter krigemage att skriva att "i inget avseende var kommittén en byrå av censur, ett maskineri av hemlighållande eller förtryck".[72] Alltihop ursäktades med hänvisning till att folket *borde* sympatisera med statens alltid lika goda syfte. "Denna lojala, mystiska hängivenhet till staten", skrev Bourne, "blir det största inbillade människovärdet, medan värden, som kunskap, förnuft, konstnärligt skapande, skönhet och förbättring av livet, nästan enhälligt offras. Den stora massa som utgör statens aktörer deltar inte bara i att offra dessa värden för sig själva utan även i att tvinga statens på alla andra. När en klass finner det ligga i sitt intresse och sitt uttryck av makt att upprätthålla staten kan denna härskande klass tvinga fram lydnad från alla ointresserade minoriteter".[73]

1971 gav Roland Huntford ut *"The New Totalitarians"*,[74] (Det blinda Sverige). Boken byggde på hans erfarenheter som korrespondent för brittiska *Observer* i Stockholm mellan 1963-70 och var en dystopisk skildring av Sverige. När Huntford betraktade svenskarna såg han ett lydigt folk som invaggats att blint lita på staten. Här behövde folk inte domesticeras med våld, eftersom de formats att se sig som ett med statsapparaten av de sedan länge styrande sossarna. Ursprunget till undergivenheten, var att svenskarna levde i en slags skyddad verkstad, på långt och tryggt avstånd från de omskakande och traumatiska upplevelser som under världskrigen drabbat övriga Europa. Bland den dåvarande eliten i Sverige fanns en övertygelse om att svenskarna tyckte om att ledas kollektivt. Dessutom skiljde sig medierna här från de övriga i väst eftersom de hellre uppfostrade än informerade folk. Det vill säga, agerade aktivister istället för nyhetsförmedlare. "Ängsligt måna som de är om att framlägga endast vad deras kolleger tror behöver de svenska massinformatorerna inget tvång för att följa partilinjerna", skrev Huntsford. "I deras värld är en avvikelse från den accepterade normen ett slags förräderi. Det är en del av konditionering till grupptänkande, vilket gör personlig avvikelse till en synd och acceptans av kollektivets åsikt till en kardinaldygd. De har en lust att tänka som alla andra gör. Följaktligen har de utvecklat en typ av hämning, vad ryssarna kallar "inre censur", som skräddarsyr uttryck för sina tankar till rådande utsikt. Eftersom de agerar korporativt, med konditionerad reflex är det relativt lätt att utnyttja dem för en viss ideologi. Det räcker att konvertera några utvalda högst upp i hierarkin, resten följer lydigt. Av detta följer att pressen också stöder statens policy och att frågan om ägande till stor del är akademisk".[75] Det här rimmade förstås illa med det faktum att en viktig del av tredje statsmaktens, det vill säga mediernas, officiella uppgift är att granska den första och andra statsmakten; regering och riksdag. Med facit i hand måste man tillstå att Huntsford var rätt träffsäker. 46 år senare gav akademiledmoten Kjell Espmark ut *"Resan till Thule"*.[76] Namnet anspelar på geografernas benämning av höga Norden under 1700-talet. Berättaren i boken är en fransk upplysningsman som tar oss med till en plats där all historia förnekas, åsiktskonformismen är totalitär och där avvikande åsikter är förbjudna. I skolan råder en relativistisk syn på sanning utan kunskapskrav och inom politiken har alla partier samma program. Medborgarna, som bäddar in alla dystra tankar och våldsamma känslor i "välvilja och is", är ständigt tyngda av skuldkänslor samtidigt som de vill exportera samvete till hela världen. Alla är dessutom skelögda, eftersom de ständigt oroar sig för att inte passa in och måste snegla på vad andra tycker. Allt i samhället domineras av *"Åsikten"*, den enda accepterade åsikten, som ingen kan avvika från utan repressalier. Boken är förstås en satirisk skildring av dagens Sverige och den politiskt korrekta åsiktskorridor som länge styrt. År 1673, satte den franske dramatikern Molière upp den *"Den inbillade sjuke"*, en satirisk pjäs om hur vi kan lura både oss själva och andra. Pjäsen kretsar kring den hypokondriske Argan och hans inbillade sjukdomar. Genom att intala sig att han är sjuk får Argan den uppmärksamhet han åtrår samtidigt som läkarna får chansen att lura honom på pengar. Den godtrogne Argan vill att dottern ska gifta sig med en läkare så han kan få gratis sjukvård och litar blint på hustrun trots att hon i själva verket planerar stjäla hans pengar med sin älskare.

Sveriges samhällsproblem är idag så stora att de i förlängningen hotar att rasera mycket av den välfärd och trygghet vi länge tagit för given. Under lång tid rådde det en stark ovilja bland politiker, medier och forskare att överhuvudtaget beröra problemen. När det väl hände så skedde det oftast "under galgen" och ledde sällan eller aldrig till några konkreta åtgärder. Hur ska vi kunna förstå den här besynnerliga och farliga verklighetsklyftan? Låt oss till att börja med gå 500 år tillbaks i tiden. Under 1500-talet ville den katolska kyrkans ledare förbjuda tryckpressen eftersom uppfinningen hotade kyrkans kunskapsmonopol. Prästerskapet motståndare var alla de fritänkare som var "fräcka" nog att gå utanför dåtidens åsiktskorridor och ville ge ökad kunskap till allmänheten. Oron hos dåtidens överhet skulle kunna appliceras både på dagens maktelit och dem som anser sig ha tolkningsföreträde på grund av kön, ras eller "rätt" slags ideologi. Högljudda åsiktspoliser som förfasar sig över att kritiker till officiella åsiktsdoktriner hittar egna plattformar på internet för att utbyta åsikter som går utanför mittfårans. Den fransk-amerikanske historikern René Girard har beskrivit behovet att hantera och bringa gemensam riktning i tider av motsättningar.[77] När vi känner oss frustrerade och stressade uppstår lättare bråk även om småsaker och för att lätta på spänningarna måste frustrationen riktas. Lösningen blir att hitta en syndabock, en gemensam fiende, som kan skyllas för tillvarons onda. Hos vänstern är det ofta *vita heteroexuella män* och hos högern ofta *identitetspolitik*. För dem som ser all invandring som ett hot blir exempelvis invandrare i allmänhet och deras försvarare en gemensam fiende. För dem som ser all invandring som positiv blir varje invändning mot migrationspolitiken ett tecken på rasism.

Som så ofta är fallet ligger sanningen kanske någonstans i mitten. Invandrare är för det första ingen homogen grupp utan utgörs av människor från många olika kulturer. Ordet i sig härrör från latinets *cultura,* som betyder bearbetning, odling och bildning. Kultur brukar ibland beskrivas som ett abstrakt fenomen och forskare har stundtals haft svårt att enas om en definition. Vissa anser att det baseras på *gemensamma föreställningar,* andra *normer och värderingar.* Den holländske socialpsykologen och antropologen Geert Hofstede betraktade kultur som en mental mjukvara[78] och menade att vi har lärt oss agera på olika sätt beroende på uppväxt, personliga känslor och tankar. Den mentala mjukvaran byggs upp av livserfarenheter och de miljöer som format våra beteenden. Väl inlärt kan det vara mycket svårt att ta till sig det som skiljer sig från invanda mönster. Hofstede beskriver kultur som ett kollektivt fenomen där alla som lever i samma sociala miljö har den gemensamt. Därför innefattar det även oskrivna regler i dess sociala kontext. Hofstedes studier, som replikerats flera gånger, visar att både nationella och regionala gruppers värderingar påverkar de beteenden vi ser i samhället. Om vi håller oss till Sverige så finns det ingen anledning att tro att de flesta invandrare inte vill göra rätt för sig. Samtidigt går det inte att bortse från att många kommer från länder utan någon erfarenhet av demokrati eller jämlikhet. Det ligger i sakens natur att det kommer att uppstå friktioner i mötet med ett land där detta ses som självklarheter. Varje land har sina enskilda kulturella värderingar och värdesätter kulturella inslag på olika sätt. För oss är till exempel könsstympning och barnäktenskap oacceptabelt medan det i vissa länder anses som helt naturligt. Om de som invandrar hit inte vill följa landets lagar utan hellre utövar egen lagstiftning, klankultur eller kriminalitet kommer alla grupper drabbas. Oviljan som länge fanns att beröra detta är allvarlig av flera orsaker. Dels för att en viktig del av det som får oss att känna oss hela som människor är möjligheten att uttrycka oss fritt, och dels för att yttrandefriheten är demokratins fundament. Dessutom tenderar förnekandet av svåra tillstånd alltid förvärra dem. Relativiseringen av det som pågått har inte bara lett till krossade karriärer för dem som yppat "fel" åsikt vid fel tidpunkt. Det har dessutom medfört stort lidande för grupper som ofta saknar talesmän, däribland invandrartjejer som lever i hedersförtryck. Förnekelsen har dessutom medfört att flera hundra miljoner har östs över mer eller mindre extrema grupper[79] och att den grova brottsligheten ökat på ett sätt som saknar motstycke i övriga Europa. Sverige betraktas numera med allt större förvåning utomlands och *"det svenska tillståndet"* har blivit ett internationellt begrepp. Strutsmentaliteten har dessutom lett till enorm skada i form av ett stort antal våldtagna, rånade, förnedrade och ihjälskjutna människor. Ett visst uppvaknande har förvisso skett men brunsmetning, det vill säga, nazistantydan, av dem som uttalar obekväma åsikter i vissa ämnen är fortfarande ett ganska vanligt fenomen. Under 2022 talades det om att 30-talet skulle återkomma om högerblocket vann valet. Underförstått att Sverige riskerade att bli fascistiskt om inte Socialdemokraterna och Miljöpartiet fick fortsätta att styra med stöd av Centern och Vänsterpartiet. Skribenter och politiker varnade för demokratins död och kändisar hotade med landsflykt om fel block vann. Anledningen till hysterin var förstås att Moderaterna, Kristdemokraterna och Liberalerna börjat samtala med Sverigedemokraterna.

Man kan tycka vad man vill om SD, det finns en hel del att kritisera, men med 1,3 miljoner röster i valet, (20,5 procent av väljarkåren), blev de landets näst största parti. Redan första veckan efter valet utbröt demonstrationer. Inte mot att kulor viner vid köpcentrum och förskolor,[80] att bomber exploderar året runt eller att barn och ungdomar förnedringsrånas och traumatiseras. Nej, det man demonstrerade mot var rasismen och *valresultatet*.

Om vi ska ha någon chans att vända den allvarliga utveckling vi ser i Sverige beträffande segregation, hedersvåld, extremism, grov brottslighet och andra oroväckande saker måste vi tala öppet om vad som sker.

För att hitta adekvata lösningar måste vi även titta förutsättningslöst på vad forskningen har att säga.

Låt oss göra ett försök.

"Organiserad brottslighet kan kan liknas vid en cancer i den demokratiska samhällskroppen som de senaste åren spridit sig aggressivt. Organiserad brottslighet har för sina syften framgångsrikt utnyttjat vår öppenhet, vårt rättighetsskydd och våra välfärdssystem... aldrig tidigare har den demokratiska rättsstaten varit under ett sådant systematiskt angrepp".

Daniel Larson, åklagare

Gängkriminaliteten

Den organiserade brottsligheten kan beskrivas som en specifik typ av kriminalitet med egenskaper som möjliggör exceptionellt samhällshotande aktiviteter. Att specificera vilka typer av grupper som faller under begreppet organiserad brottslighet är en absolut nödvändighet för rättsinstansernas förmåga att effektivt arbeta med och förebygga den sortens kriminalitet. Dessutom kan en bristfällig definition av fenomenet leda till allvarliga konsekvenser i form av orättvisa domar och bristfälliga strategier mot gängen från myndighetshåll. Rikskriminalpolisen i Sverige utgår från EU:s definition för att identifiera organiserad brottslighet eftersom den anses tillräckligt bred för att kunna innefatta även mindre brottsliga aktiviteter och klassificera dessa som organiserade. Vi ska här titta närmare på hur den organiserade brottsligheten växte fram i Sverige och hur den ser ut idag. Under 1970- och 80-talen började nätverk av kriminella individer, ofta sammanbundna av samma etnicitet, ta allt mer mer plats och flytta fram sina positioner i svenska storstäder.[1] Dåtidens organiserade brottslighet var mest inriktad på tillgreppsbrott av olika slag med ficktjuvsligor och grupperingar som ägnade sig åt grova stölder och rån samt investeringar i spelklubbar och narkotikaförsäljning.[2] Under 90-talet så började även gängkriminella från det forna Jugoslavien, liksom MC-gäng som Hells Angels, Bandidos och Outlaws, att etablera sig i Sverige. Outlaws och Hells Angels hade bildats i USA under 30- respektive 40-talet medan Bandidos kom att grundas på 60-talet. Även om indrivnings- och torpedverksamhet förekom riktade de mest in sig på att smuggla narkotika, sprit och cigaretter.

En granskning av researchföretaget Acta Publica och Expressen 2022 visade att hela 64 kandidater till riksdagen hade någon typ av kopplingar till den kriminella MC-världen. Merparten återfanns inom SD men även KD, M, S och V var representerade.[3] På 2000-talet växte en ny typ av gängbildningar upp och då inte minst i förorterna. Grupper som *Original gangsters,* ursprungligen bildat som ett fängelsegäng, organiserade sig både på och utanför anstalterna. Gängen bestod mestadels av andra generationens invandrare, ofta födda i slutet av -70-talet eller i början av 80-talet. Senare så tillkom *Shottaz, Dödspatrullen* och *Backagänget* men även utländska som nigerianska *Black Axe.* Enligt polisen sysslar gängen med alla typer av brott men framför allt vålds- och narkotikabrott. I nätverken förekom sedan tidigare avancerade stöldbrott av kläder och kapitalvaror men även inslag av utpressning. Polisen såg redan för ett tiotal år sedan tecken på att en del av nätverken börjat kontrollera geografiska territorier i sina bostadsområden. På en del ställen fanns dessutom brottsaktiva familjer och släkter med inslag av territoriell kontroll. Redan 2011 bedömdes 16 organiserade kriminella gäng existera bara i Malmö. Många hade rötter i forna Jugoslavien samt Iran, Irak och Libanon.[4] Även om problemen var störst i Stockholm, Göteborg och Malmö växte de även i andra städer. Men trots en uppenbar trend att läget blev värre och värre uteblev effektiva åtgärder. Lasse Wierup, kriminalreporter på DN, visar det med tydlighet i sin bok *"Gangsterparadiset: så blev Sverige arena för gängkriminalitet, skjutningar och sprängdåd"* där han listar flera exempel på den svenska senfärdigheten. Redan år 2005 så föreslog en statlig utredare att polisen skulle få rätt till hemlig dataavläsning av de kriminellas appar.

Först femton år senare, 2020, så beviljades tillståndet. Detta sedan franska myndigheter lyckats hacka den krypterade mobiltjänsten *Enchrochat,* vilket gav polisen i Sverige insyn i hur gängkriminella använde appen för att planera mord, sprängningar och andra brott.[5] Ett annat stort problem är avsaknad av systemet med kronvittnen, att misstänkta erbjuds strafflindring om de tillåts att vittna anonymt om andras brott. "Svenska regeringars oförmåga att förstå gängproblematiken har gjort att Sverige utvecklats till ett gangsterparadis",[6] säger Wierup. I åratal har politiker och myndigheter gjort meningslösa försök att påverka medan unga förortskriminella fortsatt bygga status och våldskapital. De avgudar sin livsstil och anser sig ha segrat mot samhället. Trots att unga mäns dödliga våld och antalet sprängdåd i åratal legat på en nivå som gör Sverige unikt så förstod inte makthavarna problematiken. "Man har hela tiden fokuserat på ungdomskriminalitet i allmänhet och försökt komma åt den med breda lösningar", förklarar Wierup. "Både från vänster- och högerhåll har man sagt att bara vi skruvar tillräckligt mycket på välfärdssystemen så kommer det här att lösa sig själv. Bara vi får ner arbetslösheten, får upp utbildningsnivån och får in människor i samhället kommer det här att försvinna".[7] Problemet är att de politiska analyserna bygger på en felaktig premiss. Weirups studier visar nämligen att trots att sysselsättningen i utsatta områdena gått upp och trots att utanförskapet minskat har antalet kriminella exploderat. Det går inte heller fortsätta förneka ett samband med migrationen. Kartläggning visar att mellan 82-95 procent av de gängkriminella har utländsk bakgrund[8] och idag är var tredje som döms till fängelse utländsk medborgare.[9]

Samtidigt utvisas få brottslingar med utländskt medborgarskap. I synnerhet om de har släktanknytning. Faktum är, att enligt en rapport från *Brottsförebyggande Rådet* har andelen brottslingar som utvisas till och med minskat.[10] Bland de gängkriminella dominerar unga män. En studie publicerad i medicinska tidskriften *BMJ Global Health* förutspår en ökande könsobalans i form av det mansöverskott som redan i dag berör drygt en tredjedel av världens befolkning. En allvarlig följd av det här tros bli ökade nivåer av asocialt beteende och våld, vilket på längre sikt riskerar att påverka stabiliteten och möjligheterna till en socialt hållbar utveckling[11] i de länder som berörs. Att Sverige hör till dessa tycks uppenbart. Mikael Rying, som är kriminolog vid polisens *Nationella operativa avdelning,* (Noa), Sveriges motsvarighet tilll FBI, berättar att antalet offer för dödligt våld med skjutvapen i gängkonflikter under tidigt 90-tal var cirka 4 dödsskjutningar om året och mellan 2010–14 runt 14 skjutningar om året. Det kan jämföras med att sedan 2015 ligger antalet dödsoffer i skjutningar på mellan 30 och 40 personer per år.[12] Enbart i Stockholm inträffade under 2020 hela 97 skjutningar där 15 personer dödades och 37 skadades.[13] en kartläggning av 30 kriminella nätverk i regionen har identifierat 676 gängkriminella, varav 36 stycken minderåriga.[14] Det betyder att det finns fler gängkriminella i Stockholm än i hela Danmark.[15] Utöver storstadsregionerna finns det enligt polisen utsatta områden även i mindre orter som Växjö, Borås, Landskrona, Örebro, Södertälje, Eskilstuna, Norrköping, Halmstad, Kristianstad, Jönköping och Trollhättan. Det är idag åtta gånger vanligare att brott begås i utsatta områden och de faktorer som bidrar till kriminalitet är fler än dem inom polisens ansvarsområde.

Till dem hör bland annat integration, bostadsproblem, arbetsmarknad, skola och den sociala situationen på de berörda platserna ute i landet. I dessa områden finns en allmän obenägenhet att delta i rättsprocessen, berättar åklagarna, något som försvårar möjligheten att utreda brott. Förutom de vanliga gängbildningarna finns även en annan typ av brottslighet: klanbaserad gängkriminalitet. Biträdande rikspolischefen 2021, Mats Löfving, förklarade att minst 40 kriminella klaner är verksamma i Sverige[16] och att flera av dem har migrerat hit för att ägna sig åt brottslighet[17] samt uppfostrar sina barn i organiserad kriminalitet. Klanerna arbetar med att skapa makt och har stor våldskapacitet förklarade han vidare. Det gör man bland annat via narkotikabrott, våldsbrott och utpressning.[18] De kriminella klanernas nätverk är släktbaserade och organiseras genom släkten. Dessutom är det så att hela familjen, släkten eller klanen uppfostrar sina barn för att ta över styrningen av den kriminella organisationen.[19] När de kriminella klanerna får problem i Sverige är det inte ovanligt att de kallar på hjälp från sina nätverk i Tyskland. Uppgifterna bygger på underrättelsearbeten samt en hemligstämplad NOA-rapport. I den listas 36 släktbaserade kriminella nätverk i främst södra och västra Sverige, alla med sitt ursprung i Mellanöstern.[20] Av de släktbaserade nätverk eller klaner polisen pekar ut finns 23 i Skåne. Av de 161 personer de pekar ut som huvudpersoner har 111 kopplingar till Skåne. Nätverken nöjer sig inte med "vanlig" kriminalitet som narkotikaförsäljning, rån, utpressning, skjutningar och sprängdåd. De infiltrerar dessutom myndigheter och förvaltningar i flera av våra städer. Exempelvis så har det kriminella Södertäljenätverket enligt polisen nu infiltrerat alla nivåer av civilsamhället.

I lokala val ställer de upp med kandidater på båda sidor för att säkra inflytande och i kommunhuset har de en handläggare som står redo att utfärda bygglov mot ersättning.[21] Även inom skola och omsorg mjölkas stora pengar. Välfärdsbrottsligheten beräknas kosta svenska skattebetalare cirka 18 miljarder om året. Notera att det inte bara handlar om muslimska klaner. Redan 2012 skrev Anders Sundelin ett reportage i Fokus där han beskrev hur kristna klaner från Mellanöstern tagit sig in i Södertäljes lokalpolitik.[22] "Om jag går in i ett parti kommer jag inte ensam utan med flera hundra röster", berättade en syrian. "Tyvärr har man släppt in klantänkandet i politiken. På så sätt har man satt demokratin ur spel. Partiet blir ett redskap för att ha kvar min makt inom gruppen. Ideologin betyder ingenting".[23] Förutom försäkringsbedrägerier finns nya raffinerade sätt att lura svenska staten på pengar. I december 2020 framkom att en ukrainsk jobbagentur säljer jobbresor i tusental till Sverige i syfte att utnyttja asylsystemet. Affärsidén går ut på att man erbjuder kunderna en falsk asylberättelse och sen skjutsar dem till Migrationsverkets ankomstboende i Stockholm. Där söker de sedan asyl på falska grunder för att få arbeta under asylprocessen.[24] Enligt svensk lag har de nämligen rätt att jobba här medan ärenden utreds även om de fått avslag på asylansökan. Att detta pågår är känt av Migrationsverket som vet att det rör sig om organiserade resor till Sverige men trots flera polisanmälningar så har ingen fällts för brott. Björn Rosenlöf är åklagare med särskild inriktning på just organiserad ekonomisk brottslighet. Han välkomnar att vi nu har börjat att prata om sådant det förut var tabu att beröra. Samtidigt undrar han varför motsvarande diskussion inte finns om den organiserade ekonomiska brottsligheten? "Efter mina diskussioner med Försäkringskassan, och med beaktande av vad jag själv upplevt som åklagare, skulle jag bli mycket förvånad om fusket understiger 50 procent av all utbetald assistansersättning",[25] säger Rosenlöf som i åratal sett klanbaserade familjekonstellationer tillskansa sig pengar via ekonomisk brottslighet. Ekobrottsutredare och åklagare har länge känt till detta, förklarar han, men bara en bråkdel av brotten utreds. Delvis för att vi har ett system som saknar kontrollfunktioner och inbjuder till fusk, men även på grund av resursbrist hos brottsbekämpande myndigheter. Rosenlöf varnar för att det här hotar själva fundamentet för välfärden. Inte minst när klaner driver företag både inom skola, vård och omsorg bara för egna medlemmar: "Redan genom företagens organisation och målgrupp har klanen valt att stå utanför det svenska samhället".[26] Inte nog med att staten mjölkas på miljarder av bedragare. De hotar dessutom hela samhällssystemet. "Det som är viktigt att belysa i detta är just det systemhotande, där man infiltrerar sig in i myndigheter, lokalpolitik, näringsliv i syfte att gynna de släktbaserade kriminella nätverken genom brottsliga handlingar",[27] sa Linda Staaf vid NOA:s underrättelseenhet. "Den här typen av kriminalitet, med det här ursprunget och de här syftena, växer sig starkare. Det är angeläget att vi får upp ögonen för det här i Sverige".[28] Vissa har varit här i decennier medan andra kommit nyligen. De blir samhällshotande då de förskjuter makten från stat till familj. Migration från länder i MENA-regionen (Mellanöstern och Nordafrika), har introducerat nya typer av brottslighet som skadar det svenska samhällets sociala strukturer. Sverige måste kraftsamla för att möta dessa hot, förklarar advokaten Nima Rostami: "Områden som befolkas av migranter med bakgrund i MENA-länder utgör Sveriges mest otrygga områden", skriver han. "Detta har sin grund i den skeva migrationsströmmen till Sverige. Som en följd av migrationspolitiken har hedersrelaterade brott permanentats i Sverige. På senare år har en rad brottstyper dragit till sig alltmer uppmärksamhet: förnedringsrån, våldtäkter, klan- och etniskt styrd gängkriminalitet där etnicitet har varit karaktäristiskt".[29] Kriminologen Amir Rostami, doktor i sociologi och forskare vid Institutet för framtidsstudier, menar att vi krånglar till saker och fastnar i byråkrati medan man i länder som Danmark har däremot en lagstiftning som ger åklagare befogenhet att undanhålla delar av utredningar från misstänkta de vet har ljugit. Det är först under rättegången som bevisen läggs fram. I svenska domstolar däremot, får misstänkta ta del av hela utredningen och kan med hjälp av advokater anpassa en berättelse till åtalet för att på så sätt komma undan lindrigare. Bo Wennström, professor i rättsvetenskap vid Uppsala universitet, skriver i sin bok *"Om straff och fängelser-om det avvikande svenska vägvalet"* att ursprunget till den tama svenska lagstiftingen, som gör att brottslingar får lägre straff här än i grannländerna, härrör från 1989 års defensiva straffrättsreform. Det utpräglade syftet var att minska fängelsestraffen. Det fanns en konsensus om att samhället var problemet och att det i sig skapade brottsligheten. Därför skulle man till varje pris undvika fängelsestraff och istället försöka lösa problemen inom ramen för välfärdsstaten. Den ideologiska grunden till straffrättsreformen från 1989 skapades av en grupp radikala jurister redan på 60- och 70-talet. Enligt Wennström skedde en uppdelning mellan brottsligheten och individen. Straffrättsreformen 1989 byggde dessutom på en misstänksamhet gentemot domstolarna. Därför formaliserade man ärendegången i brottsbalk och praxis som en räknesnurra vilken följde ett visst mönster. "Det har resulterat i att det inte finns utrymme att göra egna bedömningar", säger Wennström. "Det är som ett schema som ska följas där vissa poster ska bockas av".[30] Redan år 2016 så varnade Thomas Ahlstrand, som arbetar som vice chefsåklagare vid den internationella åklagarkammaren i Göteborg, i en debattartikel för den växande gängkriminaliteten och att dess medlemmar "skiter i våra värderingar". "Ja, det var många som anklagade mig för att vara rasist och att jag röstade på SD", berättade Ahlstrand senare, "men det är inte där mina värderingar ligger. Det kan jag säga".[31] Ahlstrand berättar att artikeln var en reaktion på ett rättssystem som stod alltmer handfallet inför den nya gäng- och klankriminaliteten. De här kriminella gängen följde inte mallen, påpekade han: "De har inget missbruk. De delar helt enkelt inte våra normer och de har absolut ingen lojalitet gentemot samhället".[32] Fem år senare konstaterar han att situationen försämrats rejält: "Visst, risken för en gängkriminell att bli häktad som misstänkt är ganska stor, men risken för en gängkriminell att sedan bli dömd i en domstol, den är ganska liten och minskar kontinuerligt",[33] säger han. En av förklaringarna till att det är så svårt att få folk fällda tros vara den så kallade *hypotesmetoden*, utvecklad av Christian Diesen, professor i processrätt vid Stockholms universitet. Enligt den teorin kan det finnas en alternativ förklaring till åklagares gärningspåstående. Logiken är att ingen kedja är starkare än sin svagaste länk, berättar Per Bauhn, professor i praktisk filosofi vid Linnéuniversitetet. Därför ska domstolen pröva de enskilda leden i beviskedjan var för sig och inte värdera dem utifrån en övergripande helhetsbild av materialet. ”För att åklagaren ska få en fällande dom krävs alltså att hon dels kan visa att det inte finns någon rimligare helhetsbild än den hon presenterat, dels att det inte finns någon alternativ förklaring till något av de enskilda leden i beviskedjan. Alternativet behöver inte heller vara mer sannolikt än det åklagaren presenterat. Det räcker att det erbjuder ett möjligt annat scenario”. Det här har skapat en hel del problem. Bauhn menar att metoden öppnat dörren för en väldigt fri tolkning av begreppet ”skyldig bortom rimligt tvivel”.[34] Wennström menar att enda sättet att få bukt med det här är att reformera straffrätten genom att omarbeta vissa kapitel. ”Regeringen är stolt över att man skärper straffen”, säger han, ”men det får sällan något större genomslag. Det stupar på det som står inskrivet i praxis. Vi är så unika i världen med det här systemet också. Något måste göras. Principen kan inte vara att om vi ingriper blir det värre. Det har vi provat nu i decennier och det fungerar inte”.[35] En stor del av gängbrottsligheten handlar om narkotikaförsäljning. 2002 påstod dåvarande hälsominister Morgan Johansson att Sverige skulle vara narkotikafritt inom tio år.[36] Ökade tullbeslag, låga priser och anmälningar visar dock att tillgången är större än någonsin. ”Det är ett helt nytt läge, ett helt nytt samhälle, där narkotikan har slagit sitt grepp om oss på ett sätt som inte setts i historisk tid,”[37] sa Narkotikapolisförbundets ordförande Lennart Karlsson. 2023 gjordes en stor sammanställning där man mätte drogkoncentrationen i avloppsvattnet för EU-länderna. Sverige toppar listan överlägset. Förutom att försäljning ökar har vi dessutom EU:s högsta narkotikadödlighet.[38]

Ett av de påståenden som spridits är att majoriteten drogköpare återfinns bland rika. "Vi vet att den största konsumtionen har vi i de välbärgade områdena",[39] sa exempelvis statsministern när han 2019 presenterade regeringens nya satsning mot narkotikabrottsligheten. Att rika bidrar mycket till försäljningen stämmer förstås men enligt en rapport från *Centralförbundet för alkohol- och narkotikaupplysning*, CAN,[40] finns inget stöd för att en enskild socioekonomisk grupp bidrar specifikt mycket. Om någon grupp sticker ut är det snarare den där personer med lägst utbildning, sysselsättning och inkomst finns enligt rapporten. Tack vare tillgång till krypterad kommunikation via den franska polisen har flera personer inom ledarskiktet av Sveriges kriminella nätverk frihetsberövats. Om narkotikahandel, skjutningar och sprängdåd ska minska måste man dock komma åt rekryteringen, säger rikspolischef Anders Thornberg. "I takt med att vi inkapaciterar fler och fler så hjälper inte det fullt ut om inte rekryteringen till de kriminella kretsarna avbryts. Det är väldigt stor påfyllning av ungdomar hela tiden".[41] När polisen fick tillgång till kommunikation från den krypterade appen Encrochat fick de ny insyn i hur nätverken styrs. "Det är fruktansvärt att lyssna på det här, man beställer ett mord ungefär som man beställer en pizza",[42] berättar Thornberg. Hos Stockholmspolisen bedömer man att runt 70 personer bland ledare och organisatörer i nätverk som kopplas till skjutningar, sprängningar och narkotikahandel, kommer ställas inför rätta. Det finns emellertid fortfarande mycket arbete kvar att göra, sa dåvarande regionpolischefen Mats Löfving. De brott som åklagare lade ner mest tid per brottsmisstanke på under hösten 2020 var mord, grov misshandel, sexualbrott, rån och allvarliga narkotikabrott. Sammanlagt så har antalet brottsmisstankar och förundersökningar om den typen av brott ökat med 15 procent på ett år och 39 procent senaste fyra åren.[43] Antalet brottsmisstankar om vapenbrott har ökat med 40 procent sedan 2015. Brottsgruppen mord och dråp, har mellan 2015-20 ökat med hela 49 procent och brottsgruppen rån under samma period har ökat med 43 procent.[44] 2020 konstaterades 124 fall av dödligt våld i Sverige, Det är en ökning med 13 fall jämfört med år 2019. Enligt Rostami kan gängens uppkomst inte bara förklaras med fattigdom: "Det handlar inte om endast ekonomiskt utanförskap, utan även om kulturellt, etniskt och normativt utanförskap. I denna situation kan gängen ge identitet och sammanhang".[45] I rapporten *Utsatta områden* som NOA släppte 2017 kunde vi läsa att "samhället är inte rustat för att hantera den stora numerär av kriminella aktörer, och polis och andra samhällsaktörer saknar förmåga att möta problematiken", samt att en del av "normalbilden att unga gemensamt går till attack mot polis" i de utsatta områdena, liksom att "tröskeln att använda våld mot polis har sjunkit de senaste tio åren".[46] En som redan på 90-talet varnade för den här utvecklingen var Per-Olof Wikström, professor i kriminologi vid Cambridge university och den förste svensk som fick prestigefulla *Stockholm criminology price* för sin forskning om ungdomsbrottslighet. Han var tidigare forskningschef på BRÅ och har dessutom jobbat vid Stockholms universitet och Polishögskolans forskningsenhet. I de socialt utsatta områdena så handlar mycket om att det finns många dysfunktionella familjer och dysfunktionella skolor, säger Wikström vars systematiska forskningsgenomgång visar att social utsatthet oftast bara förklarar 3-4 procent av variationen i befolkningens brottslighet. Däremot kan moraluppfattning och självkontroll i kombination med de moraliska sammanhang man vistas i förklara cirka 60 procent av variationen bland ungdomar. Förmågan till självkontroll tycks delvis vara medfödd men dkan även tränas upp, påpekar Wikström och listar den som "en viktig faktor för att kunna motstå kamrattryck".[47] Han lyfter segregationen som ett stort bidragande problem:

"Att koncentrera många människor med många problem, allt ifrån drogproblem och problem förknippade med att man är ny i landet, är mycket tveksamt och troligen de främsta orsakerna till att vi har vissa bostadsområden med en hög kriminalitet bland de boende".[48]

Wikström kritiserade BRÅ:s beslut att sluta föra statistik om sambandet invandring/brottslighet . Detta eftersom beslutet sannolikt fick en motsatt effekt jämfört med den man hade hoppats på. "När det gäller en så komplicerad fråga som invandring och brottslighet behöver vi mer, inte mindre kunskap",[49] förklarar han. En annan faktor som måste vägas in är dåliga skolresultat. Hösten 2017 rapporterade Skolverket att hela 17,5 procent av alla elever som gick ut årskurs nio under våren saknade gymnasiebehörighet. Det var den största andelen som rapporterats dittills. Fem år tidigare så var siffran 12 procent. De som inte klarar grundskolan är framför allt pojkar och då särskilt eleverna med utländsk bakgrund. "Det är en tickande bomb. Många frågar sig hur det har kunnat gå så här långt",[50] sa kriminologen Mikael Rying. Wikström tror att utvecklingen i Sverige kan ta 10-15 år att vända. Andra talar om att det kommer ta decennier.

Även fler aspekter måste vägas in. Martin Marmgren, gruppchef för områdespolisgruppen Järva säger att flera av de ungdomsledare som är verksamma och uppväxta i de segregerade förorterna lyfter gangsterrap som ett enormt problem i kampen om ungdomarnas framtidsdrömmar och samhällssyn. "Dessutom riskerar extrema machoideal och stundtals grovt kvinnoförnedrande texter påverka långt fler än dem som riskerar att välja en brottslig bana".[51] Kriminologen Fredrik Kärrholm, politiker, analyschef för Säkerhetsbranschen och tidigare polis har också lyft detta: "Statlig censur efterfrågar ingen", skriver Kärrholm. "Däremot att den som begår grova brott och skryter om dessa inte ska ges utrymme och hyllas. Här behöver alla samhällsaktörer ta ansvar. Förbud leder ofta till ökat intresse hos naturligt rebelliska unga, men det är ett dåligt argument för att överhuvudtaget inte på något sätt särbehandla gangsterrappen och dess utövare."[52] Kärrholm påpekar att det visserligen är viktigt att skilja på verk och person, men att när det kommer till gangsterrap så är verken problem i sig, eftersom det är musik som uttrycker stolthet över en kriminell livsstil och därmed uppmuntrar till brott, konflikt och hämnd. Musiken bidrar även till artisternas eget skrämselkapital och höjer statusen för gängkriminella, förklarar han. På så sätt utgör rapparna skadliga förebilder för unga med svag anknytning till samhälle och skola. "Det hela försvårar för alla som försöker göra gott - men inte får samma positiva uppmärksamhet. Hur artister som romantiserar gängkriminalitet ska behandlas hade nog varit en mindre omstridd fråga om det var i proffstyckarnas egna bostadsområden som skotten avlossades".[53] En forskningsrapport i *Journal of contemporary criminal justice* 2012 visar att det var 1999 som polisen först fick tydlig kännedom om de första regelrätta gatugängen i Sverige. Det byggde på kartläggning av sju självdefinierade förortsgäng med 239 av de 4 000 personer som polisen 2010 ansåg vara aktiva inom gängkriminalitet. Enligt rapporten bestod gängen oftast av ett dussintal medlemmar, som minst 10 och som mest drygt 70. Gängmedlemmarna var vanligen mellan 20 och 30 år gamla och samtliga var män. De var oftast dömda för stöld, narkotikabrott, trafikbrott och rån. 76 procent av gängmedlemmarna var första eller andra generationens invandrare, med stor tonvikt på ursprung från västra Asien eller Östeuropa. Gängen var emellertid oftast multietniska till sin sammansättning. Amir Rostami intervjuade flera gängledare, generaler, presidenter eller klanledare, som de kallas i sina grupperingar. De flesta av gängledarna var mellan 18 och 29 år. Hälften av dem hade ursprung i Mellanöstern, några var från Afrika och andra från Skandinavien.[54] Rostami beskriver fyra typer av ledare bland gängen, varav vissa sig som entreprenörer som till varje pris vill ha makt, pengar och framgång. *Entreprenören* är inte intresserad av kriminalitet i sig och har inga djupare känslor för sina kolleger. Målet är att bli rik och att skaffa sig statusprylar. Andra ledartyper kategorisera man som *profeter*. De är omtyckta ledare som är lojala mot sina anhängare och har utvecklat någon sorts patos för sin sak och sina gängmedlemmar. En tredje typ beskrivs som *realisten,* en pragmatiker som följer situationens logik och kan lämna ett gäng när det passar. Realisten har inga långsiktiga mål men använder ofta våld för att uppnå sina kortsiktiga mål. Den fjärde typen är *offret.* Det är en ledare som ser sig som ett offer för omständigheter som han inte rår över. Offret är "en ung rebell"och han ser kriminaliteten som ett sätt att utmana ett samhälle han inte känner sig välkommen in i. "Det finns absolut ingenting som pekar på att trenden ska vända", konstaterar Rostami.´"Allt tyder på att vi kommer att se fler gäng. Samhället reagerar först när våldet lämnar förorten, tyvärr. Skottlossning i förorter blir bara små notiser numera. Men händer det inne i stan blir det en jättegrej i medierna! Vi måste erkänna att vi har ett stort problem, och sedan tänka långsiktigt. Skolans roll kan inte underskattas".[55] Poliskommisarie Anders Göranzon beskriver de tungt kriminella individerna som "extremt impulsiva" och "extremt lättkränkta" personer utan känsla för långsiktiga konsekvenser. Lättkränktheten som vi ser i dessa grupper kan delvis förklaras via den psykologiprofessorn Steven Pinkers omtalade forskning om våldets mekanismer. Pinker menar att anledningen till att våldet har minskat genom historien i hög grad beror på den moderna statens växande våldsmonopol. I samhällen där man inte kunde eller kan kalla på polisen om man blev hotad eller angripen, exempelvis naturfolk, stam- eller klansamhällen, eller medeltidens Europa och kollapsade stater, utvecklades en livstil där man blev/blir sin egen polis. Det innebär exempelvis att varje tänkbar förolämpning eller minsta hot tas på djupt allvar och att man alltid är beredd att slå tillbaks i förväg. Ett sådant beteende är dock oftast mycket kortsiktigt och leder vanligen till långvariga och dödliga konflikter i en ond spiral utan ände. Samtidigt som polisen gör vissa framsteg så tillvida att fler kriminella fångas in och döms uppstår ett annat problem. Redan 2019 var vart tredje svenskt fängelse överfullt.[56] 97 procent av Sveriges fängelseplatser är fulla, jämfört med 85 procent fem år tidigare. Idag är det så trångt på Sveriges häkten och fängelser att kriminalvården har svårt att erbjuda en säker, human fångvård och minska återfall bland dömda. Kriminalvårdens Generaldirektör Martin Holmgren berättade i september 2020 att kriminalvården hade gått upp i stabsläge: ”Det är i princip fullt på landets häkten och anstalter och situationen var mer bekymmersam än på åratal. "För att hantera krisen och öka takten på vår platsökning har vi tagit ställning till att gå upp i så kallad krisledningsstab för att lösa uppgiften”.[57] Under 2020 gick 2700 dömda brottslingar i Sverige fria i väntan på en fängelseplats. ”Situationen är allvarlig”, säger Joakim Righammar, som är Kriminalvårdens sektionschef ”Vi har idag ett inflöde av klienter som är markant högre än det var för några år sedan. Vi bygger nytt, 700 platser de senaste två åren men det räcker inte riktigt till”.[58] Tidigare fanns en gräns på att den som dömts till fängelse måste inställa sig vid en anstalt inom max 50 dagar. För ett par år sen höjdes gränsen till 75 dagar och ligger nu på 100 dagar. Utöver det tillkommer andra problem. Gängbrottsligheten i Sverige är numera så epidemisk att åklagare larmat om att de inte hinner med att hantera alla ärenden. I september 2020 gick en grupp åklagare ut och larmade om att de inte klarar att hantera den ökade gängbrottsligheten: ”Vi hinner inte längre med. Det kan inte fortsätta så här utan det behövs omedelbart en rejäl resursförstärkning så att vi totalt sett kan bli betydligt fler åklagare”.[59] I artikeln berättar åklagarna att ärendena blir mer och mer komplicerade för varje år samtidigt som arbetsbelastningen bara blir högre och högre. Något som har lett till att många erfarna och duktiga åklagare har lämnat yrket eftersom de känner att de inte orkar längre. ”Nu är gränsen nådd",[60] som de uttrycker det. Detta trots att antalet åklagare ökat och i slutet av 2020 översteg tusen stycken för första gången. Eftersom resurskrävande grova brott växer så mycket behöver myndigheten emellertid fortsätta växa. Åklagarmyndigheten har därför begärt 186 miljoner kronor mer i budget till 2022. Den organiserade brottsligheten har tentakler i hela samhället, säger Daniel Larson, åklagare vid Ekobrottsmyndigheten:

"Organiserad brottslighet kan kan liknas vid en cancer i den demokratiska samhällskroppen som de senaste åren spridit sig aggressivt". Organiserad brottslighet har för sina syften framgångsrikt utnyttjat vår öppenhet, vårt rättighetsskydd och våra välfärdssystem ... aldrig tidigare har den demokratiska rättsstaten varit under ett sådant systematiskt angrepp".[61]

Hotet från den organiserade brottsligheten visar sig inte bara genom våld, skjutningar och sprängningar, sa Larson. En skrämmande men relevant fråga är om den organiserade brottsligheten blivit för stor för att misslyckas? Bara de senaste tio åren har 33 skjutvapenmord bland de kriminella förblivit ouppklarade i Stockholmsområdet och klassats som "kalla fall". I polisregion Väst så har ett 20-tal mordutredningar hamnat hos regionens *Kalla fall-grupp.* Bristen på teknisk bevisning och vittnen som vill ställa upp och berätta gör arbetet svårt. "Många av de här gängskjutningarna i väst kommer vi nog inte att jobba med överhuvudtaget",[62] säger Anders Eriksson, chef för Kalla fall-gruppen i Väst. Sedan år 2009 så arbetar 12 olika myndigheter gemensamt med underrättelser och operativa insatser mot kriminella individer och kriminella nätverk. Myndigheterna har inrättat gemensamma och strategiska, operativa råd, underrättelsecenter på regional och nationell nivå samt särskilda aktionsgrupper för att kunna säkerställa en effektiv och uthållig verksamhet för bekämpning av den grova organiserade brottsligheten. EU:s kriterier för organiserad brottslighet är att minst sex av kriterierna nedan ska vara uppfyllda för att det ska röra sig om organiserad brottslighet.

Punkt 1, 3, 5 och 11 nedan ska vara uppfyllda:

1. Samarbete mellan fler än två personer.
2. Egna tilldelade uppgifter åt var och en
3. Lång eller obegränsad utsträckning i tiden
4. Någon form av disciplin och kontroll
5. Misstanke om allvarliga kriminella handlingar
6. Verksamhet på lokal nivå.
7. Användning av våld eller andra metoder för hot
8. Användning av kommersiella eller affärsmässiga strukturer
9. Deltagande i penningtvätt
10.Otillbörlig påverkan på politik, medier, offentlig förvaltning, rättsliga myndigheter eller ekonomi
11.Strävan efter vinning och/eller makt.

Den grova organiserade brottsligheten berör alla delar av samhället. Den rör sig över landsgränser och omfattar alla typer av kriminalitet. Kriminella organisationer som säljer narkotika kan även smuggla cigaretter, miljöfarligt avfall eller människor. Det är också mycket vanligt att grovt kriminella begår skattebrott och utnyttjar sociala skyddsnät som sjukpenning och a-kassa. Tittar man på det totala antalet anmälda brott per 100 000 invånare så har det mellan 1976-2018 skett en ökning med 55 procent.[63] En undersökning 2021 visar att anmälningar av så kallade *brott mot person* ökat med över 430 procent sen 70-talet.[65] Brott mot person omfattar: brott mot liv och hälsa (exempelvis mord och misshandel), brott mot frihet och frid (exempelvis människorov och olaga tvång), Ärekränkning (ex. förtal och förolämpning) sexualbrott (ex. våldtäkt och sexuellt övergrepp) och brott mot familj (exemeplvis olovligt äktenskap). Uppklaringsprocenten beträffande brott är ursprungligen tänkt som ett mått på polisens förmåga att kunna åtgärda och klarlägga de brottsanmälningar som kommer in. Syftet är att kunna ange hur stor andel, i procent, av de brott som har polisanmälts som sedan blir uppklarade. När ett brott betecknas som uppklarat är den vanligaste formen att åklagaren fattar ett beslut i åtalsfrågan, genom att väcka åtal och utfärda strafföreläggande eller åtalsunderlåtelse. I de fall som det inte kan styrkas i ett tidigt skede att den anmälda händelsen är ett brott anses det också uppklarat eftersom brottet ifråga avskrivs. Uppklaringsprocenten i Sverige har successivt minskat sedan mitten av 70-talet. Detta trots att det finns nära 6 000 fler poliser idag än det fanns för fyrtio år sen. 1980 så anmäldes exempelvis 900 000 brott i Sverige som polisen då fick hantera. På den tiden så tjänstgjorde 15 300 poliser i hela landet och sammanlagt utreddes 200 000 brott som gick till lagföring. Något som innebar 23 procent i lagföringsbeslut. År 2020 så tjänstgjorde cirka 21 000 poliser medan 1 500 000 brott anmäldes. Endast 109 000 av alla dessa anmälda brott utreddes till lagföring. Det innebär ett resultat på endast 7 procent i lagföringsbeslut. Med andra ord en minskning med 16 procent jämfört med år 1980. Enligt den tillgängliga statistiken över anmälda brott så har det skett en markant ökning sedan 70-talet. Särskilt om man bara tittar på så kallade brott mot person så är trenden liknande om man i stället tittar på antalet personer som har lagförts för brott mot person. Siffrorna svindlar. Ökningen har visserligen inte varit lika stor under de senaste tio åren som tidigare, men om man viktar statistiken enligt ett brottskadeindex ser vi en mycket tydlig ökning av allvarlig brottslighet i Sverige sedan 00-talets mitt. 2019 så beskrev kriminologen Amir Rostami två parallellt pågående trender som pågick inom brottsutvecklingen i Sverige.[65] De visade att den organiserade grova brottsligheten har en uppåtgående trend, medan vardagsbrotten, exempelvis "knivslagsmål på fyllan" mellan två personer, visade en nedåtgående trend. De gängkriminellas användning av skjutvapen, sprängmedel och handgranater har ökat rejält sedan 90-talet. Något som inte bara har drabbat de tilltänkta måltavlorna utan även vanliga medborgare som råkat befinna sig på fel plats vid fel tillfälle. Numera skjuts en person av misstag varje månad i Sverige. Trenden vi har sett med skjutvapenvåld är starkt kopplad till de utsatta områdena i storstäderna visar forskningen som gjorts. Men vad menar vi då när vi talar om utsatta områden och hur många är de egentligen? *Utsatta områden* är ett begrepp som har skapats och definierats av polisen. Samtliga dessa områden kännetecknas av en låg socioekonomisk status och av att kriminella individer och grupper utgör mer eller mindre stor inverkan på lokalsamhället och även kontrollerar delar av territoriet. I dagens Sverige så finns det numera totalt 61 områden som polisen klassar som utsatta. Låt oss nu titta närmare på dessa och vad det är som egentligen utmärker dem.

Det finns tre olika nivåer av utsatta områden:

1) Utsatt område

Läget anses vara allvarligt.

2) Riskområde

Läget anses vara alarmerande.

3) Särskilt utsatt område

Läget anses vara akut.

De kriminellas inverkan är kanske ofta snarare knuten till den sociala kontexten i området än de kriminellas vilja att ta makten och kontrollera lokalsamhället.

Påverkan kan utgöras av direkta påtryckningar, exempelvis genom hot och utpressning, eller indirekta, som:

- offentliga våldshandlingar som riskerar att skada tredje man
- narkotikahandel som bedrivs öppet
- ett utåtagerande missnöje mot samhället

Effekten av det här blir att de boende i området upplever otrygghet, vilket i sin tur leder till en minskad benägenhet från innevånarna att anmäla brott och även att medverka i själva rättsprocessen. Något som aktualiserar förslaget om att använda anonyma vittnen.

Läget anses vara allvarligt:

Ett riskområde uppfyller samtliga kriterier för ett utsatt område men når inte upp till de kriterier som kännetecknar ett särskilt utsatt område. Läget är dock så alarmerande att det finns en överhängande risk att området riskerar att bli särskilt utsatt om inte adekvata åtgärder sätts in. Vilket är precis vad vi har sett de senaste decennierna i Sverige.

Ett särskilt utsatt område beskrivs som ett geografiskt avgränsat område som kännetecknas av en allmän obenägenhet att delta i rättsprocessen. Det kan även förekomma systematiska hot och våldshandlingar mot såväl vittnen som målsägare och anmälare i det aktuella området. Situationen i området innebär att det är svårt eller nästintill omöjligt för polisen att fullfölja sitt uppdrag, vilket kräver regelmässig anpassning av arbetssätt eller utrustning. Ofta har det skett en normalisering vilket lett till att varken polisen eller de boende reflekterar över det avvikande läget i området.

Ett särskilt utsatt område inbegriper även i viss mån:

- parallella samhällsstrukturer
- extremism, såsom systematiska kränkningar av religionsfriheten eller starkt
- fundamentalistiskt inflytande som begränsar människors fri- och rättigheter
- personer som reser iväg för att delta i strid i konfliktområden
- en hög koncentration av kriminella

En ytterligare försvårande uppgift är om det ligger andra utsatta områden i nära anslutning till ett särskilt utsatt område. Då finns det risk för samverkan mellan kriminella personer eller nätverk inom områdena. Läget anses vara akut.[66] 2021 framkom att kriminella gäng i Tynnered i Göteborg stoppar och kontrollerar personer som inte känns igen. Gängen använder unga människor som ögon och öron för att hålla koll på närområdet i Tynnered. "Det är på samma sätt som när det här fenomenet dök upp i Nordost, i samband med en konflikt mellan delar av Ali Khan och Backagänget", berättar Dan Wendt, chefen för lokalpolisområde Syd. "Då kontrollerades människor i områden både i Nordost och syd. De som kontrollerar är kriminella personer som vill veta vilka som rör sig i närområdet så att det inte finns några som de är rädda för, någon fiende eller polis".[67] Enligt *EU-SILC* (EU:s undersökning om inkomst och levnadsförhållanden), är Sverige ett av de länder i Europa där störst andel av befolkningen upplever problem med brottslighet, våld och vandalisering. En skarp kontrast mot övriga nordiska länder som istället placerar sig på de lägsta nivåerna.[68] Fredrik Kärrholm har forskat på hur man bäst skulle kunna bygga ett svenskt brottskadeindex. I en studie från Cambridge University som Kärrholm gjort med Peter Neyroud och John Smaaland placeras Sveriges övergripande brottsutveckling för första gången på ett brottskadeindex. I studien kan en tydlig trend skönjas: Om man tillskriver grova brott ett högre "värde" har brottsligheten i Sverige ökat kraftigt de senaste 15 åren. En utveckling som inte syns på samma sätt om man tittar på statistik över anmälda brott. Kärrholm påpekar att analysen av utvecklingen inte är studiens huvudsyfte.

Den ger inte uttömmande svar men en indikation på en allvarlig utveckling. Med hjälp av studien jobbar polisen med den som en del av underlaget för att ta fram ett svenskt brottsskadeindex. Arbetet leds av Linda Nilsson på polisens nationella operativa avdelning och man justerar nu olika parametrar i indexet samtidigt som olika pilotprojekt testas för att sedan utgås ifrån. Idag kan polisen samla data över anmälda eller begångna brott för att identifiera så kallade *"hot spots"* (geografiska platser där många brott begås). Lägger polisen till brottskadeparametern och tillskriver varje typ av brott ett specifikt värde kommer man i stället se det som kallas för *"crime harm spots"* (platser med hög andel allvarliga brott). I studien som framtagits för ett svenskt brottskadeindex har mord *värdet 122* och snatteri *värdet 1*. Om polisen då letar "hot spots" kommer en plats med 50 snatterier sticka ut betydligt mer än en där ett mord skett. Letar man i stället efter *"crime harm spots"* är det platsen för mordet som sticker ut. Man kan alltså identifiera de platser där folk tillfogas störst skada och vilka tidpunkter det brukar ske. Därutöver finns många sätt att använda informationen, exempelvis riktade polisinsatser vissa tider och övervakningskameror.[68] Brottsskadeindexet kan ge svar på fler viktiga frågor. "Det kan också till exempel handla om att identifiera de mest våldsamma familjerna och de mest utsatta barnen, eller de mest skadliga kriminella nätverken",[69] säger Kärrholm. Enligt statistiken över anmälda brott har det alltså skett en markant ökning av brottsligheten sen 70-talet och då framförallt så kallat "brott mot person". Trenden är dessutom snarlik om man tittar på antalet personer som lagförts för brott mot person. Ökningen är mindre de senaste tio åren än tidigare men om man viktar statistiken enligt ett brottskadeindex så syns en tydlig ökning av allvarlig brottslighet sedan 00-talets mitt.[70]

Göteborgs-Postens Bawar Ismail skrev följande:

"Personrån, gängskjutningar och sprängdåd. På punkt efter punkt framstår vårt samhälle som alltmer otryggt och farligt för många. Oroliga mammor till stökiga barn skriker efter hjälp, utsatta företagare stänger sina verksamheter i förorten och otrygga lokalinvånare kräver hårdare tag mot kriminella. Men regeringen gör för lite och för sent".[71]

Efter att den 33-årige polisen Andreas Danman sköts ihjäl på öppen gata i Biskopsgården i Göteborg den 30 juni 2021 så undertecknade 3000 poliser ett upprop initierat av kollegan Hannah Bergelin där man krävde en förändring. Uppropet, som sedan överlämnades till regeringen, innehöll flera kloka och nödvändiga förslag på åtgärder för att förbättra ordningsmaktens arbetsmiljö, påpekar Bawar Ismail, men även förslag på hur man ska agera för att göra livet tuffare för de gängkriminella. Däribland slopade mängd- och ungdomsrabatter, straffskärpning för brott som har koppling till gängkriminalitet, visitationszoner och vistelseförbud i vissa områden, utvisning som huvudregel för personer utan svenskt medborgarskap, samt utökade möjligheter till kameraövervakning. Kritiker hävdar ibland att strängare straff är ineffektivt, men såväl Kärrholm som Henrik Andershed, professor i kriminologi vid Örebro universitet, pekar på den positiva effekten av skärpta straff: "Vi hör ju att en del väldigt kriminellt aktiva personer faktiskt säger att: "Den här typen av brottslighet som vi håller på med, det kan vi göra därför att det inte är så stränga straff, och jag väljer att utföra den här brottsligheten därför att jag gör den kalkylen".[72] 2018 så startade FBI projekt *"Trojan Shield"*,[73] en internationell polisoperation där 800 personer slutligen kunde gripas runt om i världen och där över åtta ton kokain beslagstogs tillsammans med 250 skjutvapen, 55 lyxfordon och drygt 48 miljoner dollar. Redan tidigt stod det klart att många användare hade koppling till Sverige och 155 tungt kriminella personer kunde till slut gripas.[74] Sveriges användare stack ut i det avseende att det var en högre våldbrottslighet kopplat till Sverige,[75] sa ledningen vid polisens underrättelseverksamhet. År 2021 så konstaterades 124 fall av dödligt våld i Sverige. Det är den högsta siffran sedan BRÅ började mäta år 2002. I 25 av fallen var offren kvinnor och i 99 män. I 12 av fallen var offret under 18 år. I december 2021 kom en rapport av sociologen Maria Wallin och Arber Jasharaj från Stiftelsen *Tryggare Sverige*. Wallin och Jasharaj studerade den organiserade brottsligheten i Västsveriges samtliga utsatta områden på uppdrag av Fastighetsägarna och Fastighetsakademin. Det är känt sedan länge att rekryteringen av ungdomar till de kriminella gängen i Göteborg har pågått i åratal. Wallins och Jasharajs studie visar dock att metoderna blivit allt grövre i takt med att den kriminella miljön radikalt i landet har förändrats. Rapporten bygger på 250 intervjuer med personal inom polis, kommunal verksamhet och fastighetsförvaltningar och visar att gängens inflytande har blivit större. En avgörande faktor för deras överlevnad och expansion är nyrekrytering. Den riktade rekryteringen kan delas in i två undergrupper, där den ena bygger på belöningar och den andra på tvång. I den tvångsmässiga så används våld och hot om våld mot både ungdomen och familjen.

I vissa fall används till och med tortyrliknande metoder som att tvinga unga att bevittna när andra utsätts för grovt våld. Ett exempel är skenavrättningar i form av skendränkning där man hotar med att dränka ungdomar på ett sådant sätt att de tror att det hela är på allvar.[76]

Wallin delar in nätverken i tre grupper:

- Huvudgruppen: personer mellan 20–35 år som utgör kärnan och har mest våldskapital.

- Undergrupp 1; personer i 15–20 årsåldern som agerar soldater, väktare och säljare.

- Undergrupp 2: barn mellan 8-15 år, som agerar tjuvar, springpojkar och spejare.

Vid 11–13 år flyttas de upp i pyramiden och rekryteras till säljare eller organiserat snatteri. Wallin påpekar att gängproblematiken inte handlar om "vanlig" ungdomskriminalitet utan om grov organiserad brottslighet, där barn och unga används som nyckepersoner. Alla som intervjuas i rapporten uppger att den kriminella miljön har stor påverkan både på det dagliga livet och för affärsverksamheterna. 74 procent av dem som jobbar med fastigheter uppger att de har problem med narkotikahandel, 65 procent har problem med gängkriminalitet och 21 procent har kriminella släktbaserade nätverk i sina bostadshus.[77] Den bristande lagstiftningen är enligt de intervjuade, "till fördel för de som gör fel", då det är svårt att ta vid åtgärder som avhysning eller vräkning om en kriminell hyresgäst betalar hyran i tid, men samtidigt fortsätter begå kriminella handlingar.[78] Undersökningen tar även upp den allt vanligare tystnadskulturen. Boende vittnar om att de inte vågar hälsa på, eller ibland ens titta, på poliser. Tystnadskulturen kan dessutom innefatta personal inom fastighetsbolag eller inom butiker. Dessutom har skolpersonal och socialarbetare börjat larma att man inte vågar orosanmäla barn till gängledare[79] eller släkt med kriminella.[80] De senaste fem åren har dessutom anmälningar till Arbetsmiljöverket om hot och våld mot ambulanspersonal tredubblats. Det handlar om allt från verbala mordhot till pistolhot, slag, sparkar och spott eller att ambulanspersonal fysiskt hindras från att lämna en plats.[81] Trots flera tydliga signaler från olika håll rådde det under en lång tid en nästan obegriplig ovilja från politiskt håll att ta tag i de allvarliga problem som här beskrivits. Maria Wallin har i 15 år arbetat med att sprida kunskap om territoriella och släktbaserade kriminella nätverk och andra parallella system i Sverige. Redan 2007 skrev hon en rapport om släktbaserad kriminalitet i Angered och Frölunda.[82] Den beskrev även territoriella kriminella grupper och hur des påverkar barn och ungdomar. Under alla dessa år så har politiker och kommunanställda aldrig agerat på varningarna, berättar Wallin:

"Jag har jobbat med de här frågorna i 15 år och varje gång det hänt någonting har jag tänkt: "nu måste det väl hända någonting". Men det har det inte gjort".[83]

Magnus Norell är en statsvetare med inriktning på frågor som rör terrorism, politiskt våld, men också demokrati- och säkerhetsfrågor. Han har jobbat på fyra myndigheter: *Militära underrättelse- och säkerhetstjänsten* (Must),

Säkerhetspolisen (Säpo), *Totalförsvarets forskningsinstitut* (FOI) och *Försvarshögskolan*. Idag arbetar han vid *"The Washington Institute"* och som fristående konsult och rådgivare åt *"European Foundation for Democracy"* i Bryssel. Norell är mycket bekymrad över utvecklingen i Sverige och bekräftar att utländska klaner etablerat sig i landet samt att den organiserade kriminaliteten är systemhotande: "Jag skulle önska att någon politiker tog ansvar", säger han." För landets skull. Det behövs, det är bråttom. Det har redan gått för långt".[84] De som vill bortförklara våldet i dagens Sverige brukar hänvisa till att det dödliga våldet har minskat totalt sedan 90-talet. "I sak är det korrekt", säger Fredrik Kärrholm, "men likväl vilseledande. Det har, jämfört med 1990-talets början, blivit mindre vanligt att alkoholister och narkomaner har ihjäl varandra. Det tragiska och dödliga partnervåldet har också minskat under en längre tid vilket förstås är en välkommen utveckling. Det har också blivit mindre vanligt med hangemäng mellan överförfriskade yngre män ute på våra krogar. Våldet har minskat och sjukvården räddar livet på fler. Samtidigt har det blivit vanligare med grovt kriminella som hänsynslöst skjuter ihjäl varandra på gator och torg".[85] Kärrholm vänder sig mot att vissa kriminologer och Public service försöker avleda uppmärksamheten från det grova våldet genom att bortse från viktiga faktorer. Som att skjutningar av flera skäl är ett djupt allvarligt samhällsproblem: Fler än dem våldet riktar sig mot blir också utsatta. Indirekta brottsoffer som skräms, skadas eller får se egendom förstörd. Dessutom slår våldet blint och är svårt för hederligt folk att skydda sig mot. De senaste åren har ett tiotal oskyldiga, däribland flera barn, oavsiktligt dödats. Den typen av våld är även en indikation på omfattningen av annan gängrelaterad kriminalitet och organiserad, brottslighet, påpekar Kärrholm: "Skottlossningar och sprängdåd har ökat i enorm omfattning. Rikspolischefen Anders Thornberg har vittnat om "en hänsynslöshet och råhet som vi aldrig tidigare sett".[86] I slutet av år 2020 meddelade polisen att det finns 8233 gängkriminella i landet. Av dessa så var hel 1202 personer minderåriga. År 2023 så talade man om att cirka 9000 personer numera ingår i de kriminella nätverken. "I ett öppet och demokratiskt samhälle är det både en självklarhet och önskvärt att den stökighet som återfinns i samhället också avspeglar sig i partipolitiken", skriver journalisten Thomas Gür. "Ty ska den demokratiska politiken vara värd sitt salt, ska den också återspegla och företräda samhällets strömningar, dess utveckling, dess önskemål och behov, även när det är som stökigast. Alla försök att skyla över röran och oron, i namn av påstådd stabilitet och förutsägbarhet, går inte bara emot den representativa demokratins idé och riskerar att urgröpa dess legitimitet. De leder också till ännu mer stök och oro, delvis för att man har sökt dölja existerande motsättningar i en förnekelse av den utveckling som har lett till dessa motsättningar. Delvis för att den urholkning av den demokratiska legitimiteten som sådana maskeringsförsök förorsakar, leder till ytterligare oro och stök".[87] Det har gått så långt att nära hälften av dem som bor i utsatta områden vill flytta. Den främsta orsaken är kriminaliteten. I en Novusundersökning beställd av Stiftelsen *The Global Village* uppgav dock 47 procent av de tillfrågade i utsatta områden att de ansåg att utvecklingen i Sverige går åt rätt håll. Bland svenskarna så var siffran bara 33 procent.[88] 67 procent av genomsnittssvenskarna håller alltså inte med.

Stiftelsen intervjuade människor i landets 60 utsatta eller särskilt utsatta områden och jämförde svaren med genomsnittssvenskars. Undersökningen visade att lag och ordning hamnar högst. De människor som bor i utsatta områden prioriterar de viktigaste politiska frågorna annorlunda än svenskar i gemen, som visserligen också tycker det är viktigt att få bukt med kriminaliteten, men placerar den efter skolfrågorna. Grovt skjutvåld har blivit vardag, förklarar Ahmed Abdirahman som arbetar för stiftelsen. 26 procent av alla som bor i särskilt utsatta områden har själva eller någon närstående som utsatts. "Så fort en helikopter hörs så ringer man sina vänner för att höra vad som hänt".[89] Det är den världen vi lever i", berättar Abdirahman. Brottsligheten gör att många vill flytta, men de har inte råd, säger han. Under *Folk och Försvars rikskonferens* i januari år 2022 så berättade Anders Thornberg att dödligt våld är åtta gånger vanligare i socialt utsatta områden, sett till befolkningens storlek.[90] När en skjutning ägt rum på en plats där det pågår öppen droghandel är risken för en ny skjutning minst dubbelt så stor om platsen ligger i ett utsatt område enligt forskningen från BRÅ.[91] Numera kan man höra infödda svenskar, inte minst företagare i större företag, prata om att lämna landet på grund av brottsutvecklingen.[92] De oroas över att bli rånade i hemmet eller att barnen ska kidnappas. Vissa berättar att exil är ett återkommande samtalsämne bland välbeställda bekanta. Oron är inte är obefogad. En företagares bekant blev kidnappad och en annan rånad på bilen inför sina barn.[93] Mellan år 2017–20 har andelen företagare som utsatts för brott ökat från 30 till 36 procent och 79 procent av mindre företag har ökade kostnader för brottsförebyggande åtgärder. 42

procent uppger att utsatthet för brott har lett till att planerade investeringar skjutits upp eller helt uteblivit.[94] Utsattheten för brott har framförallt ökat inom handel och tillverkning. Det vanligaste är bluffakturor, stölder, inbrott och skadegörelse. Det här har lett till allvarliga sidokonsekvenser. Bland annat upplever hela 84 procent av de brottsutsatta företagarna en minskad tilltro till rättsväsendet och andelen företagare som funderar på att lägga ner verksamheten på grund av brottslighet har ökat från 13 till 19 procent. Dessutom fortsätter benägenheten att anmäla minska, från 42 procent som har avstått polisanmäla brott år 2017 till 65 procent 2020.[95] Företagarna föreslår en rad åtgärder. Som att se över straffskalorna, utöka polisnärvaron, göra det enklare att använda kommunala ordningsvakter och att bredda tillträdesförbudet. Rapporten visar även att andelen som alltid polisanmäler är högre i storstäder än på landsbygd.[96] "De ekonomiska kosekvenserna är enorma. De direkta kostnaderna av brottsligheten för företagen överstiger 40 miljarder", säger Karl Lallerstedt som ansvarar för säkerhetspolicyfrågor på Svenskt Näringsliv, "men de totala kostnaderna blir mycket högre om man räknar med företagens utgifter för brottspreventiva åtgärder, försäkringskostnader, IT-kostnader och uteblivna investeringar och immaterialrättsliga brott".[97] Lallerstedt betonar även att vi inte kan ha en fortsatt acceptans av en sådan omfattande nivå av massbrott . "Det är viktigt att myndigheter som polisen, Brottsförebyggande rådet och SCB kartlägger hur företag drabbas av brott och dess kostnader", förklarar Lallerstedt. "Detta är en förutsättning för att prioritera dessa problem i relation till andra samhällsproblem. Trygghet är en förutsättning för näringslivet".[98] Svenskt Näringsliv uppskattar att den årliga kostnaden för brottsligheten uppgår till 100 miljarder.[99] Andra menar, baserade på andra länders bedömningar och svenska studier, att summan kan ligga på 190 miljarder.[100] Direkta kostnader, som materiella skador, säkerhetstjänster, larm och utgifter för rättsvårdande myndigheter, är relativt lätta att skatta. Andra direkta kostnader, som vårdens belastning, mänskligt lidande, missade bedrägerier och förlorade arbetstimmar, är svårare att skatta. Trots att vi toppar Europaligan beträffande skjutningar och sprängningar, och trots enorma kostnader i lidande och ekonomi, spenderar Sverige bara två tredjedelar av genomsnittet bland EU:s länder på allmän ordning och trygghet.[101] Notera då att den totala prislappen samhället får betala efter en skjutning bara i Stockholms län är 75 miljoner.[102] Nationalekonomen Ingvar Nilsson, verksam vid *Institutet för socialekologisk ekonomi,* räknade på uppdrag av regeringen och EU-kommissionen på utanförskapets ekonomiska och sociala samhällskostnader, samt prislappen för våldet. I scenariot för en skjutnings kostnad antas att ett brottsoffer skadas lätt medan ett annat soffer får svåra livslånga skador. Det innebär ekonomiska hjälpinsatser från försäkringskassa och socialbidrag samt hjälpinsatser för anhöriga och eventuella vittnen. Enligt ett internationellt forskningsprojekt är den totala prislappen för en skjutning i Stockholms län 75 miljoner.[103] "Det paradoxala är att det inte är det dödliga våldet som är det riktigt dyra", säger Nilsson. "Det är våldet som leder till långvariga effekter som är riktigt dyrt."[104] En grovt kriminell kostar samhället hela 23 miljoner på femton år. Ett kriminellt gäng kostar på tjugo år 530 miljoner.[105]

Debatten har fokuserat på socioekonomiska faktorer och ojämlikhet. I det nationella brottsförebyggande program S/MP-regeringen presenterade 2016 sades att välfärdspolitik för minskade klyftor var receptet mot brottslighet. Detta trots att forskning visar att andra faktorer spelar större roll vid risken att begå brott. Marie Torstensson Levander, som är seniorprofessor vid Malmö universitet och har forskat på kriminalitet i över 40 år, säger att barn från resurssvaga familjer visserligen har en överrisk att bli kriminella men att förklaringsvärdet är svagt. Det ligger på 2 procent av den totala variationen i kriminalitet så merparten blir inte kriminella.[106] En rapport som släpptes av BRÅ under 2023 bekräftar detta. Den visar att om man jämför socioekonomisk bakgrund med andra riskfaktorer som uppfostringsförmåga och graden av impulsivitet hos barn, så har dessa ett starkare samband med att utveckla brottsligt beteende än vad socioekonomiska faktorer har.[107] Majoriteten av dem som kommer från en svag socioekonomisk bakgrund blir inte mer kriminella än personer från välbärgade hem enligt rapporten. Tvärtemot vad som ganska ofta brukar påstås av en del debattörer så är det alltså inte fattigdom som orsakar brottslighet. Utöver de 9 000 aktörerna inom de kriminella nätverken så finns ett antal aktörer runt dem som är "medmisstänkta". Polisen uppskattar att dessa uppgår till runt 21 000 individer. Mellan december 2022 och april 2023 så beslagtogs 131 vapen, varav 31 automatkarbiner, och 10 handgranater. Under 2023 så lade regeringen fram en proposition med förslag på hårdare straff för våldsamma gänguppgörelser. Förslaget innefattar dessutom straffskärpningar för brott som till exempel grovt olaga hot, rån och narkotikaförsäljning.

"Det påminner om någon form av krigstillstånd".

Polisens gängexpert Gunnar Appelgren.

Skjutningarna

När Sifo på på uppdrag av Ekoredaktionen frågade vad folk i Sverige oroade sig mest för 2017 visade det sig att *kriminalitet/våld, invandring/integration och klimat/miljö* hamnade högst. Ekoredaktionen kallade då in en lektor i statsvetenskap som menade att oron för våld och invandring troligen beror på att "det har varit mycket kring våld och säkerhet, om polisen, om gängskjutningar och liknande i medierapporteringen under en ganska lång tid."[1] Även om det påpekades att fler faktorer kunde spela in så fick man lätt intrycket att det var rapporteringen i sig som var problemet och inte det faktum att våldet har eskalerat. Det fanns journalister som inte stämde in i den sevanliga konsensuskören."Att oron för våld och kriminalitet växer beror inte på någon "mediebild. Folk gör helt enkelt en korrekt analys av läget"[2] skrev Sanna Rayman på Expressen. Fakta i målet visar också att så verkligen är fallet. Även om de sammanlagda fallen av dödligt våld inte har ökat så ser vi en tydlig ökning i död relaterad till skjutvapen i Sverige. Sedan Brottsförebyggande rådet, (BRÅ) började föra statistik över dödskjutningar 2011 har antalet personer som dödas till följd av skjutningar i Sverige mer än fördubblats.[3] Sett ur ett längre perspektiv syns en tydlig ökning av dödsskjutningarna på senare år.

1990–94: 4
1995–99: 7
2000–04: 8
2005–09: 9
2010–14:14

2015: 28
2016: 28
2017: 43 [4]
2018: 45 [5]
2019: 42 [6]

Manne Gerell är kriminolog vid Malmö högskola och medförfattare till flera forskningsrapporter. Han hade redan tidigare påpekat att Sverige ligger på rekordhög nivå om vi tittar på hur utsattheten för brottslighet ser ut i *Nationella trygghetsundersökningen.*[7] 2017 rapporterades 324 skjutningar med 43 döda. Sammanlagt föll 113 personer offer för dödligt våld enligt statistik från Brottsförebygande rådet, (BRÅ). I mer än en tredjedel av fallen hade skjutvapen använts."Det är den högsta nivån av dödligt våld med skjutvapen sedan detta började statistikföras",[8] förklarade Nina Forselius, utredare på *BRÅ*. Antalet häktade misstänkta för grovt eller synnerligen grovt vapenbrott samma år var 58 personer. 2018 hade siffran stigit till 299![9] Antalet ihjälskjutna var, trots hårdare vapenlagar och riktade insatser mot gängkriminella, fler än någonsin. "Det påminner om någon form av krigstillstånd",[10] sa polisens gängexpert Gunnar Appelgren:

2018 rapporterades 306 skjutningar där 135 personer skadades och 45 personer dödades.[11]

2019 rapporterades 334 skjutningar där 120 personer skades och 42 personer dödades.[12]

2020 rapporterades 366 skjutningar där 117 personer skadades och 47 personer dödades.[13]

2021 rapporterades 305 skjutningar med 100 skadade och 45 dödade.[14]

Det innebär att vi på 4 år hade *1311 skjutningar* där *472 personer skadades och 179 dödades.*

Även om skjutningarna minskade något i storstäderna under en period så ökade antalet dödade i Stockholm. Vi ser dessutom en ökning av skjutningar i övriga svenska städer. En trend som tyvärr inte tros minska de närmaste åren.

Statistiken 2019 per region såg ut enligt följande:

Stockholm: 85 skjutningar, 16 döda.
Syd: 65 skjutningar, 10 döda.
Mitt: 53 skjutningar, 5 döda.
Väst: 40 skjutningar, 2 döda.
Öst: 33 skjutningar, 2 döda.
Nord: 28 skjutningar, 2 döda.
Bergslagen: 16 skjutningar, 4 döda.[15]

År 2020 så ökade skjutningarna med tio procent. Ökningen berodde framförallt på att det pågick många gängkonflikter i Stockholmsområdet och att skjutningarna där ökat med 79 procent. Det förekommer 10 gånger mer dödligt våld mot unga män i Sverige än i exempelvis Tyskland och mord med skjutvapen ligger på 35 % jämfört med 13 i övriga Europa.[16] Dessutom är det ickedödliga våldet högst i västvärlden.[17] Även i antalet unga inblandade i skjutningar är Sverige värst. Män mellan 15-29 år är inblandade i fler skottlossningar och dödsskjutningar än i något annat land i Västeuropa.[18]

Mellan år 2014-18 ökade antalet män i åldrarna 20–29 år som skjuts ihjäl med hela 200 procent.[19] En kartläggning av gängkrigen i Sveriges tre största städer mellan 2011-18 visar att 131 människor sköts till döds och att över 520 skottskadades i nära 1500 skjutningar.[20] En undersökning 2020 visade att skjutningarna i Sverige ökat med 20 procent.[21] Förutom lidandet har det ökade antalet skjutningar kostat regionen över 100 miljoner kronor på tio år.[22] Mellan 2009-2019 har totalt 400 personer vårdats med skottskador bara på Karolinska sjukhuset i Stockholm. "Vi har fått fler svårt skadade från skjutningar och knivvåld än vi haft på många år", sa Lennart Adamsson, verksamhetschef på Karolinska sjukhusets traumaenhet. "Vi ser en femdubbling sedan vi började mäta antalet skadade till vår traumaenhet 2005".[23] Antalet oskyldiga som drabbas gäller både barn, ungdomar och vuxna. Den 26 augusti 2019 sköts nyblivna mamman Karolina Hakim ihjäl på en gata i Malmö när hon bar på sin bebis. Mördaren var ute efter maken men skotten träffade istället Karolina. Två dygn senare sköts 18-åriga Ndella Jack ihjäl med 19 kulor i stadsdelen Råcksta i Vällingby. Skotten var ämnade för en annan person men bara Ndella dödades. Den 2 augusti 2020 sköts 12 åriga Adriana ihjäl när hon träffades av en kula vid en uppgörelse mellan kriminella i Norsborg söder om Stockholm.[24] Samma dag förolyckades också en 13-årig pojke som krockat med en utryckande polisbil. "Denna söndag vaknar Sverige till nyheten att två barn fått sina liv släckta som indirekta offer för brottsligheten", skrev nationalekonomen och författaren Tino Sanandaji. "De med energi att kolla notiser kan även läsa "Polisen hittade en skottskadad man i Malmö" samt "Man och kvinna hittades döda utanför Töreboda - polisen misstänker mord". Om någon år 2000 förutsåg att Sverige 2020 skulle se ut så så skulle de ha avfärdats som galna, men idag är det inte bara realitet, det är normaliserat och något vi redan resignerat inför".[25] Istället för att erkänna hur verkligheten ser ut föredrar medelklassen att leva i förnekelse i medias propagandistiska bubbla, sa Sanandaji och hänvisade till att barnmord beskrivs i passiva avdramatiserande termer som "en ung person" har "avlidit efter att ha skottskadats". Medierna betonade att hon "träffades av en förlupen kula" och får det att framstå som en olycka. "Det är givetvis mord att gangsters skjuter vilt mitt i städer där de ser att det finns barn, men helt enkelt inte bryr sig".[26] Ett obehagligt fenomen som uppstått i samband med våldsutvecklingen är just normaliseringen. I början av december 2020 sköts en 35-årig man ihjäl nedanför en förskola i Medelpad. Dagen efter så fanns händelsen inte ens med bland huvudrubrikerna i tidningarna på nätet utan endast som en liten notis. Däremot kunde man läsa om *Edward Bloms coronaisolering, årets stora horoskop* och *Emilie Stordalens bröllop*. Mellan 2018-2021 så sköts det vid 87 tillfällen i Järvaområdet i Stockholm. 63 av skjutningarna inträffade inom 150 meter från en förskola eller en skola och sammanlagt dödades 17 yngre män. Den bisarra verkligheten är alltså att i dagens Sverige skjuts nästan en person i veckan ihjäl.[27]. Enligt polisen så har många av morden kopplingar till utsatta områden där det finns en stark tystnadskultur, där det är vanligt med öppen narkotikahandel och att unga grabbar som upplever utanförskap dras in i kriminalitet. Polisens analys är att många av morden är beställda av ledande figurer högt upp i den kriminella hierarkin samt att de utförs av unga män, antingen mot betalning, eller för att ta sig högre upp inom brottshierarkin. Polisens underrättelsebild är dessutom att anstiftaren kan befinna sig flera led från dem som utför morden samt att det flera gånger händer att utförarna ångrar sig men inte vågar dra sig ur. "Det vi ser är till stor del en följd av det arbete som inte har gjorts föregående år", berättade chefen för Sveriges svar på FBI: underrättelseenheten vid *NOA*, polisens Nationella operativa avdelning. "Den stora utmaningen är de unga män som kommer från familjer med klanstrukturer där det finns delar som blodshämnd och heder samtidigt som man är en del av den svenska kulturen och där känner ett utanförskap, har dåliga skolresultat, psykisk ohälsa och narkotikamissbruk".[28] Ett mycket stort och allvarligt problem är att det år efter år väller in enorma mängder illegala vapen över svenska gränser, vilket sen spär på kaoset vi ser.För tjugo år sedan var illegala skjutvapen ovanliga i Sverige. Numera smugglas de hit från tidigare konfliktområden på Balkan och Mellanöstern. Ett automatvapen kostar mellan 20- och 30 000 kronor på gatan, medan en pistol går för några tusenlappar. Förr försvann så kallade "heta" vapen efter att de hade använts, men eftersom det är låg risk att åka fast numera blir vapnen kvar i cirkulation. Någon ljusning är inte att vänta på länge. Enligt Rikspolischef Anders Thornberg kan Sverige räkna med fem-tio år till av dagens nivå av skjutningar och grovt våld. Forskare menar att det tar minst tio-femton år att vända utvecklingen. Förutsatt att något görs förstås. "Det ser rätt dystert ut", konstaterade Lars Korsell, som är forskare och enhetschef på Avdelningen för ekonomisk och organiserad brottslighet, i en intervju med *Forskning och framsteg*. "Utifrån vad vi ser nu är det svårt att tro att det kommer vända i närtid".[29] En titt på de inledande månaderna 2021 stödjer analysen. Bara mellan den 1 januari och 15 maj 2021 hade vi 84 skjutningar i Sverige. Det ledde till att 12 personer dödades och att 25 skadades.[30] Skjutningarna och dödsfallen i de övriga nordiska länderna är inte ens i närheten. I Finland sker det mellan 20-25 skjutningar per år. 2020 dödades fem personer. I Danmark uppgavs antalet dödade som en följd av skjutningar vara runt 15 personer.[31] De första tre månaderna i Norge 2021 rapporterades noll döda i skjutningar. Inom forskning om skjutvapenvåld kopplas ökningar inte sällan till illegala drogmarknader, konflikter i kriminella grupper och bristande förtroende för polisen. Men de riskfaktorerna finns även i andra länder och kan inte förklara det som sker här. I maj 2018 publicerade sex svenska forskare en studie i tidskriften *European Journal on Criminal Policy and Research*.[32] De hade tittat på skjutningar i Sverige mellan 1996-2015 och konstaterat att för män mellan 15 och 29 år ökade risken att utsättas för skjutvapenvåld femfaldigt under de här 20 åren. Jämfört med 13 andra västeuropeiska länder hade Sverige flest skjutningar bland män i åldrarna 15-29 år. Det skjuts exempelvis tio gånger fler män i åldersgruppen i Sverige än i Tyskland. Förutom att det handlar om unga män är det också känt att skjutningarna är koncentrerade till utsatta områden där även bilbränder har ökat.[33] Manne Gerell är en av forskarna bakom studien. "Många av de samhällsproblem vi idag fokuserar mycket på verkar ha att göra med justdenna grupp, unga män i utsatta områden", säger han. "Detta är ett fråga där vi behöver lära oss mer, varför har denna utveckling tagit plats i Sverige?"[34] En förklaring till det extrema våldet som brukar framhållas är att de kriminella gängen i utsatta områden består av lösa sammansättningar utan tydliga ledare. "Det köper jag", sa Gerell. "Men vad är det som har gjort att de har växt fram just i Sverige?"[35] En annan, liknande förklaring som lagts fram är att det har skett en normförskjutning i Sverige, det vill säga att grovt våld blivit ett allt viktigare sätt att lösa konflikter på eller hävda sig. "Men då kan man igen fråga sig varför här och inte på andra ställen?" säger Gerell och menar att en hypotes som kan ha ett högre förklaringsvärde har med invandring och integration att göra. "Det är svårt att bortse från det eftersom de flesta som skjuter har utländsk bakgrund, men frågan är hur det påverkar och hur mycket. Det är ingen som har jämfört Sverige med andra länder".[36] En studie från BRÅ 2021 konstaterade att Sverige sedan 2018 toppar Europas länder när det gäller dödsskjutningar.[37] studien så jämfördes dödsskjutningar med 22 europeiska länder mellan år 2000-2019 och man kom fram till att Sverige ligger på högst nivå i Europa vad gäller dödligt skjutvåld. Medan det dödliga skjutvapenvåldet minskat i resten av Europa har utvecklingen gått i motsatt riktning i Sverige som rört sig från botten till toppen.[38] Sverige är dessutom det enda landet vars skjutningar ökat sedan 20 år tillbaka.[39] "Den ökning vi ser i Sverige vad gäller dödligt våld med skjutvapen går inte att observera i något annat land",[40] berättade Klara Hradiolova-Selin, utredare på BRÅ. Sverige har cirka 4 avlidna per miljon invånare. Europas genomsnitt motsvarar cirka 1,6 avlidna per miljon.[41] Inget annat land i studien uppvisar ökningar jämförbara med de svenska. I de flesta andra länder ser man istället fortsatt minskande nivåer av både dödligt våld totalt och dödligt våld med skjutvapen. Dessutom har skjutvapenfall blivit vanligare än dödligt våld med kniv eller annat vasst föremål. Tillfälliga uppgångar kan under några år noteras i ett fåtal andra länder men inte i något fall rör det sig om en så tydlig ökning som den i Sverige. "Studien bekräftar tyvärr det vi länge misstänkt och trott inom polisen", sa Håkan Jarborg, chef för Polismyndighetens Utvecklingscentrum i Syd. "Nämligen att det ökande skjutvapenvåldet i Sverige är unikt i jämförelse med de flesta andra länder i Europa".[42] Enligt studien så sker 8 av 10 dödsskjutningar i kriminell miljö och brotten kopplas bland annat till knarkhandel och kriminella nätverk. Även beträffande dödligt våld totalt har Sverige gått uppåt på Europalistan, från att ha legat långt ner till att hamna på den övre halvan. Per Geijer är säkerhetschef på Svensk handel och han menar att hela samhället påverkas, inklusive näringslivet. "Det är de stora mediala händelserna som påverkar, skjutningar och sprängningar", säger Geijer. "Det är stora organisationer som har uttryckt frustration".[43] För företagens etableringsbeslut påverkar brottsligheten, med trakasserier, hot och våld, ännu mer. Vissa butiker avstår etablerinng eftersom man inte vågar ha den typ av tjänst överallt. Därigenom hålls delar av samhället gisslan av kriminella som skapar otrygghet och skrämmer bort verksamheter som borde vara en självklar del av livet. Sverige är det enda europeiska land där dödligt våld med skjutvapen ökat 2001-19. De senaste tio åren har det dödliga våldet ökat med över 50 procent. Tack vare fransk polis framgång med att hacka kommunikationsappen *Encrochat* kunde svensk polis gripa flera ledande gängkriminella 2020 och över 125 fängelseår har utdömts. Under det första halvåret 2021 så tillkom åtal mot ett sjuttiotal personer för brott kopplade till skjutvapenvåld och till gängkriminalitet i Stockholm.

”Nu är det viktigt att vi tillsammans med övriga samhället ser till att stoppa tillväxten av unga till de kriminella gängen och att de som vill lämna kriminalitet har en möjlighet att göra det”,[44] sa regionpolischefen. Siffrorna under 2022:s första sex månader, 197 skjutningar, 34 avlidna och 50 skadade,[45] innebär emellertid att skjutningarna har ökat med hela femtio procent.[46] I juli samma år inträffade 5 dödskjutningar[47] och i augusti ytterligare 10.[48] Det är 49 skjutvapendödade på sju månader, fler än under hela 2021. Mellan den 1 september och 31 december 2022 sköts ytterligare 14 personer ihjäl, vilket betyder 63 dödade människor på 12 månader.[49] Jämför det med de nordiska grannländerna. Under samma period sköts 4 människor ihjäl i Norge respektive Danmark och 2 i Finland. En stad som sticker ut är Eskilstuna, där var tionde skjutning inträffade under första halvåret 2022. I augusti skottskadades exempelvis en kvinna och en 5-åring vid en lekplats.[50] ”Sverige har tappat greppet om skjutningarna”, förklarade Christoffer Bohman som är chef på Södermanlands utredningssektion. ”Det ser vi på decennier av misslyckande i samhället. Det är inget specifikt för Eskilstuna, vi ser det på många håll i landet”.[51] Paul Larsson är professor i kriminologi vid Polishögskolan i Oslo och har studerat vad som händer i Sverige jämfört med de övriga nordiska länderna. ”Det är ett slags beskrivning av totalt förfall”,[52] säger Larsson, syftandes på situationen i Sverige. Föga överraskande ser Norge, och även Danmark, Sverige med sina gäng, skjutningar och parallella samhällen numera som ett skräckexempel på hur man inte ska agera från myndighetshåll. Även om den nuvarande regeringen har ett helt annat synsätt beträffande tuffa åtgärder innebär det tidigare ofta kontraproduktiva och världsfrånvända synsättet under Reinfeldts och Lövéns regeringar att det kommer bli oerhört svårt att vända utvecklingen. Det är inte bara beträffande antalet skjutningar Sverige sticker ut. Poliser i utsatta områden larmar nu om att personer i nedre tonåren i hög grad är delaktiga i grov brottslighet. I förlängningen så riskerar även tilliten till samhället att hotas ordentligt i takt med att dåden ökar i styrka och omfattning påpekar kriminologen och forskaren Sven Granath.[53] Det faktum att många unga gärningsmän står för skjutningarna, så lågt som ända ner till 14-åringar, gör att Sverige skiljer sig från övriga Europa även där. Ann Charlott Altstadt menar att makthavarna i Sverige inte längre kan skydda medborgarna från våldet oavsett om det sker i hemmet eller ute på gatorna: "Och själva samhällskroppen tycks utelämnad åt etniska, religiösa, kulturella och kriminella grupperingars intrång för att parasitera på makt och frossa loss på skattemedel", skriver hon. "Handfallna har politiker tittat på när de *smash and grabbat* demokratins resurser utan press från något håll att agera".[54] Altstadt menar att det resurstunga etablissemang som för länge sedan borde lyft dessa frågor till politisk nivå inte tycks ha fattat vidden av hur illa ställt det är. Men det beror inte bara på en privilegierad position, enligt Alstadt, utan även på att dessa människors världsfrånvända och lite "finare" mediekonsumtion gjort dem inte bara dåligt informerade, utan även lite korkade: "Backade av mediekällor med hög status har den resursstarka medelklassen kunnat leva i total okunnighet och med stenhårt gott självförtroende och pondus hävdat svartmålning, SD-konspiration eller felaktig människosyn när man påpekat att deras bakgård brinner".[55] Det är rätt svårt att invända.

"Jag tror att man egentligen får gå så långt som till Afghanistan för försöka hitta en liknande situation som påminner om den som sker i Sverige, och då är det naturligtvis per capita räknat".

Henrik Häggström, analytiker för asymmetriska hot, Försvarshögskolan

Sprängningarna

Bombdåd var länge någonting ovanligt i vårt land. Under 1900-talet gick det årtionden mellan sprängningar som var riktade mot människor. Flera av händelserna var så extraordinära att de allra flesta har hört talas om dem. Exempelvis terrordådet mot båten Amalthea 1905, bombligan *Sabbatssabotören* på 1940-talet, de västtyska terroristerna på 70-talet och MC-krigen under 90-talet. Idag är situationen en annan. En studie publicerad i *European Journal on Criminal Policy* 2019 visade att Sverige är det värsta landet i Europa beträffande sprängningar med hemmagjorda bomber och granater. Användningen av sprängvapen handgranater och hemmagjorda bomber saknar motstycke i Europa och Nordamerika.[1] 2018 anmäldes 162 fall av allmänfarlig ödeläggelse genom sprängning inklusive försök och förberedelse till brott. [2] 2019 så var siffran uppe i sanslösa 257 fall av av allmänfarlig ödeläggelse genom sprängning inklusive försök och förberedelse till brott,[3] vilket innebär mer än en fördubbling sedan 2013.[4] Bara i Malmö inträffade drygt 30 sprängdåd inom loppet av två månader 2019.[5] För att hitta något liknande får man söka sig till krigszoner, sa Rostami. ”Det här är en exceptionell nivå för ett land som inte har en lång historia av terrorism eller inte befinner sig i någon form av väpnad konflikt”.[6] Det fanns i princip inga rapporter om liknande problem i andra länder när Rostami och kollegorna jämförde handgranatsattackerna i Sverige med dem. Möten som svenska representanter hållit nästan samtliga europeiska polismyndigheter och med poliser i USA bekräftar att utvecklingen i Sverige saknar motstycke i västvärlden.[7]

Statistiken i utlösta sprängningar 2019 per region ser ut så här:

Stockholm: 28 Detonationer
Syd: 60 Detonationer
Mitt: 3 Detonationer
Väst: 21 Detonationer
Öst: 13 Detonationer
Nord: 1 Detonationer
Bergslagen: 7 Detonationer[8]

Henrik Häggström, analytiker för asymmetriska hot på Försvarshögskolan, sa i en kommentar:

"Jag tror att man egentligen får gå så långt som till Afghanistan för försöka hitta en liknande situation som påminner om den som sker i Sverige, och då är det naturligtvis per capita räknat. Man måste ändå säga att det är en exeptionellt svår situation, där Sverige sticker ut, inte bara i Europa, utan internationellt". [9]

Under de senaste 10 åren så har forskarna dessutom sett ett samarbete mellan jihadister och brottslingar. "Det blir allt svårare att veta vem som egentligen ligger bakom", säger Häggstöm. "Det förekommer samverkan och samarbete mellan aktörer på ett sätt som vi kanske inte tidigare sett".[10] Bara i region Syd sprängdes det 71 gånger de första 10 månaderna 2019, en fördubbling av att antalet sprängningar i området. [11] Genom åren har bland annat en 4-årig flicka dödats av en bilbomb[12] och en 8-årig pojke dödats av en handgranat som kastades in genom ett sovrumsfönster.[13] "Vi är tio miljoner människor i Sverige men den här nivån på sprängningar har jag inte hittat någon motsvarighet av i något industrialiserat land",[14] sa Ylva Ehrlin, som är analytiker vid Nationella bombskyddet.

År 2020 inträffade 107 sprängningar i Sverige. Inkluderar man försök och förberedelse till brott blir siffran 405.[15] Mellan januari- december 2021 inträffade 79 sprängningar.

Inkluderas försök och förberedelse till brott blir siffran 306.[16]

Under 2022 hade vi 90 sprängningar.

Inkluderar man försök och förberedelse till brott är siffran 349.[17]

Det innebär att vi inom loppet av fyra år hade sammanlagt *1517 fall* som är relaterade till sprängningar.

Dessvärre kan ingen nedgång skönjas.

Antalet anmälda fall av sprängningar har ökat kraftigt under det första kvartalet 2023.

Mellan januari och april skedde över 50 sprängningar.

Antalet fullbordade sprängningar under 2023 är nästan dubbelt så många som de var under året innan.[18]

"Vi har belagt att det finns en överrepresentation av människor födda i andra länder när det gäller våldtäktsbrott. Nu behövs mer forskning för att se vilka orsaker den här överrepresentationen kan bero på. Men det bygger ju på att forskare kan bedriva sina studier utan att känna sig misstänkliggjorda och stigmatiserade".

Ardavan Khoshnood, kriminolog och docent i akutsjukvård vid Lunds universitet

Våldtäkterna

2021 presenterade en forskargrupp vid Lunds universitet en stor studie över våldtäkter i Sverige.[1] I studien kartlades olika variabler och egenskaper hos samtliga 3039 personer som dömts för våldtäkt, grov våldtäkt och försök till våldtäkt mellan 2000- 2015. Resultatet visade att:

- 46.1 procent hade tidigare begått våldsbrott.

- 36.8 procent hade tidigare dömts för stöld eller brott mot egendom.

- 32.5 procent gick på någon form av socialbidrag.[2]

- 15.9 procent hade minst en psykisk störning.

-En femtedel hade problem med alkohol och/eller droger.

Drygt hälften av våldtäktsmännen visade sig vara födda utanför Sverige. Av dem så var det det vanligast (34,5%) att personen kom från Mellanöstern/Nordafrika, därefter Afrika minus Nordafrika (19,1%), följt av Östeuropa (15%).[3] Trots att forskningen byggde på ett stort material valde de flesta medier i Sverige att inte skriva om den. Ardavan Khoshnood, kriminolog och docent i akutsjukvård vid Lunds universitet, står bakom studien. Han tror att det handlar om att man inte vill gå ut med att närmare 60 procent av dem som står för brotten har invandrarbakgrund. ”Vi har belagt att det finns en överrepresentation av människor födda i andra länder när det gäller våldtäktsbrott", säger han. "Nu behövs mer forskning för att se vilka orsaker den här överrepresentationen kan bero på. Men det bygger ju på att forskare kan bedriva sina studier utan att känna sig misstänkliggjorda och stigmatiserade".[4] För att kunna sätta in konstruktiva förebyggande insatser i framtiden måste vi veta mer om hur problemet ser ut, säger Khoshnood. Antalet anmälda våldtäkter i Sverige uppgick 2007 till drygt 3 500. 2017 var siffran 5200.[5] I sin rapport om kriminalstatistiken för anmälda brott 2017 förklarade BRÅ att lagändringar och förändrad anmälningsbenägenhet kan ha påverkat, siffror och data i nationella trygghetsundersökningen, siffror tyder på att självrapporterad utsatthet ökat .[6] Enligt Brå utsattes cirka 112 000 personer för allvarliga sexualbrott år 2017. Även om man bör ha i åtanke att statistiken påverkas av hur våldtäkt definieras i lagen och vad det är som registreras, är det därför inte överraskande att Sverige också brukar kallas för *våldtäkternas huvudstad* i Europa.[7] Enligt åklagarmyndigheten så var antalet brottsmisstankar rörande sexualbrott/våldtäkt i Sverige 77 procent fler 2020 än 2015[8] och enligt EU:s statistik har Sverige länge haft högst antal våldtäktsanmälningar per invånare.[9] Andelen uppklarade våldtäkter i Sverige ligger enligt statistiken också lågt. Antalet anmälningar om våldtäkt som leder till åtal sjönk från 12 procent 2007 till 7 procent 2017. Enligt *Amnesty* beror det till stor del på brister i polisens arbete eftersom våldtäktsutredningar får stå tillbaks för andra brott som skjutningar och gängkriminalitet.[10] 2018 gjorde *Uppdrag granskning* en kartläggning av våldtäktsdomar som visade att 58 procent av de dömda var födda utomlands.[11] Sett till fullbordade överfallsvåldtäkter, där offer och gärningsman inte kände varandra, var siffran ännu högre. Drygt åtta av tio dömda gärningsmän var födda i ett annat land och 40 procent hade varit i Sverige ett år eller mindre.[12] Över hälften av de dömda var födda utanför Europa, varav nära 40 procent i Mellanöstern eller Afrika. När det gällde överfallsvåldtäkter så var hela 97 av 129 dömda gärningsmän födda utanför Europa.[13] Rapporteringen från *Uppdrag granskning* uppskattades inte av alla. Kriminologen Jerzy Sarnecki ansåg det fel att sända programmet. Han menar att den typen av forskning är suspekt eftersom den enligt honom gagnar främlingsfientliga krafter. Sarnecki tillstår visserligen att genetik, psykisk störning, subkultur, rättsdiskriminering och konflikt mellan ursprungskultur och ny kultur kan spela in vid kriminellt beteende men pekar framförallt på socioekonomiska faktorer. Samma år gjorde Expressen en granskning av gruppvåldtäkter där 43 män fällts i domstol under 2016 och 2017. Den visade att 43 av männen var i snitt 21 år när de begick brotten och att en tredjedel dömts tidigare för brott i Sverige. En övervägande majoritet var födda utomlands eller i Sverige av två utländska föräldrar.[14] Även Aftonbladet gjorde en granskning av gruppvåldtäkter. Den visade att 82 av 112 dömda våldtäktsmän var födda utanför Europa samt att antalet domar mer än fördubblats på fyra år.[15] "Det finns en faktisk överrepresentation av invandrare i brottsstatistiken och det beror i huvudsak på de förhållanden de lever under i Sverige, som klassförhållanden",[16] påstod Sarnecki. "En ytterligare faktor som kan förklara en liten del av den överrepresentation som finns är att de diskrimineras på olika sätt av rättssystemet och man kan inte utesluta att polisen är mer benägen att utreda brotten".[17] Orsaken till den utomeuropeiska överrepresentationen bland våldtäktsmän skulle alltså bero på att de tillhör den fattiga underklassen i Sverige och att de diskrimineras av rättssystemet? Låter det trovärdigt? Mia Jörgensen, psykolog på ungdomshem där unga sexualbrottslingar behandlas, menar att det är en riskfaktor i sig att komma från en kultur där man inte talar om sex. "Det kan ha betydelse att man inte är van att hantera sin sexualitet. Jag tänker att det är viktigt för varje människa att veta: hur har jag en sund sexualitet? Hur hanterar jag mitt sexuella påslag"?[18] Christian Diesen, professor i straffrätt och forskar på våldtäktsdomar, menar att tröskeln till övergrepp kan vara lägre för utländska män med kvinnoförakt som "stöttas upp i ett kompisgäng som tolkar kvinnor som sexuellt tillgängliga när de rör sig ute".[19] Annika Wassberg är socionom med tjugo års erfarenhet från arbete med barn och unga som begår sexuella övergrepp. Hon menar att vi måste hitta sätt att möta unga män som växt upp i mansdominerade kulturer. Att bara prata om svenska värderingar som "flickor bestämmer själva över sina kroppar och har rätt att vara lika sexuella som pojkar" har troligen ingen effekt alls. "Många av killarna i vår granskning har en förvriden syn på sexualitet. Det ser vi av uttalanden i domar och förundersökningar. De bagatelliserar att deras offer gråter, är berusade intill medvetslöshet".[20] När Sarnecki hänvisade till att statistiken används för politiska syften påpekade Uppdrag gransknings reporter att det finns ett offer bakom varje våldtäkt varpå Sarnecki replikerade att "på samma sätt finns ett offer bakom varje mord som vi har forskat en hel del på". På frågan om varför man inte har forskat på våldtäkter så gav Sarnecki ett ganska förbluffande svar: "Förmodligen alltså", jag kan inte svara på det, men vi kunde inte förstå att vi skulle så fruktansvärt gärna vilja ha de här kunskaperna nu när debatten kom på agendan".[21] Före detta polisen Mustafa Panshiri föddes i Afghanistan, och kom till Sverige som 11-åring. Han arbetar med integrationsfrågor och föreläser bland annat för skolor, föreningar och HVB-hem. "Vi kommer få se mer av det här i framtiden om vi inte på ett ärligt sätt börjar prata om vad det här beror på och förklara de kulturella skillnader som finns", säger han. "Är det samma syn på kvinnor, jämställdhet, feminism i Sverige som det är i Afghanistan, till exempel? Om man tycker att det är samma patriarkala strukturer, fine, då är det enbart socioekonomiska orsaker vi ska fokusera på. Men om man tycker att nej, det finns vissa skillnader här, då måste man prata om det på ett ärligt sätt".[22] Offrens lidande förvärras av det att det blir allt vanligare att förövare filmar övergreppen och lägger ut dem på nätet.[23] 2020 anmäldes 9 360 våldtäkter, en ökning med 779 brott, (nio procent) mot 2018. Mot kvinnor anmäldes 4800 brott och mot män 261.[24] Enligt organisationen *World Population Reviews* ligger Sverige på sjätte plats i världen med 63,5 våldtäkter per 100.000 invånare.[25] Underlaget sägs emellertid ha en eftersläpning. De runt 6000 fall av våldtäkt som WPR anger motsvarar enligt Brå snarare år 2015. 2019 anmäldes dock 8820 våldtäkter, vilket i så fall ger ett klart sämre utfall. Även om man tar i beräkning att Sverige har en vidare definition av våldtäkt och att övergrepp inte anmäls överallt i världen så är det ett faktum att Sverige är det enda europeiska landet som finns med på tio-värsta listan. I en undersökning som presenterades år 2023 så ligger vi på 4:e plats i världen över länderna med flest våldtäkter.[26]

"Aldrig tidigare har så många välutbildade flytt till Sverige, enligt en granskning som SVT Nyheter gjort. In i landet strömmar färdigutbildade ingenjörer, läkare och ekonomer. Antalet godkända civilingenjörer från utlandet har mer än fördubblats på bara ett år".[32]

SVT, juni 2015

Integrationen

Den franske sociologen och pedagogen Emile Durkheim försökte tidigt urskilja samhällets olika funktioner på ett mera övergripande plan. Han myntade begreppet *socialisationsprocess*, vilket innebär att individer som lever i grupp införlivar omgivningens normer och kultur för att på så sätt stärka gruppens samlevnad och överlevnadsmöjligheter. Om man är född och uppväxt i en viss kultur så ligger det alltså i sakens natur att man är starkt präglad av den. Följaktligen är den inte något som vi lämnar bakom oss bara för att vi passerar en landgräns. Mycket av den splittring vi ser i dagens Sverige bottnar inte bara i politisk korrekthet och godhetssignalering från folk som är ivriga att visa alla vilka oerhört fina och toleranta människor de är. Det hänger även ihop med en hel del okunskap. Svenska politiker och journalister tycks sällan eller aldrig ha reflekterat över det faktum att en mycket stor del av världens samhällen består av klaner. Många som invandrar till Sverige kommer från länder där man har levt i klansystem i hundratals år och staten är korrupt. Det är därför inte särskilt ovanligt att de ser med misstänksamhet på myndigheter och att de hellre vänder sig till klanen för att lösa problem. I Mellanöstern, Centralasien och Afrika är klansystem en självklarhet och blir särskilt viktigt för att skapa trygghet när människor lever i korrupta stater utan skyddsnät. Avsaknaden av ett statligt välfärdssystem i dessa länder innebär att klansystemen tjänstgör som ett skydd i form av omhändertagande och egna regelverk. Baksidan är att de ofta lämnar lite utrymme för individuell frihet och möjlighet att göra egna val, i synnerhet för unga tjejer.

Eftersom klansamhällen är kollektivistiska till sin natur blir individens åsikter och önskningar sekundära, inte minst beträffande könsroller, barnuppfostran och sexualitet. Det är också i klansamhällen som hederskultur uppstår. Nyfödda måste kunna föras in i släktledet och mannen och släkten veta att det är han som är fadern. Därav fixeringen vid kvinnans oskuld.[1] Klansamhällen är patriarkaliska och styrs av en eller flera starka män som dikterar vad som är rätt och vad folk ska tro på. Tvångsgifte, barnäktenskap och könsstympning är inte ovanligt och i dessa samhällen löser man ofta konflikter via sedvanerätt, det vill säga kompensation eller blodshämnd, inte via lagar som är stiftade av folkvalda representanter. Om pengar betalas ut som komepensation för att någon har dödats så ingår det i avtalet att man inte pratar med polisen. Med tanke på ovanstående fakta är det inte förvånande att problem uppstår när människor från samhällen utan erfarenhet av demokrati, jämlikhet, myndighetsutövning och offentliga institutioner kommer till ett land som är byggt på just demokrati, jämlikhet, yttrandefrihet och en stark stat. 2014 gav journalisten Per Brinkemo ut boken *"Mellan klan och stat - somalier i Sverige"* som ett resultat av litterära studier om klansystem och de kunskaper han fått under sitt arbete med integrationsfrågor i Somaliland förening i Malmö. Bland annat upptäckte han att få somalier sökte vård för psykisk ohälsa eftersom det inte finns några bra begrepp för psykisk sjukdom på somaliska. Brinkemo fann även att få somalier dök upp på de workshops som Somalilands förening erbjöd eftersom somalisk kultur främst är muntlig. Alla ville dock inte veta av det som Brinkemo berättade och han anklagades för att vara rasist av vissa tidningsskribenter.

Det påstods att han presenterade "rasistiska stereotyper" om somalier och betedde sig "som en kolonialherre". Trots att vad Brinkemo i själva verket försökte göra med sin bok var att öka förståelsen för de skillnader som finns mellan kulturerna och på så sätt försöka underlätta integrationen för somalier i Sverige. Redan två år tidigare hade en journalist på Aftonbladet försökt svartmåla Brinkemo. Bakgrunden var att SD:s partiledare Jimmie Åkesson skrivit en artikel i november 2012 om att somalier var analfabeter och att journalisten ansett sig kunna motbevisa det via statistik från SCB om att 85 procent av somalierna har för- eller eftergymnasial utbildning. Brinkemo skrev då en artikel där han försökte nyansera bilden lite: "Förgymnasial utbildning kan innebära allt ifrån att vara analfabet till att ha 1 eller 2 eller 3 eller 9 års skolgån(g", förklarade han. "Det kan också betyda att man läst enbart koranlära på en koranskola".[2] Poängen Brinkemo ville lyfta fram var att man inte kan tolka in svenska förhållanden och utgå från att alla somalier i SCB-statistiken har minst 9 års grundskola när man försöker förstå siffrorna. Journalisten försökte vinkla det till att Brinkemo försvarade SD, men nöjde sig inte med det, han undrade dessutom syrligt om det var "för att Brinkemo älskade fosterlandet som han förklarat för läsarna på Avpixlat?"[3] Med andra ord så försökte han utmåla Brinkemo som en extrem nationalist av den typ som man ibland hittade på den kontoversiella sajten *Avpixlat.* Allt detta trots att Sveriges Radio redan i oktober 2012 rapporterat att allt fler av dem som kommer till Sverige saknar skolgång i hemlandet och är analfabeter.[4] När Brinkemo och författaren och litteraturhistorikern Johan Lundberg gav ut boken *"Klanen: Individ, klan och samhälle från antikens*

Grekland till dagens Sverige", år 2018 så vässade åsiktspoliserna i landet åter brunsmetarpennorna med rubriker som *"Timbro har publicerat ytterligare en rasistisk bok"* och *"Mumma för extremhögern"*.[5] Den här typen av förhastade slutsatser av inbillade godhetsapostlar har, i kombination med den svenska okunskapen om andra kulturer och rädsla för att vara tydliga gällande lagar, värderingar och skyldigheter, bidragit till att vi har Nordens sämsta integration[6] och att parallellsamhällen kunnat fortsätta växa. Expressen ledarskribent Patric Kronqvist ringade in problemet med föjande kommentar:

"Det är knappast förvånande att integrationen fungerar så dåligt som den gör i Sverige när en hederlig skribent som arbetar praktiskt med frågan slappt och återkommande anklagas för rasism i Sveriges största tidning". [7]

Vad menas då med integration? Jan O. Jonsson, professor i sociologi vid Institutet för social forskning vid Stockholms universitet, definierar det som likhet mellan olika grupper i allt från beteenden till värderingar. I proportion till befolkningens storlek så har Sverige tagit in betydligt flera invandrare än alla andra länder i Europa. Mellan 1980 och 1999 utfärdade vi 626 059 uppehållstillstånd. Mellan år 2000 och 2020 utfärdades 2 012 488 uppehållstillstånd, där merparten tillkom under det senaste decenniet. "Även här har regimens grunda, ohistoriska människosyn inneburit bristande verklighetskontakt", skriver Claes G. Ryn som är professor i statsvetenskap. "Regimen har berömt sig av att ha medkänsla med mindre lyckligt lottade och av att vara "öppen" och "tolerant" men har inte insett, att människor på djupet formas av sin egen kultur, att kulturer kan vara delvis oförenliga och att sådana olikheter kan leda till konflikt. Kulturradikalismen har samtidigt sett stor invandring som ett sätt att utplåna kvardröjande traditionella svenska synsätt och beteenden".[8] Ryn påpekar att det inte borde förvåna historiskt och filosofiskt kunniga personer att den svenska invandringspolitiken och den invandring som följt därav fått de konsekvenser vi ser: "Hela områden av samhällen och städer har blivit enklaver för invandrare. Stora grupper lever i det närmaste isolerade och hävdar sin kulturella egenart, något som den svenska staten uppmuntrat bland annat genom att betala för hemspråksundervisning i vilka språk som helst. Många invandrare odlar en särart, som i grund strider mot gamla svenska begrepp om rätt och fel. Trots att en så hög procent invandrarna uppbär statligt stöd, ifrågasätter många av dem den svenska statens överhöghet och följer sina egna rätts- och moralbegrepp".[9] Ryn frågar sig varför svenska regeringar, borgerliga såväl som rödgröna, länge insisterat på att invandringsfrågan måste fortsätta i samma spår? En av anledningarna, menar han, är att regeringarnas partier under lång tid inpräntat att en annan politik vore omänsklig och att en ny inriktning vore en moralisk bankruttförklaring. I stället intalar sig politiker att de företräder stor upplysthet och djup medmänsklighet. Inget får stå i vägen för vad Ryn kallar politikernas moraliska adelsmärke: att ömma för och hjälpa dem som har det svårt. "Inget får konkurrera med medlidandet som motiv för handling. Att en okritisk och allt överskuggande medkänsla i nuet skulle kunna skapa katastrofer och stort lidande i framtiden beaktas inte".[10] Istället har Sverige alltmer präglats av ett kulturradikalt experiment, menar han. Där kulturradikal innebar att man är fientligt inställd till gamla och djupt rotade synsätt, beteenden och traditioner, fast bara om de är västerländska. I boken *"Stora famnen"*, (2008) intervjuade författaren Lars Åberg Malmöbon Diabaté Dialy Mory, som i decennier var fritidsledare och boxningstränare i Rosengård. "De vet inte mycket om Sverige", berättade Mory. "Många av dem lever precis som de gjorde i sina gamla hemländer. De träffar samma människor som de träffade i byn. (...) Man kan leva byliv här i Rosengård, hela livet. Men om man lever byliv kommer man ingen vart".[11] Hur kunde det bli så här? Att vissa av de människor som lever i Sverige knappt vet någonting om landet? Tyvärr måste en del av fenomenet ses i ljuset av den naiva svenska kravlösheten: "Delningen av Sverige, i skilda stadsdelar med skilda levnadssätt och förutsättningar, har skett i fullt dagsljus," skriver Åberg. "Ingen har tagits på sängen. Klyftorna har fått vidgas eftersom de har accepterats".[12] En av de saker som bidrar till utanförskapet är alltså att en majoritet av dem som kommer hit är lågutbildade. Eftersom politiker och medier inte låtsats om detta, utan levererat floskler om "kompetensregn" och att "vi tjänar på invandring", har viktiga åtgärder fördröjts eller till och med uteblivit. Exempelvis har inget annat västerländskt land ett större gap i språkkunskaper mellan infödda och invandrare.[13] Under riksdagens första partiledardebatt 2019 påstod statsministern att den största delen av invandringen är arbetskraftsinvandring. Verklighetens siffror visar någonting helt annat. Under 2019 beviljades totalt 119 568 uppehållstillstånd. Av dem gick 22 938, (19 procent), till arbetstagare.[14] Räknar man kategorier egenföretagare, gästforskare, internationellt utbyte/praktikanter och idrottsutövare stiger andelen till 23,5 procent. Om vi lägger till arbetstagares anhöriga når vi maximalt 36 procent av alla beviljade uppehållstillstånd 2019. Följaktligen utgjordes 64% inte av arbetskraftsinvandring. Tittar vi på arbetskraftsinvandrarnas utbildningsnivå, som man kan anta att Statsministern syftade på när han under debatten pratade om "ingenjörer, civilingenjörer och it-designers", så gällde 38 procent yrken med krav på högskolekompetens eller mer.[15] Bland det totala antalet beviljade uppehållstillstånd utgjorde gruppen emellertid bara sju procent.[16] "Bortsett från den rena felaktigheten om arbetskraftsinvandringens storlek är det svårt att hävda att Stefan Löfven här far med ren osanning", skrev journalisten Ludde Hellberg som tog fram siffrorna, "men det är samtidigt inte långsökt att påstå att det framstår som att han målar upp en missvisande bild av verkligheten".[17] De grupper Som Stefan Löfvén valde att lyfta fram utgör väldigt små andelar av det totala antalet beviljade uppehållstillstånd förra året. Bland egna företagare är siffran 0,08 %, bland gästforskare: 1% och bland arbetstagare i yrken med krav på högre utbildning: 7 %.[18] Forskare som bland annat nationalekonomen Tino Sanandaji har visat att arbetslösheten bland invandrare i Sverige har varit konstant i 30 år.[19] Nära sex av tio inskrivna på Arbetsförmedlingen är födda utanför landet och efter 8 år är varannan fortfarande arbetslös.[20] Det beror inte på att invandrare inte vill jobba, utan på att Sverige är ett högteknologiskt land och en kunskapsekonomi. De flesta som kommer är lågutbildade. 33% har mindre än 9 års grundskola och hälften av invandrarkvinnorna har aldrig lönearbetat. Något som lett till att många invandrare fastnat i bidragsberoende.[21] Det faktum att

Sverige har störst ökning av ojämlikhet av alla OECD-länder kan i hög grad också knytas till vår stora invandring, menar Sanandaji: "Ökar du andelen lågavlönade så ökar du ojämlikheten".[22] Dessutom har inget annat land i Europa sett en större försämring av skolresultaten bland elever än Sverige, enligt PISA, något som i stor utsträckning hänger ihop med invandringen, menar han och ger flera exempel på hur politiker, myndigheter och medier dribblar med siffror och vilseleder.[23] Han avfärdar även det vanliga vanliga påståendet att dem som säger att medier och politiker ljuger skulle vara konspirationsteoretiker: "Människor ljuger ibland, det är inte haveristiskt att påstå att människor är lögnare och att politiker ljuger. Om de ljuger och det kan påvisas så finns det inget konspiratoriskt eller haverisktiskt i att säga: du ljög".[24] Enligt Sanandaji reducerar medier och okunniga debattörer allt till subjektiva åsikter, inklusive statistiska fakta. "När politiskt korrekta politiker, journalister och debattörer hör fakta de inte gillar likställer de alla som inte är militant auktoritetstrogna och tror på allt de säger till foliehattar och konspirationsteoretiker", förklarar han. "Det är en väldigt ovetenskaplig attityd som har uppstått", säger han. "Det är en farlig attityd".[25] Föga överraskande har Sanandaji fått utstå helt grundlösa anklagelser om att "fiska i grumliga vatten" och gå extremhögerns ärenden. Tidningen ETC skrev att "Sanandaji har en svans av troll som går på varje motdebattör med hatfyllda mejl,"[26] medan Aftonbladets ledarskribent kallade Sanadajis arbeten för "statistiskt kvacksalveri"[27] och hävdade att han "driver en politisk tes hämtad från internets djupaste hålor" samt att "det han skriver är inte sant, inte vetenskap och bör inte tas seriöst".[28] De som har läst intervjuer med, sett föreläsningar av Sanandaji och studerat hans böcker och arbeten närmare vet dock att han är en mycket seriös och noggrann forskare samt en klassisk liberal. Sanandaji varnar för att vi fått en atmosfär i Sverige, där normal källkritik misstänkliggörs: "Om SCB* säger 10 % och SVT säger 37 %, och jag kanske hellre tror på SCB, det kallar man en konspirationsteori."[29] Till skillnad mot många andra kritiker presenterar Sanandaji förslag på lösningar i sin bästsäljande bok "*Massutmaning : ekonomisk politik mot utanförskap & antisocialt beteen"*.[30] Bland annat menar han att Sverige borde minska invandringen nästan helt och att för varje krona vi sparar på det lägga en extra krona på utlandsbiståndet och hjälpa människor på plats. En av de saker som bidragit till polariseringen är alltså de falska narrativ som upprepats. 2015 sökte 162 000 människor asyl i Sverige. Det var dubbelt så många som man räknat med.[31] Utan någon som helst evidensbaserad grund för sina påståenden trummade tidningar, radio och tv ut starkt optimistiska budskap. I juni 2015 påstod exempelvis SVT att det skedde en massiv import av kunskap och att många av de flyktingar som kom hade universitets-och högskoleutbildningar:

"Aldrig tidigare har så många välutbildade flytt till Sverige, enligt en granskning som SVT Nyheter gjort. In i landet strömmar färdigutbildade ingenjörer, läkare och ekonomer. Antalet godkända civilingenjörer från utlandet har mer än fördubblats på bara ett år".[32]

I frejdiga ordalag pratades det om "ett kompetensregn" som vällde in över landet tack vare att så många högutbildade anlände. Problemet var att det inte stämde.

Redan 2013 visade en rapport från Statistiska Centralbyrån att endast 10 procent av den största asylgruppen, mellan 2009 och 2013, syrierna, hade en eftergymnasial utbildning på tre år eller mer.[33] Bland somalier och eritreaner var siffrorna 5 respektive 6 procent.[34] Istället hade en absolut majoritet av dessa grupper bara en förgymnasial utbildning, det vill säga grundskola från allt mellan ett och nio år. De flesta lågutbildade var från Somalia med 57 procent. Även bland de övriga länderna låg siffran strax över eller under 40 procent. Med andra ord så hade hälften av dem som kom vid den tidpunkten inte ens examen från gymnasiet. Siffrorna året därpå var inte mer upplyftande. Enligt *Ekonomifakta* hade flyktingar år 2014 i den vuxna befolkningen (25 år och över) från Syrien i genomsnitt 6,6 utbildningsår, från Irak 5,6 år och Somalia, 2 år. Ingen av dem nådde ens upp till svensk grundskola på nio års utbildning.[35] I november månad 2015 så påstod Aftonbladet att fyra av tio nyanlända syrier var högutbildade och förkunnade lyriskt att "med flyktingvågen från Syrien så har Sverige fått sin största akademiska tillströmning hittills".[36] Alla teg emellertid inte stilla om att påståendet ifråga hade föga med verkligheten att göra. "Det flödar inte in högutbildade till Sverige. Tvärtom - det flödar in lågutbildade just nu", påpekade debattören Rebecca Weidmo Uvell i en artikel veckan därpå. "Denna grupp är redan i dag kraftigt överrepresenterad i arbetslöshet och bidragsberoende och det hjälper inte att medier och myndigheter sprider myter om utbildningsnivåerna".[37] Många av dem som anlände hit 2015 kom från Syrien och Somalia. En annan stor grupp var afghaner, där inte heller många av dem som kom till Sverige har längre eller högre utbildning.

Trots detta lyckades alltså politikerna, med gott bistånd av både medier och diverse "käcka" ståupp-komiker, sälja in fantasin om att massor av högutbildade människor strömmade in i landet. Det hindrar inte att flera av de invandrare som kom faktiskt hade en bra utbildning eller att de var begåvade med andra kompetenser som är mycket goda utan att ha skolning. Det gagnar dock ingen att man saluför lögner och rena önsketänkanden. Ingen kan idag förneka att parallelsamhällen med hög arbetslöshet är ett utbrett problem och att detta inte bara hämmat integrationen och medfört en polarisering utan även medfört en ökad brottslighet. Enligt Mats Hammarstedt, professor i nationalekonomi, så stämmer inte påståendet att invandring bara innebär en nettokostnad initialt för de offentliga finanserna och att den leder till vinster på lång sikt. "Varje år omfördelar den offentliga sektorn resurser från inrikes födda till utrikes födda", skriver han i *Dagens Industri,* "och den långa tid det tar för flyktinginvandrare och deras anhöriga att etablera sig på arbetsmarknaden gör att flyktinginvandringen innebär en kostnad för de offentliga finanserna även lång tid efter det att flyktingarna invandrat till Sverige".[38] Hammarstedt säger att antalet invandrare från tredje världen har ökat markant i Sverige. 2019 var drygt 230.000 personer i landet födda i Afrika och cirka 780.000 födda i Asien. För dessa grupper har nivån på arbetslösheten varit nästan exakt likadan mellan 2010-2019, trots att de grupperna under perioden nästan fördubblats.[39] Siffror Statistiska centralbyrån tog fram på uppdrag av SVT visade att över 70% av dem som kom 2015 fortfarande inte förvärvsarbetar.[40] Statistiken berättar dock inte hur många av den tredjedel som tjänar minst 96 000 som har subventionerade anställningar. Notera då att 96 000 om året är runt 8000 kr per månad, under normen för socialbidrag. Siffrorna från Arbetsförmedlingen visar att fram till september 2020 hade 157 000 personer födda utomlands någon typ av subventionerad anställning.[41] Sven-Olov Daunfeldt, professor i ekonomi och forskningschef för Handelns Forskningsinstitut, menar att den svenska arbetsmarknadsmodellen skapades för ett homogent samhälle och att den sen länge spelat ut sin roll. "Situationen på arbetsmarknaden är katastrofal", säger han, "speciellt för utrikesfödda och lågutbildade. Då blir det märkligt att höra Magdalena Andersson berätta hur duktiga vi är på att få människor i arbete".[42] Statistik från SCB visar att det tar cirka åtta år innan hälften av de utrikesfödda har fått jobb.[43] För dem som bara har en förgymnasial utbildning tar det ännu längre tid. Bland dem som kom 2006 tog det 10 år innan hälften hade ett jobb. Nationalekonomen och professorn Per Lundborg menar att fler enklare jobb som inte kräver utbildning är lösningen för en snabbare integration. "Sverige är ett av världens mest högteknologiska länder där vi rationaliserat bort enklare jobb", påpekar han. "Därför är kunskapsgapet för stort för många av de flyktinginvandrare som kommer hit".[44] Lundborg tror att en arbetsmarknad liknande den i USA är enda sättet att lyckas med integrationen. I annat fall kommer vi under lång tid ha en stor grupp utanför arbetsmarknaden, hävdar han. Hans Lööf, professor i nationalekonomi vid *Kungliga tekniska skolan,* (KTH), håller inte med, utan menar och att de enklare jobben kommer rationaliseras bort och ersättas av billigare, mer effektiv teknik. Sverige är ett högkostnadsland som det är dyrt att leva i, förklarar han. Om vi då har en grupp som inte klarar av sina levnadskostnader genom sitt arbete måste de ändå gå till socialen för att få hjälp att försörja sig. Sett ur ett längre perspektiv är tendensen dock positiv för flyktinginvandrare, säger Lööf och pekar på att utbildningsgrad, snarare än härkomst, tycks vara avgörande på arbetsmarknaden.[45] Något som först på senare år uppmärksammats är att vissa migranter har ett kortare livsperspektiv än svenskar i allmänhet. I många länder gifter man sig tidigt. Kvinnor föder i genomsnitt sex barn, medellivslängden är 55 år och bara 3 procent av befolkningen är äldre än 65 år.[46] Länderna man kommer från har sällan någon utbyggd välfärdsservice eller ett fungerande pensionssystem. Mellan 2018-21 intervjuade ett projektteam närmare 10 000 utomeuropeiska migranter i Sverige med hjälp av ett frågebatteri utvecklat av forskarnätverket *Migrant world values survey.* Studien visade bland annat att kvinnor ofta ser sig som gamla redan vid 35 års ålder och svensk äldrevård till trots, tar utomeuropeiska migranter oftast själva hand om sina äldre. Det leder till trångboddhet och att kvinnorna, utöver att sköta hem och barn, även får axla rollen som vårdare av familjens gamla. Inordningen i en traditionell modersroll leder dessutom ofta till att de inte ges eller tar chansen att utbilda sig eller göra yrkeskarriär. ”Våra enkäter och intervjuer bekräftar om och om igen att nyckeln till integration är språket", berättar Bi Puranen, som är forskare vid Institutet för framtidsstudier och deltog i projektet. ”74 procent av dem vi intervjuat anser att de kan tillräckligt bra svenska för att klara ett arbete, men våra intervjuer visar att många migranter missbedömer sina kunskaper i svenska. Detta kan göra det svårare för dem att i sin tur stödja sina barns språkutveckling och utbildning".[47] Puranen påpekar dessutom att familjer som kommer från samhällen där den korta livshistoriens familjeideal råder lätt kan missförstå intentionerna i det svenska systemet. När de kommer till ett samhälle som erbjuder skattefria barnbidrag och ett progressivt flerbarnstillägg så drar en del av migranterna slutsatsen att i Sverige så ska man föda så många barn som möjligt. Det här systemet, som först infördes i ett helt annat sammanhang, leder till inlåsningseffekter för många migrantkvinnor, menar Puranen. När de ser att man utan större problem kan leva ungefär som i hemlandet, det vill säga ha en stor familj med många barn, praktisera sin religion, seder och bruk man vuxit upp med och fortsätta prata sitt eget språk, synliggörs en annan problematik när barnen växer upp. Eftersom barnen många gånger inte fått det stöd de skulle behövt beträffande språket, skolarbetet, läxläsning och kunskapsinhämtning, saknar många av dem djupare kunskaper i svenska och bor ofta i områden där föräldrarnas landsmän och deras barn utgör en majoritet. Det här skapar en "vi och dom-känsla" som bara förstärker segregationen och utanförskapet. Något som i sin tur ytterligare polariserar samhället eftersom man lever i helt olika "världar" och där det nya landets värderingar och lagar riskerar att få stå tillbaks för inhemsk rättskipning och en helt annan syn på demokrati, yttrandefrihet, jämlikhet och hbtqi-frågor för att ta några exempel. Sådana aspekter liksom det faktum att många migranter kommer från machokulturer och klansamhällen, är viktiga att ta med i beräkningarna om man ska förstå den djupa segregationen i Sverige. Annars är risken stor att vi får en ökad etnisk underklass med en fortsatt hög arbetslöshet och med en ännu större distans till det svenska samhället. Något som alla, möjligen med undantag av extremisterna och de kriminella gängens överlevare, i slutändan kommer att förlora på, då det leder till ökad fattigdom, större klassklyftor, mer klanvälde, kriminalitet och även mer främlingsfientlighet. Entreprenörskapsforums rapport *Grad av självförsörjning beroende på ursprung, utbildning och vistelsetid i Sverige*, skriven av docent Åsa Hansson och professor Mats Tjernberg vid Lunds universitet och publicerad i oktober 2021, visar att nästan tre av fyra invandrare födda utanför väst är beroende av bidrag.[48] De invandrare som anlände till Sverige under 1980- och 90-talen från länder utanför väst var i genomsnitt relativt ofta självförsörjande år 2016. Så är dock inte fallet för dem som kom hit senare, från och med år 2000. I Sverige har vi dessutom en allt mer stigande långtidsarbetslöshet samtidigt som näringslivet verkligen behöver och söker efter kvalificerad personal. Näringslivet har emellertid också svårt att locka till sig arbetslösa till de enklare jobb som faktiskt finns eftersom bidragssystemet vi har i Sverige gör att det inte lönar sig att arbeta längre. "De största konkurrenterna är inte andra arbetsplatser utan bidragsdelen", förklarade krögaren Sadoo Iskandarani när han intervjuades av tidningen *Näringslivet*. "Det lönar sig att leva på bidrag. Jag kan inte konkurrera med socialbidrag" förklarar han. "Jag kan inte inspirera folk att jobba om lönen är lägre än om de fick bidrag".[49] Trots att Iskandarani erbjuder både bra löner och villkor så säger många av invandrarna nej till ett jobb och går hellre på bidrag, berättar han. Samtidigt förklarar Iskandarandi att många av de som har invandrat från Mellanöstern kommer till Sverige med stora ambitioner. De har ofta varit företagare i sina hemländer och är vana att arbeta hårt och länge. För många av dem blir det en kulturkrock att plötsligt mötas av ett samhälle där det inte lönar sig att arbeta. "Vi måste inspirera folk att känna sig behövda, inspirera folk att arbeta, speciellt kvinnor",[50] säger Iskandarandi. Helena Nanne (M) sitter som andra vice ordförande i *Arbetsmarknads- och socialnämnden* i Malmö och lägger skulden på den politik som dominerat Malmö kommun i decennier. "Det är inte av naturen givet att det ska vara så här i Malmö", säger hon. "Malmö har flera gynnsamma förutsättningar. Det skapas många nya jobb här, det är nära kontinenten, utbudet av utbildningar är enormt. Men man lyckas ändå inte".[51] Nanne menar att kommunen pacificerar invånarna genom ekonomiskt bistånd och att det inte lönar sig att arbeta. "Barn växer upp med föräldrar som är beroende av ekonomiskt bistånd. Då får de sämre förutsättningar att klara skolan och det blir svårare att vara självförsörjande - då går det i arv i flera generationer. Det är fruktansvärt sorgligt".[52] För att lösningar ska möjliggöras krävs att politiker och ansvariga myndighetet förutsättningslöst tittar på hur det ser ut i vårt samhälle och börjar lyssna på de experter och kunniga persiner som länge har studerat ämnet. Vi behöver också ta lärdom av vad andra länder, som exempelvis Danmark, gjort, för att komma till rätta med liknande problem, även om det sluttande plan som Sverige i många avseende skapat aldrig infunnit sig där eftersom strutmentaliteten inte tillåtits råda på det sätt som skett i Sverige. Den danska befolkningens sammansättning har dock förändrats rejält de senaste decennierna. 1980 utgjorde gruppen födda utanför Europa 1 procent, idag utgör den 8 procent. I Sverige så uppgår andelen födda utomlands till 18 procent. Under senare år har vi sett en stor invandring från länder med vitt skilda kulturer mot den svenska. Man behövde inte vara smart för att inse att friktioner skulle uppstå, inte bara mellan vissa av grupperna från dessa länder, utan även med det svenska samhället. Något som bara kan lösas med att vi är ärliga och tydliga, inte naiva. Under 2000-talet har alltså runt två miljoner uppehållstillstånd beviljats vilket innebär en drastisk förändring av Sveriges demografi. Sedan den stora asylkrisen 2015 och fram till coronapandemins utbrott 2020 har Sverige beviljat asyl till mer än dubbelt så många som övriga Norden tillsammans och åtta gånger fler än Danmark. Samtidigt som medborgare med utländsk bakgrund ökat med närmare en och en halv miljon så har de med svensk bakgrund minskat med runt 23 000. Bara sedan 2009 har en miljon människor invandrat till Sverige. SCB skriver att runt 73 procent av folkökningen förklaras av migrationen.[53] Idag har närmare 30 procent av befolkningen i Sverige utländsk bakgrund och majoriteten av de asylsökande är män från några av världens mest dysfunktionella och våldsamma länder. Om man studerar den mest brottsaktiva gruppen, män mellan 15-44 år,[54] så ökar denna åldersgrupp kraftigt i de 25 största kommunerna och har runt 300 procents överrepresentation för brottsmisstankar.[55] När stiftelsen *Det goda samhället* gjorde 2019 en omfattande undersökning om invandrares brottslighet. Den baserades på både äldre och nya BRÅ-uppgifter och visade att en absolut majoritet av de registrerade brotten i Sverige gäller individer med utländsk bakgrund. Den högsta överrepresentationen fanns bland den andra generationens invandrare.[56] Det som ökade allra mest under året var barnrån, sprängningar och våldtäkter.[57]

Idag bor dessutom många papperslösa i Sverige. ”En gång i tiden hade Sverige världens bästa folkbokföring, i dag är det fullständigt kaos”,[58] skrev terrorexperten Magnus Ranstorp och moderaten Niklas Wykman i en artikel. Polisen vittnar om miljonprogramsområden där folkbokföringen visar en siffra, men där polisen och kommunen uppger det flerdubbla. Ingen myndighet verkar heller vilja ta det övergripande ansvaret för att kontrollera vilka som egentligen befinner sig innanför Sveriges gränser och vad de gör här. I det här sammanhang så har det tillfälliga personnumret, det så kallade samordningsnumret, spelat en mycket stor roll i oredan, enligt Ranstorp och Wikman. Elias Aguirre, som är oppositionsråd för socialdemokraterna i Linköping, oroas över den här utvecklingen. ”Segregationen och genomflyttningsproblematiken här har bara blivit värre”, säger han. ”Det finns nästan inga svenskar kvar och de invandrare som får jobb flyttar i hög grad ut. De resurssvaga som blir kvar lever avskärmade från övriga staden, ofta utan att ha koll på det svenska samhället”.[59] De flesta länder har någon form av officiell språkstatistik och varje år läggs miljardbelopp i skattepengar på tolkar, modersmålslärare och översättningar, med mera. Eftersom det inte existerar någon officiell statistik om ämnet här gjorde språkvetaren Mikael Parkvall ett försök att kartlägga språken och modersmålen i Sverige och gav 2015 ut boken *”Sveriges språk”*. Parkvall utgick från siffror år 2012 och förutom att leta i statistik från Migrationsverket, Skolverket och enkäter jämförde han med andra länder. Historiskt har finskan alltid varit vårt näst största språk. 2012 fanns det cirka 200 000 finsktalande i Sverige medan antalet arabisktalande uppgick till runt 155 000.[60] Sen dess har många fler arabisktalande bosatt sig i Sverige samtidigt som medelåldern bland finsktalande blivit högre. Parkvall bedömde därför att arabiskan snart skulle bli det näst mest talade modersmålet. Det var en analys som inte alla ville veta av. "Jag har aldrig blivit så idiotförklarad i hela mitt liv",[60] berättar Parkvall. Eftersom vissa högerextrema krafter lyfte fram siffrorna i studien blev han rasistanklagad. Trots att han bara hade studerat ett outforskat ämne: "Jag kan inte förklara varför det har blivit så här. Men ju högre siffror du anger, desto bättre människa är du. Ju lägre siffror du anger, desto sämre människa är du. Det betyder att "du önskar att vi var så här få, va?"[61] I en intervju på nättidningen Bulletin berättade han hur anklagelserna fått honom att gråta.[62] Parkvalls forskning bekräftas dock av Jarmo Lainio som är professor i finska på Stockholms universitet. Lainios förklarar att även hans forskning visar att arabiskan är på väg att gå om finskan som näst största modersmål i Sverige även om han tror det kan dröja några år till.[(63)] Dessvärre når misstron ständigt nya höjder. Numera har det gått så långt att till och med dem som har vigt sitt liv åt att förbättra integrationen misstänkliggörs och fultolkas. När Mustafa Panshiri deltog i SVT:s Agenda 2020 och föreslog vräkning av kriminella så dömdes han ut av vissa kritiker. Panshiri berättade senare att en av hans meddebattörer bakom kulisserna påstått att det han sagt lät som *Nordiska Motståndsrörelsen*. "Kriminologen i studion var ytterst tveksam till idén", berättar Panshiri. "Jag fick senare veta att det uppstod en intern diskussion inom public service om huruvida jag i framtiden skulle bjudas in som gäst till Agenda. Idag är vräkning av kriminella Socialdemokraternas politik".[64] När Panshiri år 2021 släppte boken *"Sju råd till Mustafa :*

Så blir du lagom svensk i världens mest extrema land", med tips och råd om hur unga nyanlända ska komma in svenska samhället, fick han fina recensioner i flera tidningar men blev också kraftigt kritiserad. En av de saker Panshiri tar upp i boken är vikten av att förstå koder. För att vi ska kunna förhålla oss till informella regler behöver vi först veta vilka reglerna *är*. Det bästa sättet för många nyanlända att lära sig, eller förkasta dem, är ofta i mötet med svenskar, förklarar han. Att hjälpa någon utifrån att förstå och följa de oskrivna reglerna är ett sätt att välkomna personen in i gemenskapen och bli "en i gänget". Det må vara pinsamt att korrigera, säger Panshiri, men det är kontraproduktivt att inte göra det. Panshiris råd påminner om det organisationsforskaren John Van Maanen kallar för *socialiseringsstrategier*. Det vill säga de sätt som vi människor använder för att assimileras till nya miljöer. Strategierna kan tillämpas av såväl spädbarn som nyanställda på ett arbete som av invandrare för att etablera sig i ett land. När Panshiri deltog på bokmässan i Göteborg hösten 2021 för att lansera sin bok vid ett panelsamtal med bland annat journalisten Diamant Salihu började moderatorn Alexandra Pascalidou, tvärtemot gängse etikett, plötsligt ifrågasätta och debattera Panshiri. Hon hade framförallt retat upp sig på att han föreslagit att nyanlända borde göra lumpen samt att de utöver sina egna namn skulle kunna lägga till ett extranamn som klingade mer västerländskt, för på så sätt lättare komma in på arbetsmarknaden i Sverige. Panshiris poäng angående lumpen var att det är ett bra integrationstillfälle eftersom många olika människor då möts för att utföra en uppgift i ett sammanhang där etnicitet, sexuell läggning och kön inte spelar någon roll.

Pascalidou avfärdade dock helt hans förslag och beskrev lumpen som en subkultur: ”Och den innehåller ju också moment som... alltså militära moment, att man ska lära sig att montera ihop ett automatvapen... är det verkligen klokt?”[65] När Panshiri förklarade att det hela sker under försvarsmaktens ögon och att de såklart gör säkerhetskontroller och vet vilka som är där, samt att vi har gjort lumpen i många år, svarade Pascalidou att det finns forskning som visar på att människor som har varit militärer också begår brott. Därefter pekade hon på de extrema exemplen med Mattias Flink och polismördarna i Malexander. Låter det som ett rimligt argument? Med ett sådant förhållningssätt skulle väl ingen kunna göra lumpen i så fall eftersom alla enligt ett sådant resonemang kan vara vara potentiellt livsfarliga och måste hållas borta från militära vapen. Pascalidou förkastade även förslaget om ett svenskt namn. Panshiri förklarade att det inte handlade om att ta bort något namn utan om att lägga till. Något han menar bara berikar ens personlighet. Han tog sedan upp exemplet med skådespelaren Alexander Abdallah som nyligen gästat TV-programmet *Skavlan* och berättat att han lagt till namnet Alexander. Något ingen tycktes ha reagerat på eller opponerat sig mot. Bland vissa invandrare hördes senare kritiska röster mot Panshiri om att de ”skulle göra avkall på sin personlighet” genom namntillägg. Panshiri påpekade att rådet inte var riktat till etablerade invandrare, utan unga och nyanlända samt att ett namntillägg bara berikar. När han sedan la upp en video från panelsamtalet på twitter och det följdes av kritiska läsarkommentarer mot Pascalidou blev hon arg och skrev att Panshiri ”piskat igång sina hatsoldater”. Detta trots att Panshiri lagt upp videon som den var utan att kommentera innehållet. Nalin Pekgul kritiserade också extranamnet men gillade däremot rådet om lumpen: ”Så många år som jag har funderat över saker som ska stärka vår sammanhållning utan att tänka på lumpens betydelse. En av vårt mångkulturella samhälles största utmaningar är att få pojkar och unga män med föräldrar från andra länder att känna samhörighet med Sverige. Det är bara att konstatera att hittills har vi i stor utsträckning misslyckats. Följden har blivit att antidemokratiska krafter utnyttjar vilsenheten hos dessa ungdomar och sluter in dem i sin gemenskap”.[66] Lyckligtvis har många förstått det kloka budskapet i Panshiris bok och han har även träffat flera invandrarmammor som läst den och bildat bokcirkel kring innehållet. 2021 kom Brottsförebyggande rådet (BRÅ) med en rapport[67] där det konstaterades att utrikes födda, i synnerhet deras barn, är överrepresenterade i misstänkta brott. I åratal hade man vägrat ge BRÅ i uppdrag att utreda frågan men till slut gjorde BRÅ det själva. Resultatet visar att bland svenskfödda med svenskfödda föräldrar misstänktes 3 procent för brott mellan 2015-2018. Bland svenskfödda med båda föräldrarna utrikesfödda hade 10 procent misstänkts för brott och bland utrikesfödda 8 procent. Det innebär att utrikesfödda var 2,5 gånger oftare misstänkta för brott än inrikesfödda med båda föräldrarna födda i Sverige. ”En stor förklaring till att det ser ut så här är att det är många unga i gruppen inrikesfödda med två utrikesfödda föräldrar” säger Johanna Olseryd på BRÅ. ”Och vi vet att yngre personer i befolkningen är mer brottsaktiva än vad andra är”.[68] Föga överraskande dröjde det inte länge förrän kritiken infann sig över att BRÅ presenterat dessa fakta. Bland annat påstod vissa debattörer att ”många vill använda rapporten i en rasistisk kontext i stället för att vara lösningsorienterade "och att rapporten blir en "partsinlaga för främlingsfientlighet".[69] Kriminologen Ardavan Khoshnood höll inte med utan menar att kritiken är farlig och att den kan leda till självcensur: "Nu har vi än en gång konstaterat att invandrare är överrepresenterade. Nu måste vi ta reda på varför?"[70]. Peter Esaiasson arbetar som professor i statsvetenskap vid Göteborgs universitet Tillsammans med några kolleger gjorde han en forskningsstudie i två av Göteborgs förorter. Den visade att 20–25 procent av de boende i dessa utanförskapsområden inte behärskade svenska på funktionell nivå.[71] Esaiasson bedömer att det ser liknande ut i andra särskilt utsatta områden. "Det har gått så fort," säger han. "Den stora frågan är hur de som bejakat denna migrationspolitik resonerar. Hur kritikerna låter vet vi. Men hur tänker de som manade på utvecklingen? De är rätt tysta nu. Eller menar de att detta inte spelar någon roll för Sverige som samhälle?"[72] Ali Shafiei arbetar som tolk och har även skrivit boken *"En tolks bekännelser"* som utkom 2021. När historikern och författaren Henrik Höjer frågade honom hur snabbt man kan lära sig svenska så svarade Shafiei att två till tre år borde räcka för de flesta för att lära sig hyfsad svenska. Shafiei berättade sedan att han har tolkat åt personer som har bott i Sverige i 30 år. "Vissa vill inte integreras", förklarar han. "Vi borde sätta press på dem så att de förstår att det är viktigt. Men den pressen finns inte. De bor i Sverige - men mentalt är många inte här".[73] 2020 släppte *Entreprenörskapsforums* projekt *Integration Sverige* en rapport i syfte att studera hur utanförskap kan brytas och ekonomisk integration av utrikes födda förbättras, Studien visade att de idigare uppgifterna är friserade.[74]

Detta eftersom man alltid utgått från sysselsättningsgrad, vilket innebär att man anses ha arbetat även om man bara varit sysselsatt en enda timme under mätperioden. När rapporten istället mätte förmågan hos utrikes födda att försörja sig själva visade den att bara en dryg tredjedel av dem i arbetsför ålder från Mellanöstern och Afrika klarar en så låg självförsörjningsgrad som 12 600 kronor i månaden, OECD:s relativa fattigdomsgräns. För utrikesfödda tar det i genomsnitt 13-14 år innan hälften uppnått denna låga nivå av självförsörjning även med subventionerade jobb inräknade.[75] 2021 presenterade Svenskt Näringsliv nya beräkningar som visade att 1,3 miljoner personer i arbetsför ålder inte försörjer sig via eget arbete. De beskrev det växande utanförskapet som Sveriges långsiktigt största ekonomiska och sociala problem och lade flera konkreta förslag till politiska reformer för att vända trenden. Enligt Svenskt Näringsliv krävs en tydlig arbetslinje och förutsättningar för företag att investera, växa och anställa. "I slutändan handlar det om välfärdsstatens hållbarhet, sa professor Johan Eklund vid Entreprenörskapsforum. "Har vi för få som är självförsörjande kommer de att leva på inkomster som andra genererar".[76] Eklund menar dock att Svenskt Näringslivs siffra är för låg. "Våra beräkningar visar att drygt 1,8 miljoner svenskar inte kan försörja sig själva".[77] Hela forskningsfältet om internationell migration och etniska relationer (IMER), inklusive Delegationen för migrationsstudier (Delmi), förbisåg framväxten av klanstyren och kriminella nätverk i Sverige",[78] skriver Sten Widmalm, professor vid statsvetenskapliga institutionen på Uppsala universitet". En av orsakerna till misslyckandet är att forskningen har varit så styrd av politiska intressen, förklarar han. Forskarna måste anpassa sig efter begränsande politiska och normativa mål och dessutom genomgå en etikprövning med auktoritära inslag. Vägen till lyckad integration aldrig kan gå genom otydlighet, kravlöshet, och förutfattade meningar. Vi måste rimligtvis utgå från att de flesta som kommer hit har förmågan att lära sig landets lagar och språk. För att det ska möjliggöras måste myndigheter utgå från empirisk forskning om de olika kulturerna. Staten måste också skicka vettiga signaler, inte bakvända. Exempelvis denna: Om en invandrare eller person med invandrarbakgrund tar med sig en sedvänja in på en arbetsplats i Sverige och kräver att den ska respekteras, även när den går emot svenska sedvänjor och svensk etikett som att til exempel hälsa genom att skaka hand, så kan vederbörande kräva skadestånd om en chef eller arbetsgivare vill att personen ifråga istället ska respektera svenska normer och sedvänjor. Med andra ord så har vi ett system som gör att vi ska anpassa oss efter andra kulturers sedvänjor och inte tvärtom. Sedan blir vi förvånade över att integrationen fungerar uruselt. En absolut nödvändighet är att ta tillvara de kloka och goda krafterna bland etablerade invandrare. De är viktiga som förebilder och brobyggare för att skapa dialoger och förståelse. Istället för mer offerroller och godhetsknarkande, alternativt generaliserande fördomar, måste vi betrakta människor som individer med kapaciteter. Även om de som kommer hit tillhör olika grupper tillhör vi alla även en större gemenskap. Om vi inte kan hitta en samhällelig plattform där vi som medborgare åtminstone kan enas om de mest grundläggande värderingar som det här landet vilar på så kommer det ofrånkomligen krackelera.

Den syriske poeten och essäisten Ali Ahmad Said Esbar, känd som Adonis, skrev:

"All religiös praktik utanför moskén är en kränkning av samhällets värden. Offentliga institutioner tillhör alla medborgare: i synnerhet skolan och universitetet är rum för den kunskap man delar, Att demonstrera religiös tillhörighet på dessa platser är att våldföra sig på deras själva mening och ändamål. Det är att förgripa sig på idén om gemensam tillhörighet. Det är ett symboliskt uttryck för viljan till separatism. Det betyder: vi vägrar att integreras".[79]

Redan i september 2012 skrev expressen Anna Dahlberg att svensk migrationspolitik inte var hållbar. Efter det följde åratal av fördömanden på kultur- och ledarsidor. Ingenting har kostat mer på det personliga planet än den striden, berättar hon. Enligt EU:s gränsmyndighet *Frontex* saknar minst 60 procent av dem som flyr till EU asylskäl.[80] I Norge rapporterade Aftenposten för några år sedan att 24 procent av invandrarna från Somalia, 40 procent av invandrarna från Afghanistan, 55 procent av invandrarna från Iran och 71 procent av invandrarna från Irak, regelbundet reser tillbaks till hemlandet.[81] Uppgifterna togs fram av Norges statistiska myndighet SSB. Hur är det i Sverige? En undersökning gjord av Novus på uppdrag av Bulletin 2022 visar att drygt 85 procent av de utrikesfödda har semestrat i sitt gamla hemland. Den bekräftas av en intern UD-rapport som visar att det under pandemiåret 2021 gjordes över hundra tusen resor till Somalia, Irak och Iran.[82] Bland dem som kom hit som flyktingar är andelen som semestrat i födelselandet 79 procent.[83] Notera då att det är ett brott mot FN:s flyktingkommission att semestra i landet man flytt. Att landsmän som påstår sig vara flyktingar semestrar i hemlandet är något som upprör de legitima flyktingar eftersom misstron riskerar att spilla över på dem. Flera av dem oroas över att deras rättmätiga uppehållstillstånd ska dras in när landsmän efter sina semestrar går ut på sociala medier och lovordar landet de säger sig ha flytt ifrån.[(84)] Migrationsverket är en myndighet med 5000 anställda och en budget på nära 12 miljarder. Till de viktigaste uppgifterna hör att granska och bedöma ansökningar om uppehållstillstånd. De senaste 7 åren har Sverige beviljat nära en miljon uppehållstillstånd.[85] 2023 publicerade Henrik Sjögren på Fokus en stor granskning av Migrationsverket som visar på häpnadsväckande brister. Sjögren fick tips av, och intervjuade, flera anställda och tidigare anställda som vittnade om felaktigt beviljade uppehållstillstånd, en oförmåga att verkställa utvisningar, bristfälliga bakgrundskontroller och personal som knappt kan prata svenska: "Det kom människor som kallade sig syrier från världens alla hörn", berättar Anna Högberg, jurist på migrationsverket. "I efterhand har vi kunnat notera att många som påstod sig vara syrier, inte alls var det. Konsekvenserna för samhället är enorma, vi vet egentligen inte bakgrunden på många som vi har beviljat uppehållstillstånd".[86] Beslut om svenskt medborgarskap fattades i vissa fall av personer som inte ens kunde prata svenska. En tidigare handläggare avslöjade även att 91 procent av besluten om medborgarskap 2016–2020 fattades av en ensam och icke säkerhetsklassad person.[87] En undersökning gjord redan 2018 visade att var tionde kommun i Sverige hade betalat ut bistånd till personer som saknade ett uppehållstillstånd. Av 13000 utvisningsärenden årskiftet 2023 är fler än 9000 efterlysta.

"Sahindal var ett hedersmord. De hävdade att det svenska samhället minsann inte heller är jämställt och att många kvinnor mördas av sina män. De vägrade erkänna att detta förtryck som massor av unga invandrarkvinnor lever under är specifikt för den miljö de lever i".

Nalin Pekgul, socialdemokratisk ledamot 1994-2002

Hedersvåldet

Under medeltiden införde kung Birger Jarl de så kallade *Fridslagarna* i Sverige. Till dessa hörde reglerna om tingsfrid, kyrkofrid och hemfrid. Lagarna, som förbjöd överfall mot någon i personens hem, i kyrkan eller på tinget, var ett försök att minska följderna av den gamla hedniska seden *blodshämnd*. Till de nya bestämmelserna hörde även lagen om *Kvinnofrid*, vilken förbjöd överfall och kidnappning av kvinnor. Fridslagarna bekräftades senare av Magnus Ladulås i Alsnö stadga som utfärdades år 1280. Med tiden växte det fram en inställning om frivillighet i valet av livspartner. Att två vuxna och myndiga personer som älskar varandra och vill vara varandras livspartner också själva borde ha rätt att göra detta val. I många andra kulturer är detta synsätt främmande. Där handlar det istället om att stärka band mellan familjer, klaner och att säkra framtida ekonomi. Ett allvarligt problem som följer med migrationen och krocken som uppstår mellan svensk och utländsk kultur är hedersvåldet.[1] Det finns en vanlig föreställning om att hedersrelaterat våld och förtryck bara drabbar flickor och kvinnor men det händer också att pojkar drabbas. Även om de vanligtvis är betydligt friare än flickorna och kvinnorna kan de, precis som tjejerna, råka ut för tvångsäktenskap. Det är inte ovanligt att den typen av äktenskap ingås under resor som sker under skollov, påpekar polisen. Därför är det extra viktigt att vara uppmärksam under dessa perioder. 2020 infördes en lag som ska förhindra att barn förs ut ur Sverige för att ingå äktenskap eller könsstympas. Tyvärr utan något större genomslag. Sedan lagen infördes har 28 flickor fått utreseförbud visar forskningen.[2] ”Väldigt förvånande, de senaste veckorna har vi nästan dagligen fått in samtal som handlar om bortförda flickor"[3] berättar Sabina Landstedt på Riksorganisationen *Glöm aldrig Pela och Fadime,* GAPF. Landstedt arbetar som stödsamordnare och hennes bild är att den nya lagen inte uppnår sitt syfte och att larmen är djupt oroande. "Vår uppfattning är att de här flickorna förs ut ur landet på löpande band, med myndigheternas vetskap tyvärr".[4] Sedan 2018, har minst 1151 personer blivit bortförda eller olovligt kvarhållna i ett annat land enligt Utrikesdepartementet. Av dessa är 916 är barn.[5] Majoriteten bortföranden sker i en hederspräglad kontext men allt fler också i samband med vårdnadstvister. "Med största sannolikhet är siffran ännu högre",[6] säger advokat Ia Sveger som i 20 år representerat drabbade föräldrar och barn. Polisen påpekar att det är viktigt att ingripa tidigt eftersom svenska myndigheter har väldigt begränsade möjligheter att ingripa när en person väl förts utomlands. Pojkarna i familjen får ofta till uppgift att bevaka och kontrollera sina systrar och kvinnliga kusiner. En flicka eller pojke som utsätts för rykten eller bryter mot familjens eller gruppens normer utsätts ofta för bestraffning av familjen eller släkten. Det kan bland annat handla om att ha en pojkvän eller flickvän som inte accepteras. Det finns även fall där pojkar och unga män har dödats för att de haft en annan läggning än den heterosexuella.[7] Flickor som förlorat sin oskuld eller misstänks ha gjort det kan gå samma öde till mötes. Bestraffningen för dem som anses ha vanärat familjens heder kan vara allt från hot, trakasserier och förödmjukande handlingar till våld och frihetsberövande. I extrema fall går det så långt som till mord. Gärningsmannen är oftast en far, make, bror, manlig kusin, farbror, morbror eller svåger,[(8)] berättar polisen. I vissa fall finns det även kvinnliga gärningsmän. Det är inte ovanligt att brotten planeras av flera personer under en längre tid. Eftersom det handlar om att bevara eller återupprätta familjens heder har gärningspersoner ofta stöd av familj och släkt. Gärningen ger, paradoxalt nog, respekt i den egna gruppen. De personer som utsätts för hedersförtryck och som väljer att lämna familjen för att söka skydd löper en stor risk att få leva med ständig rädsla för att bli hittade och utsatta för repressalier av släktingar. Samtidigt kan de känna sig oerhört ensamma och utsatta eftersom familjen av naturliga skäl har utgjort det viktigaste nätverket i deras liv. Hur vanligt är då det här obehagliga fenomenet? I en omfattande studie från Örebro universitet så intervjuades 6 000 elever i Stockholm, Göteborg och Malmö. Studien visade att var sjätte elev i nionde klass lever under någon form av hedersförtryck.[9] Nils Karlsson, ordförande i Malmös funktionsstödsnämnd, var initiativtagare till studien och påpekade att samhället blundat alldeles för länge för de här problemen och att det kommer krävas enorma insatser för att komma tillrätta med dem.[10] Problemet med hedersvåld. förnekades länge i Sverige och är långt ifrån en lösning.[11] Efter att 19-åriga svenskkurdiskan Pela Atroshi mördats i Irak sommaren 1999 och pappan samt två farbröder dömts till fängelse skrev de dåvarande statsråden Mona Sahlin och Margareta Winberg ett inlägg i Dagens Nyheter. Winberg och Sahlin bekymrades att pratet om hedersvåld kunde ge bränsle åt rasism med kulturalistiska förtecken och ville motverka det genom att avvisa tanken på att mordet skulle ha något med kultur att göra: "Det finns ingen statistik som säger oss att våldet mot de unga kvinnorna är kulturellt betingat", hävdade de. "Det handlar i stället om mäns våld mot kvinnor. Vi får aldrig acceptera talet om 'hedersmord".[12] Enligt Sahlin och Winberg, handlade det om ett strukturellt förtryck, där kvinnor är underordnade och män överordnade. Under ett kongresstal 2002 avfärdade även Vänsterpartiets dåvarande ledare Gudrun Schyman att det skulle finnas ett särskilt förtryck i hederns namn.[13] Några dagar senare mördades 26-åriga svenskkurdiskan Fadime Sahindal av sin pappa. En som tidigt insett vad det handlade om var Nalin Pekgul, då riksdagsledamot för Socialdemokraterna. Pekgul hade agerat personligt stöd åt Fadime och var en av de första politiker i landet att lyfta frågan om hedersvåld. Det togs inte väl emot i alla läger. I antologin"*Debatten om hedersmord: feminism eller rasism*" från 2004 skrev till exempel sociologen och genusvetaren Diana Mulinari att debatten efter mordet på Fadime syftat till att "genom en extrem moralpanik föra in begrepp som hedersmord i det allmänna medvetandet och därmed övertyga oss om förekomsten av farliga patriarkala kulturer 'där borta', kulturer som nu kommit in mitt ibland 'oss'".[14] Ett av de mer svårsmälta exemplen på bortförklaringar stod nog religionsprofessorn Mattias Gardell för i boken "*Bin Laden i våra hjärtan*" år 2005: "I den inflammerade hedersmordsdebatt som följde sedan Fadime Sahindal mördats av sin far i januari 2002 bortsåg många observatörer omedelbart från alla andra orsaksförklaringar till förmån för det faktum att fadern var kurd och muslim, som om det i sig kunde förklara händelsen", skriver Gardell. "Men när en svensk protestantisk mor slog ihjäl sina barn och placerade dem i frysboxen - vilket inträffade i Gustavsberg utanför Stockholm en tid efter Fadimemordet - sökte ingen förklara morden med att förövaren var en etnisk svensk och medlem i Svenska statskyrkan".[15] I Gardells tankevärld fanns det ingen beröringspunkt mellan Fadimes och pappans kulturella bakgrund och det som skett. "Skillnaden är förstås att kvinnan i Gustavsberg med allra största sannolikhet inte motiverade barnamorden vare sig med hjälp av bibeln, Luthers lilla katekes, eller med någon av Svenska kyrkans skrifter - med största sannolikhet var hon enbart psykiskt sjuk", kommenterade författaren Roni Berggre. "Medan gärningsmännen i fall av hedersmord - inte alltid, men väldigt ofta - legitimerar sina handlingar med just hjälp av olika former av Koranhänvisningar, och bakomliggande sed och kultur. De betyder inte att de har rätt, eller att islam "är" på det sättet - men sådana gärningsmän använder likväl sin religion som motiv för våld. Något sådant lyfter Gardell dock inte fram, utan föredrar att visa bara en sida av myntet".[16] 2013 hävdade idéhistorikern Edda Manga att termen hedersvåld var rasistisk.[17]. Samma år rapporterade *Sveriges kvinno- och tjejjourers riksförbund,* (SKR att de haft kontakt med mellan 8000 och 10 000 tjejer och kvinnor som sökt stöd mot hedersrelaterat våld och förtryck. Cirka var femte kvinna som kontaktat SKR beräknades ha utsatts för hedersvåld.[18] Nalin Pekgul har beskrivit det förnekande av hedersvåld som länge fanns inom Socialdemokratin:

"Sahindal var ett hedersmord. De hävdade att det svenska samhället minsann inte heller är jämställt och att många kvinnor mördas av sina män. De vägrade erkänna att detta förtryck som massor av unga invandrarkvinnor lever under är specifikt för den miljö de lever i".[19]

Socialdemokrater som Carina Hägg och Maria Hindi Alias har också belyst ämnet hedersvåld. "Den här problematiken är inget som funnits i Sverige utan den har invandrat till Sverige",[20] berättar Hind Alias. "Våra makthavare blundar och finansierar den kulturellt och religiöst förankrade diskrimineringen av ungdomar inom vissa etniska grupper",[21] skrev Maria Rashidi, Sara Mohammad, Meheret Dawit, Seyran Duran. Istället blev de som talade om problemet hedersvåld kallade för rasister och islamofober.[22] En annan som kämpat mot hedersförtryck och kritiserats är Ann-Sofie Hermansson, före detta kommunalråd i Göteborg. "Hermansson är inte den första S-politiker som utsätts för ett politiskt drev", skrev Sara Mohammad, ordförande i *GAPF*, (Glöm aldriga Pela och Fadime) "Vi har sett det hända genom åren flertalet gånger. Nalin Pekgul och Carina Hägg är två socialdemokratiska politiker som förlorat politiska poster eftersom de pekat på problematiken med hederskultur och extremism.",[23] De som får betala priset för att man inte talar klarspråk är de unga kvinnor som utsätts för hedersrelaterade normer, sa Hermansson: "De betalar priset för den ängsligheten. Hur tråkigt det än är att ta en konflikt och bråka med någon så är det värt det för principens skull. Sedan tycker jag aldrig att man ska vara elak eller arrogant".[24] Författaren och poeten Björn Ranelid sammanfattade det hela på ett mycket bra sätt:

"Begreppet heder har fått en pervers och sjuk innebörd de senaste tjugofem åren i Sverige. Ordet heder skall inte betyda fysiskt våld, tvång, hämnd eller skillnad mellan könen. En kvinna som mördas i sken av begreppet heder inom en familj är en tragedi för alla människor som bor och lever i Sverige, eftersom små barn hör, ser och minns inför framtiden".[25]

Annika Borg som är Teologie doktor, berättar: ”När jag arbetade på kvinnojouren på 1980-talet var hedersförtryck något välkänt. Jourerna och liknande stödverksamheter kontaktades av panikslagna unga kvinnor, som inte hade någonstans att ta vägen”.[26] Borg beskriver hur skolkuratorer, socialtjänsten och andra myndighetspersonerna ”var helt marinerade i sin egen kulturella kontext” och inte begrep, eller ville bergripa, vidden av förtrycket. Det här var alltså fyra decennier sedan. Tio år senare, när Borg verkade som präst i de södra förorterna till Stockholm, mötte hon både lärare och elever som vittnade om hur svenska flickor kallades horor när de gick på bio eller på skoldans. Lärare vittnade även om barn som försvann och inte kom tillbaks efter sommarlovet. ”Det var välkänt redan då”, säger hon. ”Förändringen av Sverige har tillåtits pågå, öka och accelerera. Vi har inte stått upp för våra värderingar, vår etik och moral, vår människosyn och världsbild”.[27] En stor orsak till att vi i Sverige inte kommit längre beträffande hedersförtryck är enligt Kristdemokraternas partiledare Ebba Busch en feminism, inte minst inom socialdemokratin, som vägrat göra åtskillnad på hedersförtryckets särart och våld och förtyck som utövas mot kvinnor i stort: ”Feminister i Sverige förnekade under lång tid hela hedersförtryckets särart, jämfört med övrigt våld och förtryck som kvinnor utsätts för. Så hedersförtrycket fick breda ut sig och slå rot i Sverige”.[28] Mariet Ghadimi, doktorand vid *Institutionen för socialt arbete* på Stockholms universitet och Serine Gunnarsson från *TRIS*,(Tjejers Rätt i Samhället) gjorde en kartläggning av hedersrelaterat våld och förtryck som bekräftade att det är en realitet i Sverige.[29]

Tiotusentals unga kvinnor, men också unga män, i vårt land, förnekas rätten att på grundval av förälskelse och kärlek fritt få välja vem de vill dela sitt liv med. "Det är en mänsklig förmåga vi har – att kunna ge och ta emot kärlek. Det är något som förenar oss människor, bortom kulturgränser, etnicitet, religion, ålder. Den rätten, att vara kär, tar hederskulturen ifrån oss",[30] berättade Ghadimi i en intervju på SVD 2019. Uppskattningsvis 240 000 unga kan vara utsatta för hedersförtryck i Sverige, påpekade Busch. Det är i så fall var tredje ung person som är född utomlands eller som har två föräldrar som födda utomlands. En tredjedel av alla mord på kvinnor 2016 var hedersrelaterade enligt statistiken.[31] Mörkertalet är dock stort sa Omar Makram, tidigare sakkunnig på GAPF: "Förhoppningsvis får vi en bättre bild när hedersbrott får en egen brottsrubricering men även då kommer vi inte att ha hela bilden".[32] Makram menar att okunskap leder till osäkerhet när samhället bemöter hedersutsatta som söker hjälp och att det ofta leder till en ökad hotbild och ännu värre situation. Exempelvis kan drabbade utsättas för fara när socialtjänsten försöker förena den drabbade med familjen, som ofta utgör hotet. I stället behöver man fokusera på offret, menar han och påpekar att det även finns personal inom olika myndigheter med problematiska värderingar. Det kan vara relativisering av problemet eller att de själva lever enligt hedersnormer. Bara de senaste två åren har polisen har fått in över 4 500 anmälningar om hedersbrott.[33] Det handlar om allt ifrån att flickor misstänks bli bortgifta eller könsstympas. GAPF lade fram 64 förslag på åtgärder inom elva områden för att motverka hedersvåld och förtyck. "FN:s Globala mål fastställer att barnäktenskap ska vara avskaffade senast år 2030 i hela världen. Genom att agera kraftfullt för barnens rättigheter kan Sverige bli ett föregångsland i denna fråga",[34] skriver de. Trots att polygami är olagligt i Sverige har minst 292 polygama äktenskap registrerats hos Skatteverket med hänvisning till internationell rätt och att de ingåtts utomlands. Många hedersutsatta kvinnor riskerar även hot och våld av maken som en konsekvens av två-årsregeln om permanent uppehållstillstånd vid familjeanknytning. Regeln innebär att en make som vill invandra genom familjeanknytning ska vara stadigvarande boende tillsammans och gift med makan i minst två år innan ett uppehållstillstånd kan förlängas eller permanentas. Annars kan han utvisas. Det kan tvinga in utländska kvinnor i destruktiva förhållanden där de får utstå våld och hot om de lämnar. Ett av förslagen är att straffet för äktenskapstvång ska höjas och att barnäktenskapsbrott införs i brottsbalken. Man vill även förbjuda polygami oavsett var äktenskapet skett[35] och stärka arbetet mot hedersrelaterat våld i skolan. Dessutom så vill man se kommunala handlingsplaner och att åtgärder införs.[36] 2022 avslöjade Uppdrag Granskning att shiamuslimska imamer i hela Sverige viger kvinnor till män som vill ha sex i så kallade "njutningsäktenskap"[37] för att kort därpå skilja sig från kvinnan. Syftet är att göra sexet *halal,* det vill säga tillåtet enligt islam. "Vi är inte förvånade", berättade Sabina Landstedt, som är stödsamordnare för GAPF, "för vi ser gång på gång i samhället hur religiösa aktörer har den här kvinnofientliga inställningen och som motarbetar jämställdhet och integration".[38] Kvinnorna lever redan i en utsatt situation med hedersnormer råder, förklarar hon och säger att Statliga bidrag till religiösa församlingar legitimerar förtrycket.

"Om jag varit förundersökningsledare hade jag nog upprättat en anmälan om människohandel",[39] sa Petra Stenkula, polismästare i Malmö. UG:s reportage visade att 15 shiamuslimska församlingsföreträdare erbjuder hjälp med "njutningsäktenskap". 7 församlingar kände till upplägget men kunde eller ville inte förrätta äktenskapen. 4 församlingar tog helt avstånd från att förrätta dem. En annan typ av hedersvåld som har börjat uppmärksammats allt mer på senare tid är det som dessvärre sker även mot små barn.

Relativisering och bortförklaringar i det här ämnet förekom redan i ett ganska tidigt skede.

1990 släppte exempelvis etnologen Gillis Herlitz skriften *"Hot och våld i kulturmötet"* utgiven av Statshälsan.

I den så kunde vi bland annat läsa:

"I Sverige har vi en lagstiftning som klart säger ifrån rörande användandet av våld mot barn, även i uppfostrande syfte... Du 'vet' ju att det inte är ett bra sätt att umgås med barnen. På samma sätt 'vet' kanske en invandrare att det är rätt att kärleksfullt då och då daska till barnen. Synen på våld tillhör i det här fallet centrala kulturella värderingar".[40]

Under rubriken "Vad kan du göra?" skrev Herlitz:

"Inse att det i kulturmötet är två kulturer som möts. Det är inte fråga om en konstig (flyktingens) och en normal (den svenska) kultur. Det är två lika konstiga eller lika normala kulturer". [41]

Problemet är att det här här sättet att resonera kan tolkas som att en kultur som tillåter våld mot barn är att betraktas som ungefär lika "normal" som en kultur där man inte alls accepterar våld mot barn. I maj 2021 kom en undersökning om hedersproblematik i förskolan som h gjorts av Malmö stad.[42] I den utgick man från samtal med personal på 13 kommunala förskolor för att få en bild av hur problemet yttrar sig och vad personalen behöver för att handskas med det. Samtliga förskolor utom en hade erfarenhet av barn som begränsas i hur mycket av sin kropp de får visa och av föräldrar som anser att pojkar och flickor ska vara åtskilda från varandra. Ibland förekom grövre fall, som när en förskola anmält ett misstänkt fall av könsstympning. En del förskolor beskrev fall där en bror fått i uppgift att kontrollera sin syster men de vanligaste sättet hedersproblematiken yttrade sig på var könsseparation, att pojkar och flickor hölls åtskilda. De skulle alltså inte leka med eller sitta bredvid varandra. Enligt dessa hedersnormer får de inte heller hålla varandra i handen eller vara sig i samma rum under vilan. Både föräldrar och barn berättade hur olämpligt och förbjudet detta var. Barn markerar dessutom det till barn som inte lever i en hederskontext. I rapporten framgick även att de reagerar på jämnårigas kläder och till och med pedagogers klädsel. Vissa barn sa att flickor inte kan ha kortärmat och det fanns ett syskonpar där brodern tvingats övervaka systern. "Den här pojken var väldigt mjuk och varm. Han mådde uppenbart dåligt över att kontrollera sin syster",[43] stod det i rapporten. En annan pojke tvingades hålla koll på en flicka eftersom föräldrarna till respektive barn ville att de skulle gifta sig som vuxna. "Det svenska samhället har inte förstått att hedersstrukturerna drabbar hela gruppen, nyfödd som gammal, även om kraven på kontroll accelererar i tonåren",[44] rapportens författare Hanna Cinthio. Hon har arbetat med hedersnormer och hedersvåld i tjugo år i både Sverige och internationellt och deltog även i Storstadskartläggningen som gjordes 2019. I den så kartlades hur svenska ungdomar i landets tre storstäder utsätts för begränsande normer och våld utifrån en hederskontext. Undersökningen visade bland annat att var femte niondeklassare i Malmö har utsatts för någon form av hedersförtryck.[45] Cintio påpekar att det är naivt att tro att det här inte skulle omfatta även små barn. Bland ungdomar som omhändertas av socialtjänsten på grund av familjeförhållanden så är 15 procent hedersutsatta. Våldet börjar ofta redan i förskoleåldern enligt en SVT-undersökning där man granskade hundra LVU-domar.[46] På senare år så har skärpningar i lagen mot barnäktenskap, könsstympning och brott med hedersmotiv visserligen införts och det är ju positivt. Det är emellertid få sådana fall som leder till fällande domar. Detta eftersom de utsatta barnen, av försåeeliga skäl, oftast inte vågar vittna mot sina anhöriga. "Det är ett massivt tryck från familjen, släkten och syskonen som gör att de tar tillbaka, förminskar och bagatelliserar våldet",[47] berättar Devin Rexvid som arbetar vid Stockholms universitet. Det har dessutom hänt vid flera tillfällen att myndigheter av misstag har råkat röja de hedersutsattas nya namn eller deras hemliga adress efter att de har fått skydd. Det finns tyvärr flera exempel på hur unga kvinnor i Sverige har sökts upp, förts bort eller till och med dödats efter att deras adresser har röjts. Även inom skolan så finns det en stor okunskap om hur man egentligen ska hantera de här allvarliga problemen bland utsatta barn och unga.

GAPF skriver:

"Vi upplever en stor osäkerhet hos skolpersonal i hanteringen av elever som är utsatta för HRV", (hedersrelaterat våld, författarens.anmärkning), "Man känner sig osäker i hur man ska agera när en elev inte får delta i alla lektioner. När eleven vågar berätta om sin utsatthet blir osäkerheten än större då många skolor saknar rutiner för hur de ska agera".[48]

Därför måste samtliga skolor och förskolor ha en handlingsplan mot hedersrelaterat våld samt inventera antalet barn som förts bort och riskerar föras utomlands. Det finns även brister i sexualundervisning och samtal kring normer och värderingar. För att kunna ge rätt stöd till utsatta elever krävs obligatorisk utbildning för personal samt kunskap om hedersvåld begränsar de utsattas vardag, samt vilka tecken och signaler man ska vara uppmärksam på och hur man ska agera. Även inom sjukvården råder det en stor okunskap om HRV, enligt författarna. Något som medför att hedersutsatta individer inte får den hjälp de behöver. Med bristande kunskap så är risken stor att man istället ökar hotbilden. Det finns dessutom en hel del utsatta personer som aldrig söker någon vård på grund av att en del anställda i branschen som lever efter hedersnormer då kontaktar deras familjer. Därför är det viktigt att de anställda får obligatorisk utbildning i ämnet. Hedersutsatta ska inte heller placeras i städer där det finns släktingar. Kommunerna måste samarbeta för att hitta säkra orter för omhändertagna och personalen måste kräva att de utsatta offren undersöks i enrum. I SVT:s granskning så fanns exempelvis en treårig flicka som under tre år tvingats låtsas att båda hennes händer var förlamade.[49]

"Folkfördrivningar, halshuggningar och sexlaveri – skattebetalarna har alltså via barnbidrag, studiemedel och föräldrapenning finansierat vår tids kanske allra mest grova människorättsbrott".

Patric Kronqvist, Ledarskribent, Expressen

Extremismen

Oavsett om extremismen uppstår inom den politiska vänstern, högern eller bland religiösa grupper så hotar den till sin natur att splittra sönder det öppna och fria demokratiska samhället. Inom högerextremismen så anser anhängarna vanligen att demokratin måste ersättas och att våld är legitimt när det riktas mot dem som betraktas som folkets fiender. Människor och stat ses som en enhet och det är inte ovanligt att den vita rasen anses överlägsen och att invandring ses som ett hot. Under 2000-talet har våldsutövningen, om än inte våldskapitalet, minskat inom gruppen. Istället har man mestadels inriktat sig på systematiska hot och konfrontativ gatuaktivism. Enligt Säkerhetspolisen är vit makt-miljön främst ett hot mot enskilda individer eftersom gruppen vid sidan av sina opinionsbildande yttringar regelbundet och systematiskt begår brott som exempelvis våld, hot och trakasserier för att hindra människor att mötas, utföra sina uppdrag, sitt arbete eller uttrycka sina åsikter. På senare år så har politiska krafter som betecknas som högerextrema av de traditionella partierna vunnit allt större gehör bland väljare i Europa. Däribland *Front National* i Frankrike, *Fidesh* i Ungern, *PiS* i Polen och *Fratelli d'Italia* i Italien. I Sverige så jämställs Sverigedemokraterna stuindtals med dessa partier men till de riktigt högerextrema grupperna räknas idag främst *Nordiska Motståndsrörelsen,* (NMR), grundad 1997. Även om NMR är den dominerande aktören visar en rapport av Försvarshögskolan år 2020[1] att man inte ska överskatta deras räckvidd. För även om enskilda medlemmar kan genomföra dåd i syfte att försöka ändra nuvarande samhällsordning är NMR som organisation inte att betrakta som systemhotande i dagsläget enligt rapporten. "Vit makt-rörelsen ägnar sig framförallt åt våldsbrott. De misshandlar, hotar och har även en rad mord på sitt samvete", berättar polisen och kriminologen Amir Rostami. "Stöld och narkotikabrott är däremot inte vanligt. Det strider mot deras idé om renhet. Sådant anser de vara för svaga människor som judar och muslimer. Hälften av alla brott de utför är vandalism och våld. Det är ett sätt att visa motstånd mot samhället men också en metod för att svetsa samman gruppen."[2] Studerar vi vänsterextremismen i Sverige så fick den ny luft under vingarna under början av 90-talet. Ungdomar inom denyttersta vänstern inspirerades av radikala ungdomsrörelser i Europa och skapade en egen miljö knuten till radikal alternativkultur och mötesplatser. Inriktningen präglades inte sällan av idén om "förtryckssamverkan", det vill säga föreställningen att maktordningar kopplade till klass, kön, etnicitet, sexualitet och arttillhörighet (människors underordning av djur), skapat ett sammanlänkade system av över- och underordning i samhället. Vänsterextrema aktivister började genomföra aktioner mot symboler för dessa maktordningar. Det var allt ifrån demonstrationer till husockupationer, skadegörelse och våld mot olika politiska motståndare. Benjamin Noys, professor of Critical Theory vid Chichester University, myntade begreppet *Accelerationism* för att beskriva en vänsterstrategi som går ut på att allt måste bli sämre för att sen kunna bli bättre. Strategin sägs ha sitt ursprung i Karl Marx resonemang om att kapitalismen kommer undergräva sig själv genom att förr eller senare ge bränsle åt en revolutionär process. Accelerationisterna menar att man ska påskynda denna "inbyggda" process. Till de mest kända svenska vänsterextrema grupperna hör *Antifascistisk aktion,* (AFA)[3], vars mål är att avskaffa nuvarande samhällsordning och införa ett stats- och klasslöst samhälle. AFA har vid ett flertal tillfällen visat att de inte tvekar att använda våld mot sina motståndare och varit inblandade i olika sammandrabbningar. Redan 1994 listade Aftonbladet 117 attentat AFA utfört, varav flera riktade mot polisstationer, banker och EU-kontor, som har fått sina lokaler vandaliserade av både klotter, smörsyra, fönsterkrossning och brandbomber.[4] AFA drar sig inte för att försöka hindra motståndare från att tala, genom att via bråk och oljud störa dem vid möten. På senare år syns en tillväxt av grupper inom klimatrörelsen som gjort allt fler extrema aktioner. De säger sig syssla med fredlig, civil olydnad men drar sig inte för skadegörelse eller att stoppa trafik genom att limma fast sig vid flygplatser eller blockera bilvägar. Något som bland annat för hindrar ambulanspersonal från att ta sig fram för att hjälpa sjukdomsdrabbade[5] personer och olycksoffer.[6] Andreas Malm är universitetslektor i humanekologi vid Lunds universitet och även medlem i Socialistiska partiet. Malm har bland annat förklarat att han inte ser någon annan utväg än att klimatrörelsen radikaliseras både retoriskt, ideologiskt, och "taktiskt praktiskt". Malm anser därför att nästa våg av aktivism måste bli större och "mer militant". "Jag måste ägna mig åt direkt uppvigling",[7] förklarade han exempelvis vid ett möte som anordnades av Socialistiskt Forum i Stockholm den 22 november 2022. Vi ska återkomma till Andreas Malm lite längre fram. Det största hotet idag utgörs av den våldsbejakande islamistiska miljön enligt SÄPO.[8] Inom den islamistiska extremismen vill man etablera ett globalt kalifat grundat i vad som anses vara ett rent och autentiskt islam. Slutmålet är ett samhälle grundat på den striktaste tolkningen av *Sharia*. Begreppet Sharia betyder ursprungligen *"vägen till vattenkällan"* eller *"lagen av Gud"* och härrör ur religiösa urkunder som ligger till grund för islamisk rätt. De islamska lagarna finns nedtecknade i *Koranen* och *Haditherna* (traditioner om Mohammeds liv, eller sunna, seder). Det finns fem olika rättsskolor för sharialag varav fyra är sunnitiska läror: *Hanbali, Maliki, Shafi'i* och *Hanafi,* samt en Shia-doktrin kallad *Shia Jaafari.* De fem lärorna skiljer sig åt i hur bokstavligt de tolkar texter som sharialagen härrör från och då de kan vara svåra att tyda brukar rättslärda få till uppgift att tolka dem. Eftersom sharia inte är ett enhetligt system varierar dess utformning från land till land och utifrån olika tolkningstraditioner. Till de länder som använder sharia i sin lagstiftning hör Iran, Saudiarabien, Afghanistan och Sudan, medan andra endast använder den inom familjelagstiftningen. För radikala muslimer är det självklart att islamisk rätt är det enda giltiga rättssystemet och att de som har den politiska makten ska verka för att den heliga rätten genomförs. Även om det finns olika tolkningar så ger Sharia inte bara kyrklig makt till prästerskapet utan även makt över alla delar i samhället, inklusive domstolar. Följaktligen är sharia inte förenligt med ett sekulärt och demokratiskt samhälle. Det går inte heller ihop med västs syn på jämlikhet. Enligt Sharia så ligger mannens rättigheter "ett steg framför" kvinnans vid en skilsmässa.[9] En man har dessutom rätt att ta fyra hustrur medan en kvinna bara kan gifta sig med en man.[10] Enligt Sharia är det dessutom tillåtet för en man att gifta sig med en kvinna när hon nått puberteten.[11] Vid arv är "sonens lott lika med två döttrars lott. Om döttrarna är fler än två, är deras lott två tredjedelar av kvarlåtenskapen".[12] Om en make anser att hustrun visar illvilja har han rätt "tillrättavisa henne handgripligen".[13] Muslimska kvinnor ska dessutom täcka hela kroppen utom ansiktet och händerna när de ber de fem dagliga bönerna (salah),[14] även om de är ensamma hemma. Det är dessutom en plikt för kvinnor att klä sig så när de är ute bland folk. Muslimsk tradition påbjuder att kvinnor som vill gifta sig måste ha tillstånd från en "förmyndare", en så kallad "wali", som det heter på arabiska. Tidigare nämnde Sara Mohammad har skrivit om det absurda faktum att organisationer som förnekar eller normaliserar hedersförtrycket i mångfaldens namn får mer i bidrag än dem som arbetar mot hedersförtryck och extremism.[15] Via statliga bidrag har svenska skattebetalare länge varit med och sponsrat organisationer som vill allt annat än jämlikhet och demokrati. Något även Nalin Pekgul påtalat: "Miljontals kronor betalar svenska staten ut idag till islamistiska organisationer som är kopplade till Muslimska brödraskapet, som enbart jobbar för att separera samhället, alltså ha parallelsamhällen",[16] berättade hon i en intervju. Enligt SÄPO så har tillväxten i extremistmiljöerna varit omfattande på senare år. SÄPO beskriver verksamheter i Sverige där det sker en långsiktig och omfattande radikalisering. Det kan exempelvis handla om stiftelser, skolor, föreningar och företag, som delvis finansieras av offentliga medel eller från utländska aktörer.[17] Redan 2001 kom oroande signaler som borde stämt till eftertanke. Efter terrorattackerna i USA den 11 september 2001 så rapporterades om en i skola i Malmö där attackerna hade firats med glädje av framför allt muslimska elever. Skolans rektor protesterade. Inte mot att eleverna hade firat att tusentals oskyldig människor hade dött, utan mot att tidningarna rapporterat om firandet.[18] En kartläggning år 2020 av 550 personer med kopplingar till radikal islamism i Sverige visade att ett 50-tal bolag och organisationer med utpekade extrema islamister i ledningen under de senaste fem åren gjort affärer med stat och kommuner till ett totalt värde av 1,2 miljarder kronor.[19] "Givetvis finns det ett rent finansiellt syfte i att tjäna pengar", påpekade terrorexperten Magnus Ranstorp. "Sedan handlar det om påverkansaspekten och om att isolera ungdomar från det icke-religiösa samhället".[20] Säkerhetspolisen varnar för att det finns det ett flertal skolverksamheter i Sverige som drivs av personer med kopplingar till våldsbejakande extremism.[21] "Det är både ett sätt för extremister att finansiera verksamhet, men också ett sätt att nå ut och skapa förutsättningar för att rekrytera och radikalisera",[22] säger Johan Olsson, operativ chef hos Säkerhetspolisen. För inte så länge sedan föreslog en statlig utredning att det skulle införas ett demokrativillkor när man prövar vem som ska få rätten att driva skola. Enligt SÄPO behövs en för att hindra våldsbejakande extremister från att använda skolor som en plattform. Olsson menar att vi behöver ett nytt regelverk. Ett som hindrar våldsbejakande extremister och andra antidemokratiska organisationer att driva skolor: "Skattemedel ska inte gå till att bedriva skolor som inte vilar på en demokratisk värdegrund".[23] Den svenska tystnadskulturen har bidragit till att detta kan fortgå. Svenska medier har sällan tvekat att berätta om högerextrema rörelser och det är ju bra.

Högerextremismen är ett motbjudande fenomen och måste belysas. Fram tills rätt nyligen har man dock inte varit lika pigg på att belysa den islamistiska extremismen. Journalisten Sofie Löwenmark menar att vi måste få upp ögonen för alla typer av extremism. Hon berättar att samtidigt som Nordiska motståndsrörelsen, (NMR), demonstrerade i Göteborg 2017 kunde en annan extremistigrupp med radikala islamister arbeta ostört utan mediebevakning: "Medan marscherande nynazister samlade tusentals motdemonstranter, har radikala islamister utan protester kunnat fortsätta att utföra *dawah* på våra gator och torg".[24] Dawah betyder att "kalla" eller "bjuda in" till islam, och kan beskrivas som en slags mission. Både i Sverige och Europeiska länder är det ett sätt för radikala salafister att locka folk till sin extremistiska miljö, förklarar Löwenmark. Vad gäller IS rekryteringar för att locka krigare till Syrien var det särskilt två städer som stack ut; Angered och Vivalla. Anna Carlstedt på tidningen ETC beskrev det som en "miljondollarfråga" varför så många från just de städerna rest till IS. Löwenmark påpekade att frågan är lätt att besvara: "Radikaliseringen i Vivalla och Angered har inte skett i ett vakuum", förklarade hon. "På dessa platser, liksom andra, har personer mycket systematiskt arbetat för att radikalisera ungdomar. Och det har funnits människor som, till skillnad från Carlstedt, känt till detta. Det finns givetvis också boende i förorten som har flaggat och varnat. Att ingen har velat lyssna på dem är möjligtvis en "miljondollarfråga".[25] Samma år så varnade dåvarande Säpochefen Anders Thornberg för att det finns tusentals radikala islamister i Sverige. "Vi har aldrig sett något liknande i den omfattningen förut.[26]

Den svenska flatheten har inneburit att Sverige kommit att bli något av en fristad och plantskola för islamister. En ledande salafistiska predikant i Sverige var Anas Khalifa, som bland annat föreläste om väpnad jihad för barn. Khalifa, som firade 9/11-attackeerna och sympatiserade med massakern mot Charlie Hebdo-redaktionen i Franrike,[27] såg flera vänner och anhängare som anslöt sig till terrorgrupper som IS. Han betraktade bin Ladin som en hjälte och höll föreläsningar för hundratals muslimer runtom i Sverige.[28] 2021 beslöt sig Khalifa emellertid för att hoppa av och lämna sin extremistiska livstil. Khalifa berättade öppet i både artiklar, tv-intervjuer och youtubeklipp om sitt tidigare liv och varför han tänkt om. Bland annat om hur han efter medverkan i *Uppdrag Granskning* och en längre intervju på SVT:s hemsida blev kritiserad av salafister för att han inte varit tillräckligt tydlig och hård. Detta trots att han bland annat sagt att det är strikt förbjudet för muslimer att ha kristna vänner. Enligt Khalifa finns det salafister i varje moské i Sverige.[29] Efter avhoppet har han fått motta åtskilliga hot och hatiska kommentarer. Sverige har stuckit ut vad gäller det inflytande som den våldsbejakande jihadistiska miljön har haft bland de internationella terrornätverken, säger Peder Hyllengren, som är forskare på Försvarshögskolan. Hyllengren syftar främst på antalet svenskar som rest till Syrien och Irak för att ansluta till IS och andra terrornätverk: "Från Sverige beräknas omkring 300 ha rest, och det är näst flest i EU i förhållande till vår folkmängd".[30] Det innebär att hundratals svenskar har byggt upp kontakter med jihadister från andra länder och kommit in i olika terrorceller som har utfört attentat i Europa. "Här har rekryteringen kunnat ske ostört, till stor del på grund av politikernas rädsla att ta i frågan.[31] Man riskerade att bli utpekad som rasist på ett sätt som man inte såg i andra europeiska länder. Där var den här frågan lika okontroversiell som vikten av att bekämpa nazism och högerextremism. Men i Sverige tog det lång tid innan det gick att diskutera jihadismen på samma sätt som vi under lång tid diskuterat nazism".[32] Sverige hade kunnat agera tidigare, berättar han, men det fanns nyckelpersoner i landet som drev på motståndet på ett sätt man inte såg i övriga Europa. Hyllengren påpekar att lagstiftningen i Sverige släpat efter jämfört med andra länder. Journalister som Per Gudmundsson, Johan Westerholm, Johan Lundberg, Magnus Sandelin, Sofie Löwenmark, liksom forskare som Magnus Norell och Magnus Ranstorp, varnade tidigt för utvecklingen. Få lyssnade. Termen *"islamofob"* har varit särskilt effektiv för att misstänkliggöra alla som påtalat problem som ojämlikhet, hedersvåld och radikalism inom islam. Exakt när termen myntades är osäkert. I Alain Quelliens bok *"La politique musulmane dans l'Afrique occidentale française"* från 1910 finns ett avsnitt kallat *L'Islamophobie,* där han skriver att det alltid funnits västerländska och kristna fördomar mot islam. Ordet nämns även i en annan tidig bok; "*L'Orient vu de l'Occident*", av Étienne Dinet och Sliman Ben Ibrahim från 1925. Den moderna användningen av termen fick genomslag när muslimska tankesmedjan *Runnymede Trust* i Storbritannien gav ut rapporten *"Islamophobia: a challenge to us all"* 1997. Aje Carlbom, docent i socialantropologi, menar att de skapat en förvirring kring termen genom en definition som fungerat "patologiserande" eftersom all som framför kritiska idéer om islam anses lida av "fobier" kring religionen. Tankesmedjan ansåg att alla kritiska idéer om islam skulle "botas" istället för att under demokratiska former debatteras. Ett synsätt som omöjliggör olika uppfattningar om religionen eftersom den ena parten avfärdas som "psykiskt störd" redan innan debatten har börjat,[33] säger Carlbom. Det är förstås viktigt att skilja på kritik av islam och hat mot muslimer. I ett demokratiskt och öppet samhälle så måste vi kunna kritisera både trosföreställningar, idéer och ideologier, förklarar Carlbom. Vi får avsky idéer men inte hota folk. "Satir, ifrågasättanden, forskning, reformering eller kritik av islam är inte samma sak som hat av muslimska personer. Skillnaden är viktig att ha i åtanke om man vill undvika att gå islamisternas politiska ärenden. För dem fungerar ordet islamofobi som en skyddande sköld mot kritik som riktas mot deras misogyna och trångsynta lära".[34] Folkbildningsrådet är en ideell förening med som fördelar bidrag utbildningsdepartementet, studieförbund och folkhögskolor och deras studerandeorganisationer. Under lång tid betalade de 23 miljoner kronor om året till studieförbundet *Ibn Rushd*. Forskare som Magnus Ranstorp, docent i statsvetenskap vid *Försvarshögskolan* och Aje Carlbom menar att rådet därigenom förstärker en politiskt inriktad grupp som är kopplad till *Muslimska brödraskapets* ideologiska skola.[35] Ranstorp och Carlbom påpekar att de största verksamhetsområdena för Ibn Rushd är arabiska språket och livsåskådning. Deras målgrupper befinner sig långt från majoritetssamhället och Ranstorp och Carlbom ifrågasätter om studier i arabiska och islam bidrar till att öka deras delaktighet i en svensk demokratisk gemenskap. Om man stödjer eller arbetar med en kursverksamhet som uppmuntrar mer isolering från majoritetssamhällets normer och språk blir det direkt kontraproduktivt, menar de. Även om muslimska brödraskapet utgör en minoritet bland muslimerna har de länge jobbat för att skaffa inflytande över deras religiösa tänkande. Via pengaregnet stöttar Folkbildningsrådet ett nätverk som anser sig ha uppdraget att sprida en tolkning av islam som många muslimer inte delar. Alltså bidrar rådet indirekt till att bygga upp ett islamiskt "parallellsamhälle" vid sidan av majoritetssamhället. Det tydliggörs enligt Ranstorp och Carlbom av Ibn Rushds egen terminologi där det framgår att muslimskt liv ska särskiljas i ett "muslimskt civilsamhälle".[36] Ranstorp, Carlbom och Hyllengren menar att minst 60 procent av studieförbundens verksamhet kan handla om fiffel. Något som bekräftades i en rapport av Riksrevisionen hösten 2022.[37] Vilka är då Muslimska brödraskapet? MB är en nätverksorganisation med en politisk och religiös agenda vars slutmål är ett samhälle grundat på *Sharia* och de verkar genom olika broderskapsfrontgrupper och andra organisatoriska enheter. Brödraskapet grundades 1928 av den egyptiske läraren Hassan al-Banna, född i byn Al Mahmoudeya utanför Kairo och son till en lokal imam. Hassan al-Banna förkunnade att "det ligger i islams natur att dominera, inte att bli dominerad, att påtvinga dess lagar på alla nationer och sprida sin makt över hela planeten".[38] Brödraskapets talespråk lyder: "Allah är vårt mål, Profeten är vår ledare, Koranen är vår lag, jihad är vårt sätt. Att dö enligt Allahs väg är vårt högsta hopp".[39] I slutet av 30-talet fick de via Jerusalems Stormufti, *Haj Amin al-Husseini,* ledare för Palestinas nationaliströrelse, både ekonomiskt och ideologiskt stöd av Hitler. Stormuftin delade al-Bannas judehat[40] och bodde mellan 1941-45 i Berlin där han blev en viktig del i nazisternas arabiska propaganda. Den riktades mot Nordafrika och

Mellanöstern och al-Husseinis tal och uppsatser från 30- och 40-talet distribuerades i tusentals utgåvor till hundratusentals lyssnare via arabiska radiosändningar från naziregimen. Stormuftin hjälpte även till att rekrytera bosniska muslimer till SS[41] och agiterade för hårdast möjliga åtgärder mot judarna. Efter andra världskriget fick brödraskapet hjälp av nazister som flytt till Egypten och flera av brödraskapet medlemmar fick en fristad i Saudiarabien där de under många år kom att arbeta som lärare. 1946 etablerade sig brödraskapet i dåvarande Västtyskland. Målet var att skaffa politiskt och socialt inflytande i europeiska länder med muslimska kommuniteter. Brödraskapet säger sig vilja skapa sitt samhälle via politiska reformer och har utarbetat strategier som går ut på att bilda, ingå, och påverka utbildningsinstitutioner, sociala nätverk och traditionella partier i de länder där de verkar. Med stöd av den ideologiska legitimiteten i kulturella, politiska och akademiska miljöer i väst kan organiserade islamistiska grupperingar obehindrat uttrycka sitt förakt mot västvärlden samtidigt som skattebetalarna där finansierar deras verksamhet. För en utomstående ter det sig obegripligt att våra egna institutioner och skattepengar aktivt stödjer grupper som föraktar och bekämpar vårt västerländska, demokratiska levnadssätt. Olivier Roy, en av de mest framstående forskarna inom ämnet, pekar på vad han kallar vänsterns *"tredje världen-sympatier"*, (tiermondism) och menar att dessa missriktade omfamningar leder till att antisemitism och anti-västretorik ges legitimitet. Enligt Roy handlar den här ideologin mindre om islam och mer om hur arabiska pro-palestinska uppfattningar kommer till uttryck. Han hävdar dessutom att de ursprungliga teoretikerna för aktivister eller salafi-jihadister inte fått sin politiska skolning i moskéer eller i religiösa skolor utan vid universitet i Europa där de umgåtts med militanta marxister. Islamisterna har sedan lånat marxisternas koncept och idéer och laddat dem med begrepp från Koranen.[42] När vi diskuterar det här är det viktigt att skilja på *islam* och *islamism*. Medan islam betecknar en tradition av religiös tro och praxis för personlig religiositet åberopar islamismen den religiösa traditionen för politiskt agerande. Med andra ord: *religion som samhällsordning*. Islamism är ett västerländskt och relativt nytt begrepp. I akademisk litteratur dök det upp först på 60-talet och muslimer använder det sällan som självbeteckning. Den mest rimliga definitionen av begreppet får nog sägas vara "politisk islam". Majoriteten av världens muslimer får dock anses fredliga och sympatiserar inte med extremister. Islamister däremot, föraktar det västerländska samhället och dess demokrati. De vill att samhället ska styras av dogmatiska sharialagar. Islamister gör generellt ingen skillnad mellan islam som texttolkning och livshållning. De urkunder sharia bygger på, *Koranen* och *Hadith*, kan enligt islamisterna enbart förstås och tillämpas på *ett* sätt. Det finns dock en viss skillnad mellan *islamism* och *salafism* även om båda eftersträvar en återgång till en ursprunglig form av islam där sharia styr. Medan islamismen representeras av exempelvis *Muslimska brödraskapet*, som säger sig vilja verka genom reformer, kan man inom salafismenr urskilja 3 riktningar: *inåtvända* purister, *politiskt orienterade* samt *våldsbenägna jihadister*. Enligt Säkerhetspolisen har de salafist-jihadistiska miljöerna i Sverige mångdubblats under senare år,[43] varav de mest extrema är anhängare av *Islamiska Staten*,

(IS). Även om det finns svenska konvertiter bland IS medlemmar så visar en rapport från Försvarshögskolan att 66 procent av dem som reste ner från Sverige för att slåss med IS i Mellanöstern är födda utomlands.[44] De flesta har minst en förälder som är född utomlands. Även i andra länder i Europa så är det främst dem med utomeuropeisk invandrarbakgrund som har gått med i IS. Vid sidan av Belgien och Tyskland är Sverige det land med flest personer som rest till Syrien för att slåss.[45] Som om inte det var illa nog har minst 45 personer som anslutit till IS levt på svenska bidrag under tiden i Syrien enligt en stor granskning av GT.[46] Dessutom har IS-terrorister lyckats ansöka om mer bidrag på plats i Syrien när reskassan tagit slut.[47] Sammanlagt handlar det om flera miljoner. En av anledningarna är att myndigheter i Sverige inte har rätt att dela information med varandra. Utöver Försäkringskassan har Arbetsförmedlingen, A-Kassan, CSN samt socialtjänsten fortsatt betala pengar efter att IS-anhängare lämnat landet.[48] I flera fall har SÄPO känt till att svenskar rest till Syrien utan att myndigheter vetat. "Folkfördrivningar, halshuggningar och sexlaveri - skattebetalarna har alltså via barnbidrag, studiemedel och föräldrapenning finansierat vår tids kanske allra mest grova människorättsbrott",[49] skrev Expressens ledarskribent Patrik Kronqvist. Finns det något demokratiskt land i världen som skulle tillåta någonting dylikt? I samarbete med *Doku,* en partipolitiskt och religiöst obunden stiftelse som sysslar med granskande journalistik och försöker sprida kunskapen om våldsbejakande/radikala islamistiska miljöer i Sverige, avslöjade Expressen 2019 att *Vetenskapsskolan* i Göteborg hade fyra IS-resenärer anställda, varav två arbetade som lärare.[50] Året därpå meddelade SÄPO att ett tiotal skolor och förskolor i Sverige drivs av personer med kopplingar till våldsbejakande extremism.[51] Under en intervju med SVD 1998 uttalade sig dåvarande statsministern Göran Persson negativt om friskolor. Samtidigt hjälpte sossarnas sidoorganisation *Broderskapsrörelsen* via politiska representanter till att etablera islamiska skolor i Sverige. Sameh Egyptsson, är islamolog och doktor i teologi vid Lunds universitet. Under sin forskning hittade han samtalsnoteringar i Arbetarrörelsens arkiv från ett möte *Broderskapsrörelsens* representanter och *Sveriges muslimska råd* haft den 26 augusti 1998. Vid mötet närvarade även Mahmoud Aldebe, som då var ordförande för *Sveriges Muslimska Råd,* samt Ahmed Ghanem, då ordförande för *Islamiska förbundet* i Sverige. I ett öppet brev 2006 krävde Aldebe särlagstiftning för landets muslimer. Han var då anställd vid socialdemokratiska högkvarteret på Sveavägen och är idag VD och imam vid Göteborgs moské. "Sveriges muslimska råd hotade att avsluta samarbetet med Socialdemokraterna om partiet fortsatte att vara kritiskt mot friskolor",[52] berättar Egyptsson. I noteringarna från samtalen står att "SMR blivit säkrare på vad man vill. Internt finns det relativt sett mer kritik mot samarbete med socialdemokratin än med kristna".[53] Broderskapsrörelsen redogör i noteringen hur viktigt stödet från Sveriges muslimska råd är i valkampanjen och det här blev avgörande för etableringen av Römosseskolan, säger Egyptsson. Skolinspektionen litar på det som ledningen för islamiska skolor skriver i officiella rapporter till myndigheterna men i Sveriges muslimska råds interna rapporter, som oftast är på arabiska, låter det helt annorlunda, förklarar Egyptsson.

Han hänvisar till en rapport från 2001 där islamiska skolor beskrivs som räddningen från det svenska samhället vilket utmålas som "en rutten miljö".[54] Och sen undrar vi varför integrationen inte fungerar? Internationella undersökningar visar att den viktigaste frågan för medborgarna i EU:s länder är bekämpandet av terrorism.[55] Den näst viktigaste frågan anses integration vara. I samtliga länder, med ett undantag, kommer dessa ämnen långt före frågor om ekonomin och klimatet. Kampen mot terrorismen rankas alltså som den allra viktigaste frågan bland EU:s innevånare. Det enda land som avviker är, föga överraskande, Sverige. Här ser befolkningen klimatfrågan som den viktigaste.[56] Inget annat land kommer i närheten av vår oro för klimatet. Endast sex procent av svenskarna ser terrorismen som en angelägen nationell fråga, jämfört med nära 20 procent bland övriga européer som anser den viktigast. Notera då att den militanta islamismen står för majoriteten dödade genom terror inom EU.[56] Traditionellt har Europa konfronterats med tre olika typer av terrorism: nationalistiska terrorister, som IRA och ETA, vänsterterrorister, som exempelvis RAF och Röda brigaderna, samt högerextrem terrorism av nynazistiska grupper. Den jihadistiska terrorismen i Europa uppstod under 90-talet. Medvetenheten om den nya utvecklingen tog tid och hotet från jihadisterna underskattades. Mellan 2001-2006 utfördes hela 31 attentat i Europa som kunde kopplas till 28 islamistiska jihadistgrupper.[57] I boken *"Kampen om islam"* visar den franske islamforskaren Gilles Kepel hur salafismen med hjälp av ekonomiskt stöd från Saudiarabien etablerat sig i både Europa och andra ställen i världen. Kampen som förs är den mellan *dar al-islam* (islamiskt område) och *dar-al-kufr* (ogudaktiga områden), det vill säga icke-islamistiska. Europol definierar jihadismen som "en våldsam ideologi som utnyttjar traditionella islamiska begrepp. Jihadister legitimerar användningen av våld med hänvisning till den klassiska islamiska doktrinen om jihad, en term som bokstavligen betyder "sträva" eller "ansträngning", men i islamisk lag behandlas som religiöst sanktionerad krigföring".[58] Myndigheten för ungdoms- och civilsamhällesfrågor, (MUCF), avslog 2016 en begäran från *Sveriges unga muslimer,* (SUM) eftersom de inte uppfyllde kravet i förordningen på att i sin verksamhet respektera demokratins idéer, inklusive jämställdhet och diskimineringsförbud. SUM stängde då ner sin hemsida och ersatte den med en sida för protest och insamling. SUM överklagade beslutet till Förvaltningsrätten som i november 2017 undanröjde MUCF:s beslut och återförvisade ärendet till myndigheten. I april 2018 fattade myndigheten ett nytt avslagsbeslut och krävde tillbaka tidigare utbetalade statsbidrag. SUM överklagade därefter till förvaltningsrätten som återförvisade ärendet till MUCF ännu en gång. Därefter överklagade MUCF förvaltningsrättens beslut. Journalisten Magnus Sandelin på Doku deltog som sakkunnig för MUCF och kunde visa att SUM haft flera överlappningar till våldsbejakande islamistiska miljöer och även andra antidemokratiska islamistmiljöer. Framförallt genom vissa av SUM:s bidragsmottagande lokalföreningar där sympatisörer med extremistiska rörelser hade haft framträdande positioner.[59] När Kammarrättens dom kom 2019 fastslog den att MUCF bevisat att SUM brustit i respekten för demokratins idéer. Kammarrätten skrev att den "vid sin prövning kommit fram till att myndighetens utredning visar att

Sveriges unga muslimer och dess medlemsföreningar har bjudit in flera olämpliga föreläsare. Det har också funnits företrädare för organisationen som uttalat sig i strid med demokratins idéer. Till skillnad från förvaltningsrätten anser kammarrätten att de åtgärder organisationen har vidtagit för att åtgärda bristerna inte har varit tillräckliga".[60] Kammarrätten fastslog att det fanns både förutsättningar och skäl att återkräva 2016 års utbetalade bidrag på 1,3 miljoner kronor. Doku tog sedan fram uppgifter om hur mycket bidrag SUM totalt hade erhållit från MUCF, även under det tidigare namnet *Ungdomsstyrelsen*. Det visade sig då att utöver statsbidraget från 2016 hade SUM mellan 2001-2015 mottagit över 22 miljoner kronor i statsbidrag från myndigheten.[60] SUM:s sista ordförande var Mohamed Rashid Musa, en svensk-somalisk debattör och aktivist som hävdar att Sverige har stora problem med islamofobi. När miljöpartisen Mehmet Kaplan, tidigare engagerad i SUM, tvingades avgå som minister efter umgänge med den högerextrema turkiska rörelsen *Grå vargarna*, hävdade Musa att det var ett resultat av islamofobi och dubbla måttstockar. Musa menar att islamofobin har sitt ursprung i kolonialismen och att den fortlever:"Sverige är inte bara ett kolonialt land, utan Sverige är ett land som upprätthåller kolonialismen",[61] sa Musa under en intervju med *Antirasistiska Akademin* 2018. "Därför att den tjänar vissa syften, och att den framförallt tjänar vissa ordningar inom landet". Förr var kolonialismen ett civilisationsuppdrag och idag är den ett integrationsuppdrag, hävdar han: "Man har nu kolonier i förorten istället för i andra kontinenter".[62] Skribenten och ekonomen Alen Musaefendić anser att muslimska aktivister har kidnappat rollen som språkrör för muslimer och att de raserat relationen till majoritetssamhället: "I aktivisternas händer har postkolonialismen blivit ett verktyg för att behålla sin egen makt snarare än att frigöra sig från någon annans. Svenska muslimer kan inte hoppas på en harmonisk tillvaro om deras ledare har ett så intensivt behov av att skapa en förtryckande motpart att förhålla sig till".[63] Hur kommer det sig då att vänstern ständigt relativiserar i frågan? Musaefendić menar att postkolonialismen, både som teori och sätt att leva, är beroende av motsättning och friktion: "Akademiker med sådana glasögon, som Mattias Gardell och Masoud Kamali, har nära band till de muslimska aktivisterna och agerar i viss mån som ideologiska mentorer", säger han. "I stället för att vara en modererande kraft eldar de på attityder av offerskap och vrede mot majoritetsbefolkningen".[64] Genom att beskriva sig själva som offer och vita som förtryckare målar man bokstavligt talat världen i svart och vitt. Enligt detta synsätt är invandrare som inte håller med om deras beskrivning "husblattar" eller "fältblattar". Musaefendić påpekar att majoriteten av de svenska muslimerna är sekulära. Idag finns runt 800 000 muslimer i Sverige men bara 190 000 är registrerade i ett trossamfund. En teori till vänsterns beteende gör gällande att den post-traumatiska chocken efter murens och kommunismens fall ledde till att vänsterrörelsen i ren desperation omfamnade multikulturalismen. Något som delvis föll sig naturligt eftersom många invandrare kommer från kollektivistiska kulturer. Samtidigt är symbiosen motsägelsefull eftersom marxismen til sin natur är uttalat ateistisk. Symbiosen mellan vänstern och klankulturerna har lett till att kriminella och extremister fått god hjälp att mjölka miljardbelopp ur statskassan. Något som underlättats av att vänstern sett mellan fingrarna på hedersvåld och antisemitism. Det finns flera exempel på hur hatpredikanter bjudits in till moskéer för att hålla tal[65] och hur självutnämnda moralpoliser ansatt invandrartjejer i förorter för att de burit "fel" klädsel eller visat "fel" beteende.[66] Kvinnor vittnar om hur de tvingats följa informella regler och hur deras liv inskränks och begränsas av grannar, okända män, andra kvinnor ungdomar och till och med barn. Det kan handla om att de lever ensam, har "för kort" kjol eller druckit ett glas vin.[67] Det här är känsliga frågor som vänstern inte velat beröra. Undantag finns dock. 2013 skrev förre vänsterpartisten Amineh Kakabaveh en debattartikel om att rädslan för att kallas rasist hindrade kampen mot hedersförtryck. 2015 varnade hon att fundamentalismen växte i förorterna vilket ledde till att partikamrater anklagade henne för falsk ryktesspridning och att gå rasisters ärenden, svartmåla och generalisera.[68] Hon uteslöts senare ur V. Oviljan att ta i dessa frågor har varit lika utbredd inom S och MP vilket är en av anledningarna till att de lockat flest islamister. En annan orsak är att de fortsatt ösa pengar över invandrarprojekt utan någon som helst insyn. Ranstorp kallar studieförbunden "en hermetiskt sluten bubbla som politiken försett med ett gigantiskt bankomatkort som alla har koden till".[69] Endast 5 % av de verksamheter man årligen betalar ut hela 2 miljarder kronor till kontrolleras av Folkbildningsrådet.[70] Det betyder att 95 % av studieförbunden går under radarn: "Man har tappat kontrollen över statens medel. För studieförbunden är det ett självändamål att ständigt växa och öka volymerna, så man jagar person- och samordningsnummer och outsourcar verksamhet till olika föreningar. Det har skapats en gigantisk bidragsindustri där det inte sällan förekommer dubbel- och trippelfakturering".[71] Sverige har idag 344 myndigheter. Av dem har 141 färre än 50 anställda och kallas "hittepåjobb" som inte fyller någon vettig funktion av vissa kritiker. Ändå handskas de med hundratals miljoner . Trots alla varningsignaler forsätter man dela ut miljardbelopp till organisationer som varken vill ha jämlikhet eller demokrati. De politiska partiernas flirtande med religiösa extremister är dock inget nytt, varken inom S, MP, V, M eller C, hävdar författaren Helena Edlund som även arbetat som präst och samverkansofficer i Mellanöstern: "Samarbetet har pågått i många år, i Socialdemokraternas fall i flera decennier. Tanken har varit att bedriva en identitetspolitiskt baserad byteshandel. Partierna har lurats i fällan att anta att de islamistiska krafter som påstår sig företräda det så kallade "muslimska civilsamhället", representerar "alla Sveriges muslimer", och genom att låta islamister få politiskt inflytande, har de trott sig kunna köpa "Sveriges muslimers" röster".[72] Fler än Edlund har påtalat hyckleriet. "Den politiska fegheten i Sverige är ingen myt", hävdar Jan Hägglund, gruppledare för Arbetarpartiet i Umeå. "Den är högst reell. Och den går både att förklara och förstå. Men effekterna är mycket farliga. Vanliga muslimer lämnas nämligen i sticket, liksom kristna från andra länder, medan extrema islamister gynnas".[73] Ursprunget till sossarnas samarbete med islamistiska krafter går 25 år tillbaks i tiden. Den 15 juni 1994 fick Socialdemokraterna nämligen ett erbjudande av flera muslimska grupper. Dessa var: Sveriges Muslimska Råd, (SMR)*, Sveriges Muslimska Förbund (SMUF), Förenade Islamiska Föreningar i Sverige (FIFS) och Islamiska

Förbundet i Stockholm (IFIS). Man skrev bland annat följande:

"Vår politiska kommitté har haft bra dialog med andra partier men beslutet var att stödja socialdemokraterna. Våra religiösa ledare har uppmanat alla deltagare i Fredagsbön att gå till vallokalerna den 18 september och rösta, de har meddelat att det finns inte något som hindrar muslimerna från att ge sina röster till socialdemokraterna som i tal och skrift försvarar de svaga i samhället". [74]

De som skötte förhandlingarna var en sidoorganisation till Socialdemokraterna kallad *Broderskapsrörelsen* (numera *Socialdemokrater för tro och solidaritet*). De skulle senare skriva:

"Det finns nästan en halv miljon muslimer i Sverige – de skulle tillsammans kunna lyfta vilket parti som helst till oanade höjder".[75]

Överenskommelseen gick ut på att Socialdemokraterna avstod ett visst antal platser till *"Sveriges Muslimska Råd"*. "Sedan blev det upp till denna organisation att självt - i ett andra steg - fylla de av socialdemokratin "friställda" platserna med personer som islamisterna i *Sveriges Muslimska Råd* tyckte var lämpliga", sa Hägglund. "Men vilka dessa var hade egentligen inte (S) med att göra!"[76] Samarbetesprojektet ansågs som mycket framgångsrikt för valåret 1998 och det konstaterades att "inte minst genom SMR:s aktiva bidrag har muslimernas valdeltagande sannolikt varit högt och många har röstat på socialdemokraterna".[77] Det beskrivs att man ser ett "utrymme för mer långtgående samverkansprojekt mellan socialdemokraterna och Sveriges Muslimska råd och dess politiska gren".[78] 1999 slöts ett formellt avtal mellan Tro och Solidaritet och Sveriges Muslimska råd.[79] Målen i överenskommelsen var: "2002 ska bland socialdemokratiska förtroendevalda finnas muslimer på 15 kommunala fullmäktigelistor, 5 landstingslistor och på riksdagslistorna i minst 5 län. SAP skall ha 2 000 muslimska medlemmar och 300 skall ha fått en politisk grundutbildning".[80] 2005 bjöd SMR in en våldsbejakande Hamas-ideolog till en föreläsning.[81] Om någon ifrågasatte SMR eller Muslimska brödraskapet och deras syften brukade de ofta anklagas för rasism och för att vara islamofob. Forskare som Magnus Norell, expert på frågor som rör terrorism, politiskt våld, demokratifrågor och på säkerhetspolitik i Mellanöstern och Centralasien, har fått känna på detta, liksom docent Johan Lundberg och terrorexperten Magnus Ranstorp för att nämna några. Idag har Muslimska brödraskapet underavdelningar i ett 80-tal länder. Samtidigt som rörelsen säger sig verka för demokratisering av länder som Egypten så hävdar de att staten ska baseras på shariahlagar. Det slutliga målet att att inrätta en islamisk stat genom att utbilda och omvandla befolkningen till troende muslimer. Norell beskriver brödraskapet som "pappa till de islamistiska nätverk och organisationer som idag dominerar politisk islam i Väst, inklusive Sverige"[82] och växt ut till en spridd rörelse över hela kontinenten. Målet är att etablera sig socialt och politiskt i Europa med muslimska kommuniteter och skaffa inflytande över muslimska grupper. Johan Westerholm på ledarsidorna.se har studerat brödraskapet ingående och beskrivit strategierna i boken *"Muslimska Brödraskapet i Sverige".*

Han berättar att brödraskapet byggt upp en struktur för maximalt inflytande. Den här struktur en medger idag för Brödraskapet att kunna uppträda i för Sverige officiella sammanhang eller agera som företrädare för alla Sveriges muslimer trots att de är i minoritet även bland sunni-muslimer.[83] Muslimska brödraskapets chefspredikant Yusuf al-Qaradawi brukar stundtals beskrivas som ganska moderat i västmedier, men under ett tal på nyhetskanalen *Al-Jazeera* den 28 januari, 2009, sa den då 81-årige al-Qaradawi följande:

"Genom historien har Allah ålagt judarna människor som skulle straffa dem för deras korruption. Det sista straffet utfördes av Hitler. Genom alla saker han gjorde mot dem, även om de överdrivit denna fråga lyckades han sätta dem på plats. Det var Allahs straff för dem".[84]

De viktigaste målen som europeiska Fatwarådet och dess chefsideolog al-Qaradawi formulerar fastställs på årliga konferenser. 2003 hölls exempelvis en sådan i den nyinvigda Stockholmsmoskén, berättar Egyptsson: "De kan sammanfattas i krav på att de europeiska staterna ska erkänna islam och muslimer som en religiös minoritet med egna rättigheter. Muslimerna skall följaktligen ha rätt till särlagstiftning enligt sharia".[85] Muslimska brödraskapet är en stor aktör i organisationslivet i Sverige, förklarar han. Varje år slussas hundratals miljoner i skattepengar genom *IFiS:s,* (Islamiska förbundet i Sverige) dotter- och sidoorganisationer. "Tack vare de här bidragen och kontakten med den politiska eliten skapar de successivt ett parallellt samhälle. Islamiska skolor, moskéer och föreningar med en fundamentalistisk tolkning av islam hindrar integrationen i stället för att stärka den, som de ska enligt bidragens villkor".[86] Få inom S hade något att invända mot samröret med islamisterna. Ett av undantagen var Carina Hägg, när hon öppet kritiserade samröret med Omar Mustafa som var ordförande i *Islamiska Förbundet i Stockholm* och i åratal bjöd in grova antisemiter till Sverige[87] petades hon från Socialdemokraternas riksdagslista. Hägg skrev då en debattartikel där hon anklagade partisekreteraren Carin Jämtin för att driva en internkampanj mot henne. Ett protokoll från distriktsstyrelsens möte avslöjar att Hägg sedan fick ett ultimatum: "Lämna självmant eller så tvingar vi bort dig!"[88] "Socialdemokraternas samarbete med islamister handlar om makt, den politiska dagordningen och mandat", skrev Hägg. "Jag är oerhört glad att avtalet avslöjats. Det visar samtidigt att grunden till varför jag sparkas var en lögn!"[89] Avtalet hon syftade på var den hemliga uppgörelsen mellan Tro och Solidaritet och Brödraskapet. "Islamismen rymmer allt från Erdogans turkiska regeringsparti, som är betydligt öppnare och mer Europainriktat än de sekulära partierna, till vurmare av vissa sharialagar och även enstaka förvirrade extremister som förespråkar våld även mot oskyldiga civila - terror - för att nå sina politiska syften", skrev *Broderskapsrörelsens* tidigare ordförande Peter Weideruds på den numera avsomnade nättidningen Newsmill. "Västvärldens kritik av islamismen kan därför inte vara generell, svepande och styrd av sin egen historias relation mellan kristendom och politik. I diskussionen om islam och politik måste vi kunna vår egen historia, inklusive Europas koloniala arv i Mellanöstern. Vi får inte blunda för maktfrågan och det faktum att religion har en roll i samhället".[90] Precis som

Helena Edlund påpekade är Socialdemokraterna tyvärr inte det enda riksdagsparti som välkomnat personer med islamistisk anknytning. Mehmet Kaplan, tidigare riksdagsledamot för Miljöpartiet, som även var med och byggde upp och engagerade sig i flera muslimska organisationer i Sverige, däribland *Sveriges unga muslimer*, där han även var ordförande 2000–2002, samt Sveriges muslimska råd, där han var presstalesman, 2005–2006, är ett exempel. Kaplan var ledamot i Miljöpartiets partistyrelse mellan 2003–2011 och blev 2006 invald i riksdagen. Under mandatperioden 2006-2010 var han ledamot i Justitieutskottet och suppleant i EU-nämnden. Han var dessutom gruppledare för partiets riksdagsgrupp. 2011 bjöd han in antisemiten och terroristsympatisören Yvonne Ridley[91] till riksdagen och bad sen om ursäkt för att ha "brustit" i sin bakgrundskontroll. Till ett seminarium i riksdagen 18 juni 2013 bjöd han in den brittiske tv-predikanten och imamen Ajmal Masroor som tvingats hoppa av det brittiska parlamentsvalet 2005 efter att ha kopplats samman med en muslimsk grupp anklagad för antisemitism.[92] Efter valet 2014 blev Kaplan utsedd till bostadminister och under ett tal i Almedalen samma år jämförde han svenska jihadister i Syrien med svenskar som slagits i finska vinterkriget. Den 14 april 2016 publicerade svenska medier en bild från juli 2015 där Kaplan deltog vid en middag med en ledare för den högerextrema turkiska organisationen *Grå vargarna*. Med på middagen var även Barbaros Leylani, som hållit ett tal på Sergels torg där han talat till sina "raskamrater" och önskat "Död åt de armeniska hundarna!".[93] Skandalen ledde till att Kaplan fick avgå från sin post. Den förre ordföranden för *Sveriges muslimska råd*, (SMR), Mahmoud

Aldebe var först aktiv i Socialdemokraterna och därefter Centerpartiet där han inför valet 2010 föreslogs till deras riksdagslista. Redan i april 2006 gick Aldebe ut med ett brev till riksdagspartierna och framförde önskemål om anpassning av svenska lagar för Sveriges minoriteter i utvalda frågor. Bland annat ville han ha särlagstiftning för muslimer i den svenska familjerätten och anpassa den till islamisk familjerätt gällande äktenskap, skilsmässa, vård av barn och omhändertagande av minderåriga barn. Vad religionsfriheten beträffade ville Aldebe att riksdagen skulle stifta en lag som gav muslimer rätt att vara lediga under islamiska högtider samt ett par timmar mitt på dagen på fredagar för att kunna delta i fredagsbönen. Han förordade dessutom att imamer skulle få underteckna skilsmässor före ansökan till tingsrätten, att kommunala skolor skulle undervisa muslimska barn i hemspråk och religion samt att muslimska flickors och pojkars simundervisning skulle ske i separata grupper. Aldebe ville även ha en moské i varje stad eller kommun.[94] Sveriges muslimska förbund tog avstånd från Aldebes utspel och han skulle senare hävda att han hade agerat i egenskap av privatperson när han gjort sina uttalanden. Aldebe skickade därefter ut en "rättelse" till massmedia och partiföreträdare där han förklarade att han inte på något sätt krävt särlagstiftning för svenska muslimer. Partiledningen plockade därefter bort Aldebe. Abdiresak Waberi, som var ordförande för Islamiska förbundet i Sverige (IFIS), år 2010, blev efter valet samma år riksdagsledamot för Moderaterna. Waberi var även vice ordförande för *Federation of Islamic Organisations in Europe, FIOE,* som bildats av Muslimska brödskapet. Redan under en intervju år 2000 sa Waberi att en man ska kunna ha fyra fruar, att kvinnor ska vara underordnade män och att en man bör ha rätt att slå en kvinna som har varit otrogen. 2009 medverkade Waberi i SVT:s dokumentär *"Slaget om muslimerna"* där han sade sig vilja leva i ett land där sharia styr. 2011 sa han dessutom att han inte tar kvinnor i hand och att män och kvinnor inte bör vistas i enrum före giftermål.[95] Under sin tid i Moderaterna satt Waberi med i försvarsutskottet samtidigt som Sverige hade trupper i och utanför Somalia. Han drev den muslimska friskolan Römosseskolan mellan 2012-19 och fick 370 miljoner kronor i bidrag från svenska staten och Göteborgs kommun. Römosseskolan kritiserades både av Skolinspektionen och från politiskt håll. Parallellt med arbetet på skolan drev Waberi dessutom ett islamistiskt parti i Somalia med kopplingar till islamistiska *Milli Göruz* och Muslimska Brödraskapet.[96] 2021 fick skolan stängas sedan det avslöjats att bidrag förskringrats. Senare framkom det att en del av pengarna hade spenderats på sexklubbar i Thailand.[97] I april 2022 så dömdes Waberi till fyra och ett halvt års fängelse. I dokumentären *"Slaget om muslimerna"* från 2009 framgick det tydligt att det finns stora skillnader i fundamentalistiska ledares och svenska myndigheters syn på exempelvis jämlikhet. Företrädare för de fyra största muslimska organisationerna förklarade att:

- Mannen är familjens överhuvud.
- All musik som kan väcka tankar om fysisk närhet ska man hålla sig borta ifrån. Klassisk musik eller islamiska visor är okej. Pop och rockmusik är fel.
- Män och kvinnor ska inte umgås i enrum innan de gift sig.
- Kvinnor har sina plikter inom hemmet.

- Mannen ska utföra alla sysslor som sker utanför hemmet.
- Mannen använder förståndet och är bättre lämpad att ta förnuftsbaserade beslut än kvinnan som använder känslor.
- Mannen har bättre förnuft än kvinnan (som gör förhastade beslut) så därför är det mannen som kan begära skilsmässa.
- Mannen får tillrättavissa sin fru genom att slå henne (enligt unga muslimers hemsida).
- Endast de lärde får tolka koranen; det finns ingen möjlighet för individuella tolkningar.[98]

Ibn Rushd var en filosof som levde i det muslimska Spanien under 1100-talet. I Sverige bildades ett studieförbund med samma namn som under de senaste 14 åren tilldelats mer än en kvarts miljard skattekronor i mestadels statligt stöd. Ibn Rushd-förbundet bildades av organisationer från Muslimska brödraskapet och mycket i deras kursutbud kretsar kring islam och arabiska språket. "Nätverket har två svenska huvudspår", förklarar författaren Lars Åberg, "att utveckla ett separat "muslimskt civilsamhälle" och att framställa Sverige som ett rasistiskt land. Flera av organisationerna, bland dem Ibn Rushd, kontaktade 2013 en av FN:s olika kommittéer med en larmrapport i vilken Sverige beskrevs som en apartheidstat".[99] Efter att den nya ordföranden i *Muslim Council of Britain,* (MCB), som tidigare styrts av äldre män med avsmak för väst, intervjuats i BBC så förvandlade premiärminister Tony Blair MCB till en multikulturalistisk remissinstans. Trots att MCB:s ordförande ställt sig bakom den dödsdom Irans regim hade riktat mot författaren Salman Rushdie.

På köpet blev liten grupp fundamentalister talesmän för alla muslimer i Storbritannien. "Runt om i Europa diskuterar lagstiftare hur islamistisk extremism i form av bland annat radikala moskéer eller salafistiska organisationer ska motverkas", skrev Bawar Ismail på Göteborgs-Posten. "En viktig fråga för beslutsfattare har varit hur utländsk finansiering av moskéer från icke-demokratiska stater som Saudiarabien och Qatar ska förhindras ... men medan frågan engagerar lagstiftare runtom i Europa är det tyst från S-regeringen här hemma".[100] En kartläggning av tidningen ETC 2017 visade att 17 av de 25 största muslimska samfunden i Sverige finansieras från utlandet. Både Qatar Turkiet, Libyen, Pakistan, Iran och Förenade arabemiraten, finansierar moskéer och församlingar[101] och mer än var fjärde moské är helt eller delvis finansierad av Saudiarabien. Nio moskeer samarbetar dessutom med turkiska *Diyanet* som arbetar med att kartlägga regimkritiker i utlandet och att sprida turkisk nationalism.[102] Saudiarabiska pengar har finansierat minst sex moskéer: Trollhättans moské, Göteborgs moské, Hötorgsmoskén, Bellevuemoskén, Västerås moské och Borås moské. Qatarska pengar har finansierat fyra: Umm al-Muminin Khadijah-moskén, Gävle moské, Västerås moské och Örebro moské. Turkiska pengar har finansierat fyra: Fittja moské, Muslimska församlingen Malmö, Skärholmens moské, Turkiska islamiska kulturföreningen i Rinkeby. Libyska, Iranska, Omanska, Kuwaitska, och Pakistanska pengar har finansierat en var: Islamic center Malmö (Libyen), Trollhättans moské (Kuwait, Oman), Nasirmoskén, Göteborg (Pakistan), Imam Ali-moskén (Iran). Förenade arabemiraten har finansierat två stycken moskéer: Trollhättans moské,

Stockholms moské (Zayeds moské).[103]Det flesta muslimer i Sverige är förstås inte radikala och vill bara utöva sin personliga tro i moskéerna men enligt Anas Khalifa finns det alltså extremister i alla moskéer. Journalisten Sakine Madon larmade redan 2015 om en ovilja bland politiker och andra att se hur utbrett problemet var trots att den våldsbejakande islamismen ses som Sveriges största terrorhot av SÄPO och trots larm från förortsbor om ökad radikalisering, Madon berättar om hur radikala islamister länge flyttat fram positioner i bostadsområden och föreningar: "Genom mitt eget nätverk får jag snabbt tag i personer som berättar om hur de och deras närstående blivit utsatta", skriver hon. "Bilden de ger av Sverige är mörk. Den som går i en t-shirt med texten *peshmerga* - kurdiska styrkor som bekämpar Islamiska staten - riskerar att bli spottad på, eller att bli avvisad från moskén".[104] Problemet går långt ner i åldrarna. På Angeredsgymnasiet i Göteborg berättade rektorn att konflikter mellan IS-sympatisörer och IS-motståndare var en del av vardagen och att skolan hade elever vars familjer stödde IS.[105] En undersökning året därpå visade att mer än var tionde elev i Göteborgs förorter sympatiserade med IS, jihadister och liknande extremister.[106] Redan 2010 bjöd Nalin Pekgul in Magnus Ranstorp till ett möte i Tensta för man skulle diskutera terrorresor. "Vi blev attackerade av personer från *Muslimska mänskliga rättighetskommittén*, MMRK, för att vara islamofober",[107] berättar Pekgul. Samma MMRK som kritiserats för att de 2010 bjöd in en imam som dömts för terrorbrott i tingsrätt som hovrätt och samarbetat med organisationen *Cage* som drivit opinion för terrorister som al-Qaidas ideolog Anwar al-Awlaki.[108] Efter Awlakis död, när det stod klart för alla vilken huvudroll han spelat inom al-Qaida, delade MMRK ändå ett videoklipp på facebook från en föreläsning med Awlaki med titeln "Why The World Hates America", berättar Magnus Sandelin. "Att kalla dem som driver sådana ståndpunkter för extremister är naturligtvis fullt rimligt".[109] Samma år som Ranstorp skulle hålla föreläsningen i Tensta avslöjade journalisten Amun Abdullahi att en ledare på en fritidsgård i Rinkeby rekryterat ungdomar till den islamistiska milisen *al-Shabaab,* en rebellgrupp i Somalia som vill upprätta en islamistisk stat där en extrem, politisk tolkning av islam styr. Resultatet blev att hon anklagades för att svartmåla somalier och muslimer i Rinkeby. Abdullahi, som själv bodde i Rinkeby, blev baktalad och utstött. Det spreds uppgifter om att hon sålt sig till svenska journalister och deras svartmålning av islam. "Det var bara kört", berättade hon, "Jag var en hemsk människa, en förrädare. Man ifrågasatte om jag var muslim och varför jag bar slöja".[110] Det som chockade henne mest var dock att till och med Sveriges Radio ifrågasatte hennes uppgifter. I april 2010 sände *Konflikt* ett reportage från Rinkeby där uppgifterna om al-Shabaabs rekrytering avfärdades som bar hörsägen och rykten. Reportaget i Konflikt ledde till fler hot mot Abdullahi och ännu mer utfrysning. "Jag trodde på journalistiken", berättade hon senare i en intervju. "Jag trodde på Sveriges Radio också. Och jag trodde på mig själv, väldigt mycket. Alla tre krossades samtidigt".[111] År 2018 anmälde Fatima Doubakil och Maimuna Abdullahi från *Muslimska Mänskliga Rättighetskommittén,* (MMRK), Ann-Sofie Hermansson för förtal med hatsbrottsmotiv för att hon beskrivit dem som extrema i samband med att de hade tänkt leda ett samtal efter visning av dokumentären *"Burka Songs 2.0".*

Kommunen ansåg det dock alltför ensidigt och kontroversiellt med en panel endast bestående av två aktivister och nekade tillstånd. Hermansson stödde beslutet och förtydligade dessutom att hon betraktade MMRK och Fatima Doubakil och Maimuna Abdullahi som extremister vilka hade "försvarat terrorister och avfärdat anti-terrorinsatser mot bland annat IS-krigare".[112]

Tingsrättens utredning bekräftade detta:

"MMRK har i en inbjudan till ett seminarium beskrivit Ali Berzengi och Munir Awad, båda inbjudna som föredragshållare, som offer för terrorlagstiftningen. Vid tiden för seminariet hade Ali Berzengi dömts till ett långt fängelsestraff för finansiering av terrorbrott, finansiering som kan knytas till ett terrordåd utfört 1 Erbil i Irak. Munir Awad var vid tiden för seminariet inte dömd för terrorbrott men hade blivit gripen misstänkt för terrorrelaterad brottslighet vid två utlandsresor. Munir Awad greps ca ett halvår efter seminariet i Danmark, misstänkt för att ha planerat terrordåd mot tidningen Jyllands-Posten. Han dömdes efter prövning i två instanser till fängelse i tolv år för den brottsligheten. MMRK har starkt ifrågasatt legitimiteten av en av domarna mot Munir Awad genom att beskriva den som en "rättsskandal" och sagt att den måste överklagas. Predikanten Anwar Al-Awlaki var ... andlig ledare och en tongivande rekryterare inom Al-Qaida på arabiska halvön innan han dödades i en USA-ledd drönarattack under 2011. Anwar Al-Awlaki kan tveklöst beskrivas som terrorist. När budskapet om Al-Awlakis död kom ut i media länkade MMRK på Facebook till ett av hans tal på Youtube och skrev att man "kan hålla med eller vara emot" Al-Awlaki".[113]

Angående påståendet att kvinnorna "avfärdat anti-terrorinsatser mot bl.a IS-krigare", skrev Tingsrätten:

"I en pressrelease daterad den 3 mars 2011 har MMRK krävt att lagen om straff för terroristbrott skrotas samt att en namngiven åklagare som åtalat två personer för terrorbrott skulle avskedas sedan åtalet ogillats. [...] Nu redovisade yttranden i kombination med ifrågasättandet av legitimiteten i domarna mot de för terrorbrott dömda Ali Berzengi och Munir Awad medför att Ann-Sofie Hermansson visat att uppgifterna om att målsägandena avfärdat antiterrorinsatser mot bl.a. IS-krigare, i vart fall vilar på skälig grund".[114]

Hermansson hade "skälig grund för uppgifterna"[115] enligt Tingsrätten som ogillade åtalet. Doubakil och Abdullahi överklagade sedan domen men även Hovrätten friade.[116] "Gänget kring MMRK och "Burka Songs 2.0" har kallat debattmotståndare som arbetar mot hedersförtryck för "ärkeislamofober", skrev Sakine Madon."MMRK kallade det "islamofobi och rastänkande" att dåvarande liberala demokratiminister Birgitta Ohlsson ville utreda om svensk terroristlagstiftning behöver skärpas".[117] Det är alltså MMRK som bevisligen bjudit in folk som relativiserat om eller dömts för terrorbrott.[118] I en artikel så kallade Abdullahi och andra dessutom Expressens ledarskribent för en "starkt islamofobisk lobbyist" som utgör ett hot mot ett fredligt samhälle".[119] Nu kanske läsaren undrar varför så mycket tid ägnas åt just islamistisk extremism i boken? Även vänster- och högerextremismen växer ju. För några år sedan visade emellertid Säkerhetspolisen att antalet våldsbejakande islamister i Sverige utgör dubbelt så många som övriga extremistmiljöerna tillsammans.[120]

I sin årsbok 2021 beskriver SÄPO hur extremistmiljöer och den grova organiserade brottsligheten allt mer sammankopplas.[121]. Av 15 terrordåd inom EU år 2021 så var majoriteten islamistiska. Av 4 fullbordade dåd var ett vänsterextremt och tre jihadistiska.[122] Islamforskaren Bassam Tibi menar att det som är specifikt för *islamismen* inte är våldet utan idén om en *islamisk ordning*.[123] Det som mest definierar islamismen är att man vill ha ett samhälle grundat på Koranens bud. Historikern Yehuda Bauer menar att radikal islamism i grund och botten är en *ideologi* av samma typ som nazism och stalinism.[124] "Sociologiskt och idéhistoriskt får islamism ses som en ambivalent reaktion på den muslimska världens möte med en teknologiskt och ekonomiskt överlägsen europeisk kultur", skriver Kjell Magnusson, docent i sociologi. "Känslor av beundran och underlägsenhet ledde till identifikation med väst, men också till ett starkt framhävande av den egna kulturen".[125] Han påpekar att socialantropologen Ernest Gellner såg likheter mellan islamism och 1800-talets nationalism. Men där nationalisterna ville skapa en modern identitet utifrån en idealiserad folkkultur, var islamisternas ideal en högkultur från 600-talet.[126] Salafismen grund finns i den puritanska *wahhabismen* från 1700-talet medan islamismen representeras av brödraskapet. Båda eftersträvar dock en återgång till en ursprunglig form av islam. Bland salafisternas tre riktningar: inåtvända *purister*, de *politiskt orienterade* och våldsbenägna *jihadister är* Jihadismen dels en följd av militanta tendenser bland saudiska teologer som var flytt Egypten och dels en konsekvens av Irakkriget och Afghanistankonflikten. Den islamistiska organisationen Hizb ut-Tharir, (HuT) har en svensk gren och vid en föreläsning efter korankravallerna beskrevs de som positiva[127] medan yttrandefrihet beskrevs som "en lögn och något som används selektivt för att hacka ner på muslimer, piska muslimer och för att skrämma muslimer till passivitet", berättar Doku. Den sägs att den används i kriget mot islam och att muslimer är stolta över att yttrandefrihet inte existerar inom islam. Vår kultur påstås, det, "accepterar hån, skapar splittring, segregation och rasism".[128] "Vi ska utmana deras system. Vi ska utmana deras ideologi. Vi ska visa hur islam är bättre än dem på allt".[129]HuT kämpar för ett globalt kalifat och vikten av en världsomfattande muslimsk *ummah,* (muslimsk religiös gemenskap.) Det anses också skadligt om muslimer här ser sig som en minoritet:

"Vi är ingen minoritet. Det är jätteviktigt. Det är en av de viktigaste, Vi är ingen svag hjälplös, maktlös minoritet. Vi är en del av den mäktigaste ummah i världen. Vi är en del av den bästa ummah sänd till mänskligheten (..). Vi är en del av en ummah som består av två miljarder människor. Vi bär ett projekt som är globalt. Vi bär lösningar på alla människans problem".[130]

För HuT är det viktigt att muslimer inte integreras. Man ska inte försöka harmonisera islam:

"När de har rustats upp med islam och de islamiska tankarna då ser vi att de kommer vara immuna mot att anamma den västerländska livsåskådningen. Den västerländska ideologin, sekularismen och demokratin och friheterna".[131]

I februari 2023 så godkändes en omtalad avhandling av Sameh Egyptson som hävdade att *Islamiska förbundet* i

Sverige utgör en svensk gren av Muslimska brödraskapet. Det är talande att när Egyptson senare föreläste i Riksdagen så fanns inte en enda ledamot från S, MP, V eller C på plats. Egyptson påpekade att nätverkets inre kärna i Sverige utgörs av mellan 13–20 personer och som kontrollerar en rad studieförbund, föreningar, skolor och välgörenhetsorganisationer som varje år erhåller hundratals miljoner i bidrag. Kärnan i Muslimska brödraskapets ideologi är att människor och samhällen ska underkasta sig *Koranen* och *Haditherna*, (historiska exempel ur Muhammeds liv). Om det låter bekant så är det för att det är samma mål som Islamiska Staten, (IS), har. IS vill till skillnad mot MB uppnå detta mål med hjälp av våld. Det är också viktigt att hålla i åtanke att i förhållande till de nära 2 miljarder muslimer som finns i världen så utgör islamisterna en minoritet. De allra flesta muslimer är givetvis inte extremistiska utan helt vanliga människor som bara vill leva sina liv i lugn och ro med familjen, med arbete och fritidsintressen med mera. Inom islamismen så utgör emellertid Muslimska brödraskapet en av de mest inflytelserika ideologiska inriktningarna. Därför blir det också absurt att hålla på och relativisera eller trivialisera dess betydelse.

Aje Carlbom skriver:

"Att avfärda eller på andra sätt vägra att diskutera MB-associerad islamisk verksamhet är att ställa sig på en kunskapsfientlig plats. Vi talar trots allt om världens första och största islamistiska rörelse som genom åren påverkat ett mycket stort antal muslimer både innanför och utanför rörelsen".[132]

"Görs inget så kommer de här områdena snart att bryta sig loss. Kravaller kan uppstå, människor kan bli skjutna. Vi kan inte blunda för det här längre".

Mauricio Rojas , Folkpartistisk politiker, 1990

Varningssignalerna

Sverigestudien är ett projekt som går ut på att skapa medvetenhet om vilka värderingar som präglar Sverige och vilka frågor som är viktiga för oss. Varje år görs en undersökning där svenskar tillfrågas om vilka egenskaper och beteenden som bäst beskriver dagens Sverige. När studien släpptes i november 2020 låg *"våld och brott"* i topp av det som anses beskriva Sverige bäst.[1] Förmodligen raka motsatsen till hur Sverige skulle beskrivits för 30-40 år sen. Som vi konstaterat sker en stor del av våldsbrotten i utanförskapsområden. De flesta skjutningar sker i gängmiljöer där 95 % har invandrarbakgrund. Fanns det då inte redan tidigt tecken på att något måste göras innan problemet med parallellsamhällen eskalerade?

Jo, det fanns det.

Redan 2004 så utarbetade det dåvarande Folkpartiets riksdagsman Mauricio Rojas en metod för att kartlägga utanförskapsområdena i Sverige. Kriterierna var bland annat att färre än 60 procent mellan 20-60 år arbetade, att valdeltagandet låg på en uppseendeväckande låg nivå och att färre än 70 procent av eleverna lämnade skolan utan att uppnå kunskapsmålen. På uppdrag av Folkpartiet hade SCB redan 1990 gjort en kartläggning kallad *"Utanförskapets karta"* som visade att det fanns 3 utanförskapsområden i Sverige: Rosengård i Malmö, Marielund i Haparanda och ett område i Ryd i Linköping. 2002 hade antalet som kunde klassas som utanförskapsområden stigit till 136 medan de 2006 uppgick till 156.[2] Senare siffror klassade ner det till 128.

Till skillnad mot de flesta hade Rojas insett vad som skulle hända om inget gjordes: Görs inget så kommer de här områdena snart att bryta sig loss",varnade han. "Kravaller kan uppstå, människor kan bli skjutna. Vi kan inte blunda för det här längre". [3] Dessvärre så talade han för döva öron. "Det borde ha fungerat som en mäktig alarmsignal", skrev Rojas många år senare, "men ingenting gjordes. Utvecklingen bara fortsatte".[4] Vad som istället hände var att när borgarna vann valet 2006 så slutade man rapportera om utanförskapsområdena. Istället påstod man att utanförskapet minskade och att allt annat var myter och rasism.[5] De sociala problemen skylldes på sossarna. Men, som Rojas själv, senare skulle påpeka i en tidningsartikel:

"Det mest klädsamma för FP hade varit att ärligt erkänna det som alla vet: att borgerligheten inte har varit ett dugg bättre än Socialdemokraterna på detta område."[6]

När tankesmedjan *Den nya välfärden* 2014 gav Tino Sanandaji i uppdrag att uppdatera studien konstaterade han att antalet utanförskapsområden hade vuxit från 156 till 186 under Alliansens första sex år vid makten 2006–2012 ,vilket alltså bekräftade vad Rojas hade varnat för. Dagen därpå presenterade Folkpartiet en egen karta där man hävdade att antalet utanförskapsområden hade minskat något. Det visade sig att resultaten skilde sig åt för att FP ändrat beräkningsmetod. Rojas kommenterade :

"FP gjorde några subtila metodologiska ändringar och simsalabim var misslyckandet åtminstone retuscherat. Erik Ullenhag säger att man har "förfinat metoderna" (SvD 3/6), medan andra lätt kan kalla det för manipulation, fusk eller

åtminstone ohederlighet, som det stod i SvD:s ledare i måndags. Låt oss kalla det för Politik als Beruf med Max Webers ord, där inte ens liberalerna kan undvika att ingå förbund med djävulen".*[7] * Politik som kallelse.

Flera av Sveriges bruksorter och industrier har förändrats i grunden under de senaste årtiondena. Jobb har rationaliserats bort eller flyttat utomlands och fabriker och lägenheter stått tomma. I takt med en allt större migration placerades många nyanlända i dessa lägenheter och hamnade i arbetslöshet. Utanförskapet förstärktes och kommunernas kostnader skenade. Politiker som Göran Johansson i Göteborg och Jimmie Jansson i Eskilstuna har försökte länge slå larm om att något måste göras inte det var försent. En av de städer som haft störst problem med arbetslöshet och kriminalitet är just Eskilstuna. "Kopplingen är solklar", säger socialdemokraternas starke man i där, Jimmy Jansson. "Det är en överrepresentation av unga män till föräldrar som inte lyckats ta sig in i samhället i tillräcklig omfattning bland dem som är en del av den löst organiserad brottsligheten. Att de börja mörda på öppen gata på ljusa dagen. Nära andra oskyldiga människor. Drar ner stadsdelar i otrygghet. Lockar in unga och barn i deras livsstil. Sprider otrygghet och säljer knark på skolor. Det är över alla föreställningsbara gränser. Oförlåtliga saker."[8] Självklart är det svårare för personer med dålig utbildning och noll erfarenhet av demokrati att integreras i vårt samhälle. Istället för att bara skylla på sociekonomiska faktorer och strukturerad rasism så måste vi våga se vad de övriga problemen bottnar i. Exempelvis värderingar och misstro mot myndigheter. Ett av de områden som haft störst problem är Järvafältet.

I Sverige bor det cirka 110 000 personer med ursprung i Somalia. Sex av tio är under 25 år, två tredjedelar lever i relativ fattigdom med en inkomst under 60 procent av medeltalet. Självförsörjningsgraden ligger på 38 procent vilket är cirka hälften av genomsnittet. En tiondel av samtliga dödsskjutningar i Sverige har skett vid Järvafältet där ett stort antal somalier bor. Enligt den oberoende organisationen *Transparency International* är Somalia det mest korrumperade av 180 betygsatta länderna i världen så det är inte överraskande att det ofta finns en stor misstro mot myndigheter om man kommer från en sådan miljö. "Den utbredda föreställningen i vissa invandrargrupper att svensk socialtjänst kan ta barnen från sina föräldrar för minsta lilla har troligen haft en skadlig inverkan på integrationen", skrev Göteborgs-Postens Håkan Boström i en ledare. "Förbudet mot barnaga kan lätt misstolkas som att barnen inte har några skyldigheter utan bara rättigheter för den som är ovan vid svenska normer".[9] Misstron gäller även polisen. De boende upplever att det bara blir mer segregerat, otryggare och att myndigheterna inte kan vända på utvecklingen. Flera av mödrarna i Järvaområdet ordnar själva möten och nattvandrar. Dessvärre så är de engagerade männen ofta för få. Frånvarande pappor som övergett familjen är ett stort problem och gör att kvinnorna ofta är utelämnade åt sig själva. Till detta kommer att folkbokföringsadressar numera blivit en handelsvara. Något som bidrar till att myndigheterna inte har en aning om hur många som faktiskt bor i Sverige. En typ av fusk är skenseparationer, där makarna bara separerar på papperet för att tillskansa sig högre bidrag och dessutom får förtur i lägenhetsköer. Även om det finns en felmarginal så tillvida att det ibland handlar om bidragsfusk där parterna bara är skilda på papperet, så tyder statistiken på att varannan somalisk kvinna inte lever med barnens pappa.[10] "Vi somalier befinner oss fortfarande i ett förnekelsestadium", sa den somaliske tolken Abdi i ett reportage som GP gjorde 2007:

"Vi säger att vi är bra människor, att vi tar hand om våra familjer, att vi inte bryr oss om klansystemet. Men vi måste våga se sanningen".[11]

Abdi ansåg att det största problemet var att papporna inte tog sitt ansvar och att samhället borde ha hårdare koll. De måste lära sig att skaffar man familj så ska man försörja den, förklarade han. Varningsklockorna har ringt länge, skrev Håkan Boström. Verksamma ute på fältet har påpekat den negativa utvecklingen i decennier och reportaget från 2007 borde fått politikerna att reagera.[12] Det visade ju att redan för 14 år sedan stod helt klart hur det såg för den här gruppen Problemen går dock tillbaks ända till 90-talskrisen, förklarar han: "Statsminister Stefan Löfvens famösa uttalande om gängkriminaliteten - vi såg det inte komma - är med andra ord rent nonsens. Det har varit glasklart för den som velat se".[13] Det svenska bidragssamhället i kombination med den stängda arbetsmarknaden spär ytterligare på den allvarliga situationen, vilket bland annat visar sig genom "grov kriminalitet, utbrett missbruk, bidragsfusk, usla skolbetyg, splittrade familjer och skyhög arbetslöshet".[14] Nuförtiden är dessvärre gängbildning, knarkförsäljning, utpressning, dödskjutningar, sprängningar, rån och attack mot blåljuspersonal vardag i flera av de utsatta områden. Polisen har utarbetat definitioner av områdena.

Så här beskriver polisens Nationella operativa avdelning, vad som kännetecknar ett utsatt område:

"I dessa områden finns en mängd riskfaktorer som kan leda till en bristande framtidstro såsom arbetslöshet, ohälsa och misslyckad skolgång. Riskfaktorerna kan även bestå i strukturella faktorer som bostadsområdets fysiska miljö och en upplevd oro bland etniska grupper då historiska och globalt aktuella konflikter ger lokalt avtryck. Därtill finns en stor riskgrupp med unga personer som lätt påverkas av normbrytande beteenden, ett stort antal kriminella aktörer och en genomsnittlig lägre kollektiv förmåga. Tillsammans resulterar dettta i en kriminaliserandeprocess som med tiden får så stort genomslag att ett helt bostadsområde påverkas och en alternativ social ordning skapas." [15]

De falska ramsorna om att "så här har det alltid varit", när någon påtalade det eskalerande våldet tilläts länge pågå. Samma personer som länge pratat om faktaresistens uppvisade själva vad som kan beskrivas som en verklighetsresistens. När den amerikanske frilansjournalisten Tim Pool besökte Sverige för att rapportera från svenska utanförskapsområden för några år sedan gjorde han först ett besök i Rosengård i Malmö. Pool hyllades i svensk media efter att ha beskrivit besöket som lugnt. När han sedan åkte till Rinkeby blev det andra tongångar i medierna. Efter att Pool berättat att han hotats av maskerade män och att polisen uppmanat honom att lämna platsen blev han plötsligt en "paria" i svensk press. En före detta Södetäljereporter på Sveriges Radio skrev indignerat att journalister som Pool var ett "demokratiskt problem" eftersom han representerade en kortsiktig journalistik som utgör "det större hotet mot

Sverige och alla demokratier".[16] Det påstods att en långsiktig lokaljournalistik är den enda rätta vägen framåt för att bygga ett förtroende och uppmuntra folk att prata. Att journalister tar sig tid att lära känna folk och lyssnar på de intervjuades kritik och feedback. Sakine Madon, en journalist som inte låtit sig vaccineras med PK-tänk, reagerade: "Problemet skulle enligt texten alltså inte vara att Pool fick lämna Rinkeby, eller att Dagens Nyheters fotograf nyligen misshandlades av ett 15-tal personer i samma stadsdel. Utan hotet är, enligt texten hos SR, att utländska journalister besöker socialt utsatta områden ... Jag skäms som svensk journalist när jag läser inlägg som det hos Sveriges Radio. I stället för självkritik riktas taggar utåt".[17] Polisen Ulf Boström, som under 16 år jobbat i omedelbar närhet till människor som faller offer för den släktbaserade gängkriminaliteten i nordöstra Göteborg, berättar om dagliga samtal från oroliga mammor till gängkriminella och från människor som lever under dödshot eller pressas på pengar av släktgrupperingar som inte drar sig för våld. "Eftersom vi under så lång tid låtit den här verksamheten bre ut sig i hela Sverige så har de gäng i alla de större städerna", berättar Boström. "De har ögon och öron överallt".[18] Hoten från släktbaserade kriminella nätverk tvingar affärsidkare i de utsatta områdena att ge bort både varor och tjänster gratis till gängkriminella, förklarar han. "Antingen betalar du, eller så står du emot och ditt liv fördärvas totalt".[19] Boström känner dock mest maktlöshet över att det inte går att förklara situationen för de högst ansvariga, eftersom polisledningen enligt honom inte tar problemen på allvar. En av dem som länge försökt påtala vad som pågår är frilansjournalisten Joakim Lamotte. som i åratal åkt ut till utsatta områden och intervjuat människor. Men till skillnad mot de flesta andra journalister i landet så har Lamotte gjort det i direkt anslutning till dramatiska händelser och dokumenterat allt på plats. Något som medfört att han länge har fått utstå kritik och hånfulla kommentarer från både ledarskribenter, journalister och politiker som stundtals nästan tävlat om att håna och "brunsmeta" honom. Både Lamottes familj och han själv har dessutom utsatts för åtskilliga dödshot genom åren. När Lamotte besökte Kronogården i Trollhättan för att göra ett reportage bar han därför skyddsväst. När Lamotte lite senare deltog i SVT:s *"Sverige möts"* bar han fortfarande västen vilket fick både journalister, politiker och personer på sociala medier att raljera mot honom. Den förre socialförsäkringsministern och socialministern för Socialdemokraterna skrev till exempel en debattartikel om att "Lamotte borde ha lämnat skyddsvästen i sandlådan" och att en "majoritet av hederliga vanliga människor som bor i Kronogården blir så klart både arga och upprörda när det kommer en känd opinionsbildare som man vet har en högerextrem svans".[20] "Logiken" som tillämpas i resonemanget är att eftersom en del av dem som har kommenterat Lamottes reportage positivt på sociala medier är högerextrema så måste ju även han själv vara högerextrem, eller åtminstone uppmuntra högerextrema krafter. Att många som har följt Lamottes reportage inte är högerextrema överhuvudtaget utan anser högerextremism vara förkastligt blir helt enkelt irrelevant i sammanhanget eftersom man redan från början har bestämt sig för att brännmärka budbäraren. På det viset så fastnar vi ofta i en ändlös spiral av verbal pajkastning, där både förnuft och fakta får ge vika för mer eller mindre känslobaserade argument som ilsket kastas på meningsmotståndare via diverse sociala medier och andra kanaler. Om vi verkligen ska komma någonstans så måste vi kunna diskutera fakta om realiteter. I dagens Sverige har vi exempelvis många personer som kommer från klansamhällen. I klansamhällen ses religionen som en självklarhet och precis som mans- och kvinnoroller så får den inte ifrågasättas. Det råder ett starkt patriarkat och familjen och släkten utgör tryggheten eftersom regimerna i dessa länder inte sällan är mer eller mindre korrupta. Det är heller inget ovanligt att rättskipning och blodshämnd följer med på köpet när man söker sig till ett nytt land. "I Sverige har vi under det senaste decenniet fått stora problem med gängkriminalitet i våra så kallade utsatta och särskilt utsatta områden", skriver Olof Öhlén, som är jurist med över 50 års erfarenhet. "Här liknar situationen den som rådde i forntiden inom klaner och ätter, dvs. före det statliga våldsmonopolets upprättande. Här ser vi nu en utpräglad hederskultur med blodshämnd på agendan".[21] Öhlèn beskriver hur samhället splittras i små stridsvilliga ätter och klaner när staten inte har våldsmonopol och hederskulturen börjar ta över. Fram träder ettt samhälle där minsta verbala kränkning kan bli dödlig. "Vi har lokalt återgått till medeltiden, till och med "den tidiga medeltiden",[22]säger han. Den franske ambassadören Pierre Brochand, som tidigare var chef för den franska underrättelsetjänsten varnar också för utvecklingen:

"Jag anser att den typ av invandring som vi har upplevt under ett halvt sekel är en händelse utan motstycke i vår historia,. Och ärligt talat erkänner jag att jag inte förstår hur fria och upplysta sinnen fortfarande kan underskatta dess allvar".[23]

"Ett land där den politiska och religiösa makten – i alla dess former – endast kan kritiseras eller hånas med risk för eget liv har ingen yttrandefrihet".

Per Brinkemo, författare

Yttrandefriheten

Yttrandefrihet är en princip som stöder individens eller samhällets frihet att uttrycka sina åsikter och idéer utan rädsla för vedergällning, censur eller juridiska sanktioner. Rätten till yttrandefrihet erkändes som en mänsklig rättighet när FN:s deklaration om de mänskliga rättigheterna slogs fast i december år 1948.[1] Enligt 2 kap 1 § svenska regeringsformen (1974:152) har varje medborgare rätt att i tal, skrift eller bild meddela upplysningar och uttrycka tankar, åsikter och känslor. Den inkluderar även dem som är utländska medborgare. Redan för 2400 år sedan skrev den grekiske tragediförfattaren Euripides att den som inte vågar uttrycka sina åsikter är en slav.[2] Med andra ord så borde vi bekymra oss för den ökade åsiktscensuren. Låt oss studera några talande exempel. I december 2020 stängde *Google Sverige* av mediekanalen *Swebbtv* permanent från youtube. Swebbtv hade i oktober 2020 fått bifall på sin ansökan om mediestöd från *Myndigheten för Press, Radio och TV,* (MPRT) vilket innebar att kanalen uppfyllde alla krav på allsidighet och god medieetisk sed och kan klassas som ett nyhetsmedium som stärker demokratin. Swebbtv har haft många olika gäster som har pratat om exempelvis hälsofrågor globalism, kriminalitet, skolan, invandringen och klimatet. Vissa vill klassa kanalen som högerextrem men den är uttalat obunden politiskt och bjuder in gäster från både vänster- och högerkanten. En återkommande gäst är Lars Bern, teknologie doktor, företagsledare, författare och debattör som forskat på många ämnen. Bland annat samhällsutveckling, kriminalitet, klimatfrågor, hälsa och vaccinationer. Mycket tyder på att det var Berns åsikter om medicin och vaccinationer i samband med pandemin som fick Googles redaktion i Sverige att stänga ner Swebbtv från youtube. Detta eftersom hans åsikter inte följde narrativet från WHO och folkhälsomyndigheten. Det här är symtomatiskt för ett samhälle där allt fler drabbas av *deplattformering*. Det vill säga hindras från att framföra ett budskap eller debattera en fråga genom att nekas tillträde till en plattform. Det kan vara en scen som är avsedd för framträdanden, radio, TV, tidningar eller en digital plattform tänkt för publicering eller kommunikation. "Avvikande" åsikter på Facebook och andra sociala medier straffas med publika uthängningar eller avstängningar. Böcker stoppas från att ges ut. Lärare får sparken för att de använt "fel" ord och elever känt sig "kränkta". Forskare nekas bidrag för att de saknar genuscertifierade motiveringar. Folk delas upp i "goda" och "onda", beroende på om de är politiskt "korrekta" och riskerar "kölhalas" och drevas offentligt om de sagt eller gjort något dumt någon gång i livet. Enligt Radio- och tv-lagen (2010:696) måste medierna ge folket i Sverige en bred bild med en stor variation av åsikter i olika ämnen. Dessutom så ska total åsikts- och yttrandefrihet gälla på plattformarna. I januari 2021 inleddes en massiv offensiv där youtubekanaler och tiotusentals konton på Twitter och Facebook stängdes ned liksom flera populära forum på *Reddit*. Jonathan Lundqvist, tidigare ordförande för *Reportrar utan gränser* i Sverige och vice ordförande för *Reporters Sans Frontières International*, varnar för utvecklingen. Han påpekar att sociala medier i praktiken fått monopol på informationsspridning och ensidigt tar sig rätten att besluta vem som får delta i samtalet och vad som får diskuteras. Beteendet är ett hot mot demokratin, hävdar Lundqvist: "Under hösten har hundratals opinionsbildare och folkvalda politiker – bland annat svenska Swebbtv, som hade 60 000 följare när kanalen raderades från Youtube i december – stängts av från sociala medier för att ha uttryckt uppfattningar som inte strider mot nationell lagstiftning utan mot tjänsternas egna regler. Besluten motiveras ofta i allmänna ordalag och det är oklart vilka överväganden som har gjorts i de individuella fallen. Detta kombineras, som fallet med svenska Swebbtv påminner om, med närmast obefintliga möjligheter för den avstängde att överklaga".[3] I januari 2020 stängdes även Donald Trump, med nära 90 miljoner följare på *twitter,* av från platformen efter ett tal som anses ha fått anhängare att storma USA:s kongresssbyggnad *Capitolium.* Några dagar senare sa *Deutsche Bank,* där Trump har 300 miljoner dollar i skulder, upp avtalen med hans företag. "För en västerländsk demokrati är det som sker unikt och i synnerhet för USA som av flera alltid ansetts vara den västerländska demokratins beskyddare och förebild", skrev Johan Westerholm på sin nättidning ledarsidorna.se. "Motsvarande agerande har annars bara kunnat noteras i diktaturer som Kina och Ryssland".[4] Därefter ställde han en viktig fråga: "När USA, och den fria marknaden, agerar som Ryssland och Kina och deplattformerar enskilda medborgare på grundval av politiska åsikter såväl socialt som finansiellt - vilken väg tar då den fria västvärlden i övrigt?"[5] Kort därpå stängdes den libertarianske politikern Ron Paul, en profilerad motståndare till USA:s inblandning i krig och en försvarare av individuella rättigheter, av från Facebook efter att ha länkat till en artikel där han kritiserat deplattformeringar. I en intervju med *Daily*

Mail sa uppslagsverket Wikipedias grundare, Larry Sanger att sajten tagits över av vänsteraktivister och att de avfärdar källor som inte passar deras agenda som "falska nyheter". På frågan om man kan lita på Wikipedia svarade han att "du kan lita på att Wikipedia ger dig en tillförlitlig etablissemangssynpunkt på nästan allt".[6] Som exempel tar Sanger hur artiklar om politiker från vänsterkanten, som Joe Biden, är rensade på kritiska uppgifter medan Republikanernas perspektiv lyser med sin frånvaro. Artiklar om högerpolitiker är däremot fulla med kritik ur ett vänsterperspektiv. "Om bara en version av sanningen är tillåten ger det ett enormt incitament för rika och mäktiga personer att ta kontroll över sådant som Wikipedia för att stärka sin makt. Och det gör de",[7] förklarar han. Låt oss titta på några exempel som stämmer till eftertanke. När Sverigedemokraternas riksdagsledamot Richard Jomshof skulle hålla ett föredrag vid Göteborgs universitet i december 2020 startades en namninsamling för att stoppa den. 150 akademiker, studenter och kulturarbetare skrev på uppropet och under föreläsningen uppstod protester varpå en åhörare fick ledas ut. "Den här föreläsningen har varit planerad sedan länge. Vi tycker att alla riksdagspartier ska få komma hit och prata om hur de arbetar med politisk kommunikation", förklarade Monica Nilsson Löfgren, prefekt på JMG, (Institutionen för journalistik, medier och kommunikation). Då är det ganska orimligt att utesluta ett av partierna. Vi ska ju rusta eleverna för den politiska verklighet de kommer ut i".[8] Är det respektfullt att förbjuda en representant från ett parti med över en miljon röster att tala för att man ogillar deras åsikter? Med tanke på att en senare namninsamling i protest mot universitetet samlade över

500 namn, däribland åtskilliga akademiker på universitet bör vi kanske fråga oss hur demokratin mår? Yttrandefrihet är något man antingen *har* eller *inte har*. Man kan inte ha *lite* yttrandefrihet, lika lite som man kan vara *lite* gravid. Om bara vissa åsikter är tillåtna så är det inte yttrandefrihet. Då är det något annat. 2019 fick Mustafa Panshiri en inbjudan som föreläsare av *Feministiskt Initiativ* i Ronneby. Det var ett stort möte om mångkultur och öppet för alla. Följaktligen fanns personer av olika etnicitet och partipolitisk färg samlade. Panshiri sa ungefär det han brukar: att vi måste ha samma krav på alla medborgare, att vi har yttrandefrihet i Sverige och att alla måste få säga sin åsikt även om någon kan bli upprörd ibland. Vid ett tillfälle ställde sig en Sverigedemokrat upp och applåderade vilket skapade en pinsam stämning bland medlemmarna i F!. Efter mötet blev Panshiri bjuden på middag av F! som var nöjda med föreläsningen och tyckte att han lagt fram perspektiv de inte tänkt på. Två dagar senare fick han dock ett bekymrat mejl från F!. Sverigedemokraterna i kommunen hade hyllat Panshiri på sociala medier och F! ville därför ordna ett nytt möte där Panshiri tog avstånd från SD samtidigt som han klargjorde sin politiska ståndpunkt. Panshiri förklarade att han inte är medlem i något parti och påminde F! om att de sagt att föreläsningen var jättebra. ”Ja”, svarade F!-medlemmen, ”men nu har ju SD gått ut och hyllat dig och då kan vi ju inte tycka att det är bra”. ”Men vänta nu”, invände Panshiri, ”om både ni tyckte det jag sa var helt okej, och SD tyckte det. Är inte det bra?”[9] Panshiri, vars mål är att vara en brobyggare i samhället, vägrade gå med på kraven och kände ett visst missmod efter mejlet. ”Är det inte bra om alla i kommunen tycker att

yttrandefrihet är bra?"[10] frågade han sig. När filosofen Alexander Bard skulle hålla tal på en studentkonferens vid kognitionsvetenskapliga programmet på Linköpings universitet 2022 ställdes hans medverkan in med hänvisning till värdegrunden och att "alla ska känna sig trygga".[11] Det hänvisades bland annat till att Bard gjort "problematiska uttalanden och till att han är "kontroversiell".[12] *Delmi,* (Delegationen för migrationsstudier) är en statlig expertkommittén inom regeringskansliet och underställd Justitiedepartementet. Delmi, vars ledamöter tillsätts av regeringen och anställningar beslutas av statsråd, har till uppgift är att samla, sprida och initiera studier som ska bidra till samhällsdebatten och fungera som underlag till migrationspolitiska beslut. 2021 fick man rejält med kritik efter att ha släppt en rapport av Mattias Ekman, docent i medie- och kommunikationsvetenskap, som pekade ut ledarsidorna i *Göteborgs-Posten* och *SVD* som delansvariga för normaliserande av främlingsfientlighet och rasism i den svenska migrationsdebatten.[13] I rapporten namngavs och pekades enskilda journalister som Ivar Arpi och Per Gudmundsson, samt politikern Hanif Bali, ut som bidragande till ökningen av främlingsfientlighet och rasism. Thomas Mattsson, tillförordnad VD för *Tidningsutgivarna* fann tilltaget både häpnadsväckande och oroväckande: "Det är som om respekten för oberoende medier inte längre råder".[14] Arpi skrev att "detta handlar om att avlegitimera ena sidan av en debatt".[15] Gudmundson ansåg att "det är ett demokratiskt problem när oppositionella röster och journalister pekas ut som samhällshot av regeringsorgan".[16] Jesper Strömbäck, professor i journalistik och politisk kommunikation vid Göteborgs universitet, avfärdade kritiken som grundlös och okunnig eftersom forskare själva styr över och ansvarar för sina undersökningar, resultat, analyser och slutsatser. Med andra ord så borde läsarna av deras rapporter, inklusive utpekade journalister (och politiker) samt mediefolk i allmänhet, bortse från att forskningen publiceras i rapporter som publiceras under Delmi och att de finaniseras av Vetenskapsrådet. Det handlar ju ändå bara om enskilt tyckande. Det vore en nåd att stilla bedja om att samma princip tillämpades när enskilda skribenter eller personer publiceras och intervjuas i tidningar eller plattformar som inte anses "rumsrena" av etablissemanget. Se bara hur de som skriver för *Nyheter idag* eller intervjuas på *Swebbtv* misstänkliggörs. Det här odemokratiska tankegodset spiller tyvärr över även på allmänheten. I april 2022 publicerade Sten Widmalm, professor vid statsvetenskapliga institutionen och docent Thomas Persson vid Uppsala universitet en undersökning om demokrati och yttrandefrihet. I projektet, som finansierats av *Myndigheten för psykologiskt försvar* och genomfördes i samarbete med SOM-institutet i Göteborg, tillfrågades 3500 personer om vilka demokratiska rättigheter grupper man ogillar ska få ha. Var femte person i undersökningen, vilket är 21 procent, ansåg att den grupp man ogillar mest *inte* ska ha rätt att uttrycka sina åsikter överhuvudtaget i vare sig tal eller skrift. 34 respektive 38 procent ville dessutom vägra motståndarna rätten att demonstrera eller bilda organisation. Nära hälften ville inte heller ge dem man ogillar mest rätt att kandidera till riksdagen. Hela 64 procent ansåg även att en person som tillhör den grupp man ogillar inte ska få bli statsminister.[17] Resultaten chockade forskarna. "Det betyder att vi inte har en särskilt stark demokratisk kultur i Sverige,"sa Widmalm. "Då tycker man att demokratin är något bra om de man gillar är vid makten. I övrigt är det inte säkert att man ställer upp på demokrati alls".[18] Forskarna undersökte även vilket politiskt samtalsklimat som råder i dagens Sverige. Mer än hälften av de tillfrågade, 53 procent, svarade att de inte kan uttrycka sina åsikter öppet eftersom andra kan uppfatta dem som stötande. Sverigedemokraterna var tydligt överrepresenterade. Nästan 83 procent av dem känner att de inte kan tala fritt. Widmalm påpekade att självcensuren i Sverige nu ligger på samma nivå som i USA. Enligt amerikanska undersökningar anser mellan 50 och 60 procent av befolkningen att de måste censurera sig själva. Flera familjemedlemmar pratar inte politik av rädsla för att bli ovänner. Demokrati går inte ut på att alla ska tycka lika utan att åsikter ska kunna ventileras utan rädsla för repressalier, förklarar Widmalm. Den byggs upp av starka institutioner men måste även fungera i huvudet på folk och försvaras även när det som sägs går emot våra intressen. Han efterlyser utbildning om demokratins kärna och hur rätten att uttrycka åsikter varit en lång kamp historiskt sett. I dag ser vi tyvärr allt fler tecken på att yttrandefriheten ifrågasätts. Uttrycket "Woke" är en politisk term som uppstod i USA för att beskriva en uppvisad medvetenhet om frågor som rör jämlikhet mellan raser och kön samt social rättvisa. Numera används det som ett uttryck för "godkända" åsikter". Ett fenomen som går hand i hand med woke är den utfrysningskultur, eller *"cancelleringskultur"* (från engelskans *cancel culture*) som uppstått. Den innebär att människor kastas ut från sociala eller professionella kretsar efter att ha uttryckt vad andra anser vara misshagliga eller kränkande åsikter i en viss fråga. ”Det finns en trend i samtiden - som så ofta startad i den anglosaxiska kultursfären som går ut på att hindra meningsmotståndare från att föra fram åsikter, snarare än att bemöta deras argument”, skriver advokaten och civilekonomen Carl Lindstrand. ”I engelskspråkiga sammanhang talar man om No platform policy eller deplatforming, dvs det handlar om att beröva en person en plattform från vilken åsikter kan föras fram”.[19] Lindstrand skriver om hur lätt stora drev dras igång via sociala medier. Idag är det inte ovanligt att till och med åsikter som delas av en majoritet kan leda till krav på yrkesförbud. Aktivister som retat sig på någons åsikter kan kontakta vederbörandes arbetsgivare eller uppdragsgivare och kräva att vederbörande ska sparkas från sitt uppdrag:

”Företeelsen är samhällsskadlig eftersom den, uttryckligen och uppsåtligen, syftar till att beröva enskilda personer möjligheten att utöva sin grundlagsfästa yttrandefrihet. Den förgiftar således inte bara tonen i det offentliga samtalet, utan innebär ett direkt angrepp på en av grundvalarna för ett fritt och demokratiskt samhälle”.[20]

Det som är riktigt otäckt i de här påverkansaktionerna mot arbets- och uppdragsgivare, påpekar Lindstrand, är att kampanjerna inte bara syftar till att ta heder och ära av personer. Aktivisterna försöker dessutom beröva dem deras levebröd. De drar sig inte för att ringa upp arbetsgivare och baktala folk. ”Ni som tycker att samhällsdebatten har högt i tak bör akta huvudet när ni reser er upp”, skrev psykiatrikern David Eberhard på Fokus. ”I dagens Sverige gäller det att stryka den extremistiska mobben medhårs om man vill behålla jobb och familj. Eller för att bli inbjuden i den mediala värmen".[21] Eberhard blev själv av med ett uppdrag efter att han och satririkern Aron Flam kommenterat ett tv-program. Allt fler varnar för det korståg mot yttrandefriheten som sprider sig. Numera har de som för fram kontroversiella åsikter, (vare sig de är välvilliga eller ej) blivit en slags temperaturmätare av demokratin. Påskhelgen 2022 fick dansk-svenske Rasmus Paludan, ledare för högerextrema partiet *Stram Kurs*, tillstånd att göra manifestationer i Sverige som gick ut på att hålla anti-islamiska tal och bränna koranen. De första anhalterna var Jönköping, Linköping och Norrköping. Efter att Paludan bränt en koran i Jönköping på skärtorsdagen utbröt upplopp i Linköping som var nästa tänkta mötesplats. När polisen anlände till stadsdelen Skäggetorp attackerades de av hundratals muslimer som kastade stora stenar, kapade polisbilar och stal utrustning. Kort därpå inträffade ett nytt upplopp i Norrköping där bilar besköts med raketer och ett 15-tal fordon sattes i brand. När räddningstjänsten anlände till platsen så utsattes de för stenkastning och hindrades i släckningsarbetet.[22] Upploppen spred sig sedan till Stockholm, Örebro, Malmö och Landskrona. I Rinkeby dök 300 motdemonstranter i olika åldrar upp och en polis skadades. I Malmö antändes en buss med passagerare efter att molotovcoctails kastats in. Därefter sattes andra fordon och en skola i brand. Det påstods att kriminella hade legat bakom delar av upploppen och att de utnyttjat ilskan över koranbränningen som en ursäkt. "Det har varit kriminella individer som har utnyttjat de här tillfällena för att använda våld mot samhället som inte har något med demonstrationerna att göra", sa exempelvis rikspolischefen. En kartläggning gjord av nyhetsbyrån Siren och Acta Publica visar emellertid att endast 7 av de 125 personer som begärts häktade eller åtalats för brott i samband med påskupploppen har kopplingar till kriminella nätverk. Jonas Hysing, nationell kommenderingschef, menade att våldsverkarnas motiv tycks har varit att skada polisen och dess egendom, inte Paludan: "Polisen var måltavla snarare än arrangören. Det som talar för det är att han inte var på plats vid flera tillfällen".[23] Polisen Jonas Packalen, som arbetat i både Rinkeby och Örebro vittnade om hur kvinnor, i 40-60 årsåldern och deras egna barn, vissa mycket unga, kastade stenar.[24] En annan polis skrev:

"Har under dagen tagit del av filmmaterial från kollegor som var på plats i Linköping/Norrköping igår och häpnas över det grova våldet och polishatet. Bland stenkastarna syns både kvinnor och män, pojkar och flickor. Till synes helt vanliga vuxna och barn".[25]

Det här visar att det finns människor i alla åldrar i Sverige som inte respekterar yttrandefriheten och är beredda att ta till dödligt våld för att stoppa den. Dessvärre får de indirekt stöd i inskränkandet av yttrandefriheten från både mediefolk och politiker. Journalisten Atilla Yoldas startade en namninsamling för att brännande av koranen ska klassas som hatbrott. En centerpartistisk politiker instämde och undrade varför offentlig förnedring av en religion ska vara möjlig?[26] Förnuftigare röster invände emellertid: "Om Yoldas önskan går igenom, vad är då nästa steg? skrev Mustafa Panshiri. "Får man bränna haditherna? Får man avbilda profeten Muhammed? Ska Salman Rushdies bok Satansverserna få publiceras?"[27] Sofie Löwenmark skrev: "Att förbjuda koranbränning kommer inte förändra något annat än att radikal islam stärks och att yttrandefriheten försvagas". "Nästa gång kommer det återigen vara något annat som provocerar och som därmed behöver förbjudas eller gömmas undan".[28] Skribenten Alice Teodorescu Måwe påpekade att enskildas kränkthet inte får gå före det det fria samhällets värderingar och att det nu är dags att vi börjar prata om de sociala och kulturella dimensionerna av integrationen: "Om staten, och mer exakt polisen, inte kan upprätthålla våldsmonopolet och därigenom trygga medborgarna, vem ska då göra det? Vi är på väg att etablera ett samhälle där makt går före rätt, där människor tystnar av rädsla. Från ett sådant samhälle finns ingen återvändo".[29] Vad säger då lagen? Polisen kan neka mötestillstånd om det bedöms kunna leda till allvarlig störning av ordningen eller brott, men, som *"Avsnitt: Juridikfrontens perspektiv"*, påpekar:

"Att bränna en religiös urkund eller annan trostext, oavsett om det är Bibeln, Vinaya Pitaka, Torah, Koranen, Talmud, de vediska skrifterna, Martin Luthers lilla katekes eller något annat, är inte hets mot folkgrupp."[30]

Avsnitt: Juridikfrontens perspektiv" bevakar och anmäler när grupper som Nordiska motståndsrörelsen och andra hetsar mot minoriteter. Hets mot folkgrupp är dock inte ett brott som syftar att skydda en grupp eller dess åsikter eller riter mot kritik. Det är *missaktande* eller *hotfulla* uttalanden *om* eller *mot* en av lagen skyddad *grupp*, exempelvis påståenden om att gruppen är parasiter, moraliskt lastbar, saknar värde, bra egenskaper eller bör utrotas, som kan bestraffas som hets mot folkgrupp. Med andra ord: *inte uttalanden som gruppen själv eller medlemmar av gruppen kan tänkas anse kränkande.* I en saklig debatt får gruppers beteenden, sedvänjor och åsikter behandlas. Uttalanden kan även uppfattas stötande eller provocerande utan att det nödvändigtvis är hets mot folkgrupp. Den som inte gillar innehållet i en religiös skrift har alltså rätt att bränna religionens skrifter offentligt. På samma sätt har man även rätt att bränna bilder på gudar och religiösa gestalter. Man kan också uttala sig kritiskt och förolämpande om gudarna eller om religiösa gestalter. De sista resterna av inskränkningar av yttrandefriheten i Sverige med hänvisning till religion upphävdes 1970. "I ett civiliserat samhälle får man bränna religiösa skrifter", förkunnade man på *Blekinge Läns Tidnings* ledarsida. "...rätten att häda religiösa symboler, är en förutsättning för frihet. Frågan i den svenska debatten handlar nu om vi ska retirera och ge dem som hotar yttrandefrihetens rätt, och således begränsa rätten att häda, kränka eller håna religioner och deras utövare eller om vi med alla stående medel ska försvara yttrandefriheten mot dem som hotar den genom våld".[31] Enligt lagen får alla som vill uttrycka sin kritiska åsikt och motdemonstrera mot en annan demonstration. Däremot är det inte tillåtet att störa genom att föra oljud eller utöva våld. Brottsrubriceringen blir i sådana fall störande av allmän sammankomst. Det är dock inte rimligt att benämna personer som förstör fordon och utövar våld som motdemonstranter, menar kritiker. De bör istället kallas för kriminella ligister och vandaler. Det är svårt att invända. Många av de poliser som arbetade under upploppen vittnar om ett skoningslöst hat och besinningslöst våld. Flera av poliserna upplevde att angriparna var ute efter att döda dem. Polisens nationella kommenderingschef. Jonas Hysing sa även att det förekommit uppvigling på sociala medier som orkestrerats från utlandet[32] Enligt *Myndigheten för psykologiskt försva*r finns ingen riktad påverkanskampanj mot Sverige men Dagens Nyheter presenterade en kartläggning som visade att ett av de arabiskspråkiga youtube-konton som först spridit uppgifter om koranbränningen varit drivande i påverkanskampanjen mot socialtjänsten tidigare under året.[33] Även ledarsidorna.se gjorde en kartläggning och kom fram till samma slutsats. Precis som under den tidigare kampanjen mot socialtjänsten hade flera turkiska statskontrollerade mediehus varit aktiva, enligt Ledarsidorna. Liksom vid den tidigare kampanjen hade dessutom flera svenska medborgare varit aktiva i kampanjen.[34] Detta antingen genom att sprida inläggen på sociala medier eller via det nystartade partiet *Nyans* i Sverige som har en islamisk profil och vill förbjuda koranbränning. Nyans, som anser att islamofobi borde ha en egen brottsrubricering, invände även mot den friande domen av S-profilen Ann-Sofie Hermansson i förtalsmålet mot henne. I ett inlägg skrev partiet att:

"Hovrättens friande dom om förtal mot Ann-Sofie Hermansson är ännu ett skäl till varför islamofobi behöver ha en egen brottsrubricering. Att slänga ordet 'extremism' hit och dit, p.g.a. människors religiösa bakgrund skall definitivt inte betraktas som yttrandefrihet".[35]

Enligt Ledarsidorna.se så tycktes kampanjerna ha sina ursprung i Iran och Turkiet med en spridning ner i Gulfstaterna. Irans regering kallade också till sig Sveriges sändebud i Teheran för att överlämna en protest. Samtidigt uppmanade terrororganisationen *Hezbollah* till "den största kampanjen någonsing" mot Sverige.[36] När justitieminister Morgan Johansson besökte Rosengård några dagar efter upploppen påstod han att Paludan tycks hata Sverige. "Morgan Johansson - och många med honom - borde snarare fundera över varför alla de hundratals stenkastande deltagarna i påskhelgens våldsamma upplopp verkar hata och förakta Sverige", skrev journalisten Mats Skogkär på Bulletin. "De personer som, enligt rikspolischef Anders Thornberg, var ute efter att döda poliser".[37] Justitieministern och andra borde även fundera över varför våldsverkarna i de otaliga filmklipp som spridits i sociala medier ropade "allahu akbar" medan de förstörde polisens bilar, påpekade Skogkär. Det rimmar rätt illa med påståendet att upploppen inte skulle ha någonting med religion eller muslimers tro att göra. I en demokrati så måste alla religioner och ideologier kunna kritiseras, ifrågasättas och göras till föremål för hån och förlöjliganden, förklarar Skogkär vidare. Yttrandefrihet som endast tolererar det som inte upprör någon människa är ingen yttrandefrihet, konstaterar han: "Ett land där den politiska och religiösa makten - i alla dess former - endast kan kritiseras eller hånas med risk för eget liv har ingen yttrandefrihet".[38] I vårt samhälle har bara polisen getts rätten att utöva våld om så krävs. "Där makt inte hävdas uppstår tomrum som väntar på att fyllas", skriver Per Brinkemo. "Den tomma ytan fylls snart av människor med eget våldskapital och egna maktambitioner. Det krävs inte särskilt många för att ett samhälle ska destabiliseras och systemen hotas".[39] Om rättsstaten utmanas eller drar sig tillbaka väntar kaos runt hörnet även i samhällen som ser ordnade och trygga ut, varnar han och exemplifierar med hur den antirasistiska rörelsen *Black Lives Matter,* (BLM) införde en slogan – *Defund the police,* (avfinansiera polisen) efter att George Floyd dödats vid ett polisingripande 2020. BLM hävdade att hela det amerikanska rättsväsendet var rasistiskt och krävde därför en nedmontering av och minskat ekonomiskt stöd till polisen. Så blev det också. Polisens resurser minskades drastiskt i flera städer och följden blev en explosionsartad ökning av våld. På kort tid noterades en 30-procentig ökning av det dödliga våldet. Bara i Portland, dödades 72 personer under 2020, en ökning med 83 procent från året innan.[40] Ordet *civilisation* kommer ur det latinska *civis,* som betyder *medborgare,* berättar Brinkemo. Det syftar på ett organiserat samhälle byggt på en centralmakt och är motsatsen till ett barbariskt där den starkes rätt gäller. När parallella rättssystem får fäste, polisens våldsmonopol utmanas och territorier tas över av grupper som utmanar staten så fragmentiseras samhället och riskerar brytas sönder. ”Bråkstakar som Rasmus Paludan och Lars Vilks pekar på realiteterna”, skrev Expressenkrönikören Peter Santesson: ”Medier och universitet har böjt sig för våldet och hoten”.[41] Han berättar hur den legendariske journalisten Åke Ortmark i sin självbiografi skrev att han inte hade ”någon som helst ambition att ta hänsyn till kristna, judiska eller muslimska religiösa intressen” och att han var ”lockad av tanken på att utmana och kränka” det han såg som ”vidskepliga föreställningar”.[42] Ortmark berättade även om hur han stötte på patrull när han skulle skriva om konflikten runt Muhammedkarikatyrerna. Något som det därför hade varit naturligt att återge i biografin i form av en bild. Ortmark vågade emellertid inte be sin förläggare om detta. I stället lade han in en vit bildruta i boken för att framhäva hur han inför karikatyrerna hade drabbats av självcensur, i boken såväl som i sin journalistik. Ortmark beskrev det hela som sitt livs kanske största journalistiska misslyckande och skrev "fegheten segrade" i den tomma bildrutan. "Ett journalistiskt och vetenskapligt nederlag".[43] I en tankeväckande krönika skrev Jörgen Huitfeldt på Kvartal att det sällan är enskilda händelser, hur dramatiska de än må vara, som befäster en avgörande omvandling av ett samhälle. Istället så utgör de hållplatser i en förändring som gradvis inträffar och vi upptäcker den först när den har skett: "Med påskhelgens händelser kan vi konstatera att det vid den här hållplatsen finns rätt stora grupper av invånare, i flera svenska städer - som tillsammans och till allmän beskådan - försöker döda, eller åtminstone allvarligt skada, poliser. Motivet? För att dessa vaktar den grundlagsskyddade rätten att demonstrera, häda och framföra provocerande budskap i offentligheten. Med andra ord den svenska demokratin".[44] Trots det, påpekar han, förordras ett recept som inte har fungerat de senaste 30 åren: "Mer resurser", som om det mirakulöst nog plötsligt skulle fungera nu. Huitfeldt beskriver hur han för första gången i sitt liv upplever att grundläggande värderingar på allvar är hotade i Sverige. Inte i första hand på grund av våldsverkarna, utan snarare majoritetssamhällets darriga respons på kaoset. Yttrandefriheten måste skyddas till varje pris, säger journalisten Sakine Madon, även om det kan skapa ilska: "Yttrandefriheten handlar ju om vår rätt att uttrycka oss. Utan att vi hindras, utan att staten aktiv tar ifrån oss den friheten ... det kokar ändå ner till att även sånt vi starkt ogillar, även dem vi anser är idioter, osmakliga, elaka, extrema och så vidare, även de har yttrandefrihet".[46] Om vi inte har yttrandefrihet för alla så är det inte heller yttrandefrihet. Några av de frågor som vi verkligen bör ställa oss är: Vill vi ha ett samhälle där människor kan bli mördade för att de ritar en teckning? Eller för att de visar upp en teckning? Vill vi ha ett samhälle där upplopp startas och folk attackeras för att någon bränner en bok. En bok de dessutom äger? Vad är det för samhälle vi lever i om stora grupper kan sätta eld på stadsdelar och försöka mörda poliser utan att alla politiker och debattörer förbehållsöst fördömer det och står upp för yttrandefrihet? "Påskupploppen har gjort normalt sett sansade personer fullständigt nippriga", skrev Aftonbladets Oisín Cantwell. "Ena dagen är det en högt aktad akademiker som vill förbjuda bokbål, den andra börjar en polischef svamla om att bekämpa retorik".[46] Paludan må vara extrem och ha en del tokiga ideér. Ytterst få vill ha den typ av samhälle han förespråkar. Det var dock inte Paludan som kastade brandbomber mot bussar, eldade bilar och angrep poliser med dödligt våld. Flera av poliserna vittnar om ett skoningslöst hat och att angriparna ville döda dem. När en kvinnlig polis träffades av en sten i huvudet och föll ihop avsvimmad applåderade flera i den attackerande mobben och fortsatte att kasta sten på henne.[47] I TV4:s nyhetsmorgon intervjuades polismannen Peter "Peppe" Larsson och berättade att många av hans kolleger inte visste om de skulle överleva upploppen. Larsson är kritisk mot polisledning och politiker som underskattar problemet: "Att vi skulle se något sånt här, det har vi som jobbat ett tag, vi har bara gått och väntat på det. Att sånt här skulle ske, det har funnits tecken på det under många års tid.".[48] Larsson vittnar om för få poliser, för låg lön, fel utrustning och fel fordon. Under upploppen skadades hundratals poliser. Staffan Brandt, polis och arbetsmiljöspecialist på Polismyndighetens HR-avdelning, sa att det var det värsta han sett under sin tid som polis.[49] Hur ska vi kunna förstå det kaos som inträffade under påskhelgen? För några år sen gjorde den nederländske sociologen Ruud Koopmans vid Humboldtuniversitetet i Berlin en studie som ger en ledtråd. Koopmans intervjuade 9 000 personer i sex västeuropeiska länder.[50] Ett av länderna var Sverige och frågorna handlade bland annat om huruvida landets lagar eller de egna religiösa påbuden var viktigast. Bland den kristna jämförelsegruppen så svarade drygt 10 procent religiösa påbud. Bland muslimerna svarade 65 procent att religiösa påbud var viktigare än landets lagar. Skillnaden, som fanns kvar även när man kontrollerade för utbildningsnivå och andra socioekonomiska faktorer, var marginell mellan första och andra generationens invandrare. "Att bränna heliga böcker är en osympatisk handling men rätten att häckla, rent av kränka, trosutövning ingår i såväl yttrande- som religionsfriheten", skrev Johan Sundeen, docent i idé- och lärdomshistoria, "Det får kristna leva med, det måste muslimer också göra. I ett demokratiskt samhälle använder man argument, inte gatsten, censur, dånande kyrkklockor och hädelselagar".[51] Om det är någonting som kravallernas efterspel visat så är det hur synen på demokrati skiljer sig åt på ett skrämmande sätt. Flera namnkunniga svenska debattörer kräver nämligen ett förbud mot brännande av religiösa skrifter eller böcker i allmänhet.[52] I februari 2023 kom dessutom nyheten att polisen ville förbjuda eldning av koranen men inte andra trosskrifter. Ett häpnadsväckande besked som skickar signalen att hot och våld faktiskt fungerar om man är ute efter att stoppa yttrandefrihet. "Polisens roll är trots allt att upprätthålla yttrandefriheten", skrev DN:s ledarskribent Susanne Nyström. "Nu skapar den i stället en ny praxis, där aktören med störst våldskapital bestämmer vem som får säga vad".[53] Henrik Wenander, professor i offentlig rätt, sa sig aldrig ha sett en sådan argumentation från polisen tidigare: "Lagen medger inte de här abstrakta riskerna utan det ska vara på platsen eller i dess omedelbara omgivning".[54] Återstår att se om fundamentalismen får gå före friheten. En av dem som har varnat för islamismens framväxt i Sverige och dess konsekvenser är invandraren, debattören och författaren Luai Ahmed. Efter korankravallerna skrev Ahmed:

"Om inte detta väcker det svenska folket kommer inget att göra det".[55]

2021 larmade visselblåsare om att självcensur förekom inom Göteborgs kommunala verksamheter. Det bekräftades sedan av en rapport som visade att tystnadskulturen bland de anställda för att undvika trakasserier, hot eller våld, var utbredd. När Sten Widmalm och kollegan Thomas Persson med hjälp av SOM-institutet vid Göteborgs universitet 2023 undersökte 3500 svenskars inställning till påståendet "i dagens politiska klimat kan jag inte öppet uttrycka mina åsikter eftersom andra kan tycka de är stötande", svarade över 50 procent att de instämde. "Det betyder att vi har strikta åsiktskorridorer", säger Widmalm. "Många är rädda för att prata om sina åsikter. Det handlar ofta om frågor som rör invandring, migration, integration, religion och politisk och religiös extremism".[56] Widmalm menar att den politiska kulturen vi har i Sverige präglas av en föreställning om att demokratin är till för att alla ska tycka lika. Det är en farlig idé med auktoritära rötter och det bådar inte gott för den demokrati som de flesta faktiskt brukade påstå sig värna förr i tiden när de tillfrågades. Den liberala demokratin är hotad av krafter både inifrån och utifrån, hävdar Rysslandsforskaren Martin Kragh och författaren och kritikern Adam Kopnik. De pekar bland annat på utvecklingen i Europa med allt fler populistiska partier, men även på hur polarisering, cancelleringskultur, självcensur, konspirationsteorier och kunskapsresistens bryter ner tilliten till de demokratiska institutionerna och därigenom påverkar samhällets sammanhållning. Lägg därtill att sådant som även ekonomisk ojämlikhet, klimatförändringar, krig och flyktingvågor är globala rörelser som riskerar bana väg för "starka män" med stora löften om enkla lösningar.[57] I en undersökning som gjordes av demokrati och styre i Öst- och Centraleuropa härom året ingick frågor om vad medborgarna där anser hotar deras identitet och deras värderingar. I en del länder, exempelvis Slovakien och i viss mån Bulgarien, så varade man att *länder i väst* ligger högst upp på listan. I Tjeckien så ansåg 45 procent att EU är ett hot mot deras identitet och värderingar. Det vanligaste svaret om vad som utgjorde det största hotet mot denb egna idetiteten och de egna värderingarna var emellertid migrationen. I de europeiska länderna så ses alltså de stora flyktingvågorna som ett hot av över 50 procent av deltagarna i undersökningen. Om länderna i Västeuropa inte tar lärdom av den oron är det inte omöjligt att vi kommer att få se samma siffror också här.

"Tanken om den judiska världskonspirationen är inte helt olik misstanken att alla vita, oavsett status och samhällsklass, besitter en permanent och omedveten makt. Det går helt enkelt inte att bekämpa rasism om man samtidigt har en samhällssyn där människors etnicitet eller hudfärg sägs vara det som avgör en människas status och maktposition".

Dan Korn, Chefredaktör Bulletin

Rasismen

Rasism är ett sorgligt fenomen som vi finner i praktiskt taget alla länder. I Sverige är mer än två miljoner människor födda i ett annat land. Räknar vi in personer med utländsk bakgrund, det vill säga utrikesfödda eller inrikesfödda med två utrikesfödda föräldrar, rör det sig om 2,7 miljoner, eller 26 procent av hela befolkningen. Det talas ofta om hur rasistiska vita personer är gentemot människor av annan etnicitet. Sällan hör man någon påpeka att rasismen frodas även i andra folkgrupper. Detta trots att statistik från Brottsförebyggande rådet visar att hatbrott mellan minoriteter hör till de mest anmälda i Sverige.[1] I en tänkvärd artikel från 2019 berättar författaren och retorikexperten Elaine Eksvärd, med ursprung från både Afrika och urbefolkningen i Brasilien, om hur hon ofta utsatts för rasism av invandrare. Elaine växte upp i ett invandrartätt område med många låginkomsttagare och människor med olika bakgrund. Hennes lärare brukade varna för farliga skinnskallar och för rasismen i samhället men pratade aldrig om den rasism som fanns i klassrummet och bland invandrare. ”Nu med några år på nacken så kan jag konstatera att jag mött en skinnskalle som pekade finger åt mig från pendeltåget. Två äldre damer har kallat mig n-ordet”, säger Elaine. ”Tre tillfällen av rasism från de som vi stereotypiskt låter axla Hitlerkostymen i Sverige – vita svenska personer. Men vi pratar inte om rasismen som vissa invandrargrupper tar med sig till Sverige ... Jag har hört n-ordet en handfull gånger på svenska, men jag kan inte räkna antal gånger jag har hört det på persiska, arabiska, kurdiska, afghanska, portugisiska”.[2] Det finns förstås ännu värre exempel. Yaya, en man från

Gambia som invandrat till Sverige var på väg till en lekplats i Malmö med sin ett- och ett halvtårige son 2017 när han stoppades på en bro av ett tiotal invandrare. Efter att ha skrikit rasistiska glåpord slog de undan en leksak sonen bar på. Därefter överröstes Yaya av slag och sparkar innan mobben inför den vettskrämde sonens ögon försökte kasta ner Yaya från bron. De rasistiska påhoppen fortsatte även senare och splittrade till slut familjen som har fått leva med skyddade identiteter sedan dess. Mamman och sonen bor numera i Danmark medan Yaya bor själv här i Sverige. ”Jag har aldrig träffat en svensk som tittat på mig och sagt: ”Du är en apa. Ni svarta ska inte gå på samma sida som vita. Jag har varit i Europa länge nu. Bott i Spanien, i Danmark och Sverige. Men de som attackerat mig har alltid haft bakgrund i Mellanöstern”, berättar Yaya. ”Det är farligt när rasism bortförklaras. Det är idiotiskt, faktiskt. Då växer den bara och till slut finns alltid människor som är beredda att gå från ord till handling, från fördomar till fysiskt våld”.[3] Rasismen och fördomarna riktas dock inte bara mot svarta. Många av de judar som är bosatta i Malmö har vittnat om hur de utsatts för rasistiska påhopp av invandrare från Mellanöstern. Katarina Aspegren, chef för demokrati- och hatgruppen i Malmö berättar att de haft många möten med invånare i miljonprogrammen och genomfört fördomstest. Av dessa har det tydligt framkommit att många inte tycker om judar. Män som går hand i hand är inte heller okej, berättar Aspegren och säger att det finns mycket vi behöver jobba med.[4] År 2021 kom en rapport från Malmö med titeln: *”Skolgårdsrasism, konspirationsteorier och utanförskap, om antisemitism och det judiska minoritetskapet i Malmös förskolor, skolor, gymnasier och vuxenutbildning (2020).”*[5]

Rapporten visar en oroande utveckling och otrygg tillvaro för judiska elever i Malmös skolor. Författaren till rapporten, Mirjam Katzin, är också Malmö stads samordnare mot antisemitism. Han skriver att i princip alla intervjuade judiska elever varit med om verbala eller fysiska angrepp av något slag. I rapporten finns en betoning på Mellanösternkonflikten som är kopplad till tydliga uttryck för antisemitism. Bråk mellan folkgrupper är dessvärre inte ovanligt i dagens Sverige. I södra Sverige har flera stora polisinsatser krävts sefter att våldsamma bråk uppstått mellan svensk-albaner och afghaner. "Det vi ser mycket av i områden med många minoriteter, förutom konflikter som kommer från andra delar av världen, är kraftiga rasistiska hierarkier",[6] säger Ulf Boström som är integrationspolis i Göteborg. Det är något som går under den demokratiska radarn och upprätthålls av föreningar som får statligt stöd. Flera poliser och lärare vittnar om att hat, konflikter och rasism frodas i vissa invandrartäta områden. Förskolläraren Samia berättar exempelvis att svarta barn brukar kallas "smutsiga" av andra barn. Hon tror att barnens fördomar kommer från hemmamiljön eftersom de ser att föräldrarna bemöter folk olika beroende på vilken bakgrund de har. Det finns en slags hierarki eller ett förakt som är tydlig, berättar Samia. På förskolan där hon jobbar har man försökt prata med föräldrar om hur de talar med sina barn hemma men de tycks inte vilja erkänna rasismen, förklarar hon. Fredrik Malm jobbar som kommunpolis i Örebro och säger att det finns stadsdelar som vissa folkgrupper undviker samt att en del av dem han möter anser sig ha frikort att uttrycka sig rasistiskt eftersom de själva har invandrarbakgrund. En annan polis menar att vi i Sverige är allmänt rädda för den här diskussionen eftersom man pekar ut vissa grupper. "Det är lite känsligt. Men jag tror inte att allas lika värde oavsett religion, kön eller sexuell läggning är lika stark hos alla grupper", säger polismannen som inte vill peka ut nån särskild grupp.[7] Svensk-irakiska Eshtar Faris, som själv drabbades av trakasserier på grund av sin religion när hon gick i skolan, har länge debatterat och verkat för ett bredare arbete mot rasism. Hon tycker att den antirasistiska rörelsen i Sverige har fel fokus då den mest fokuserar på vitas rasism och så kallade rasiferades utsatthet av vitt förtryck. "När min mamma kom hit till Sverige upplevde hon mer kontroll från andra araber än vad hon gjorde i Bagdad",[8] berättar Esthar. De bodde i ett invandrartätt område och modern blev ibland bespottad av folk från moskén för att de trodde att hon var europé. Eshtar tycker att diskussionen och arbetet mot rasism tydligare måste rikta sig till invandrargrupper som genom sin storlek och sina föreningar får ett viss inflytande. Hon hade en pojkvän som var halvafrikan, berättar hon och förklarar att på arabiska använder en del ordet "slav" när de pratar om svarta. När Esthar försökte ta upp diskussionen om hur många araber pratar om svarta blev hon utskrattad till och med inom sin egen familj.[9] Med tanke på den historia av slavhandel som finns i Mellanöstern sade hon sig ha svårt att förstå ointresset för att diskutera hur man betraktar svarta bland araber. När Eshtar var elva år blev hon mobbad av muslimska elever på skolan som inte kunde acceptera att hon inte åt halalkött och kallade henne och kusinerna grisar. "Så här är det för många barn", berättar hon "Det finns en stark intolerans för allt som är annorlunda, en chauvinism, som jag känner igen från min uppväxt i Mellanöstern".[10] Skolan visste inte hur de skulle hantera problemen, Esthtar upplevde att lärarna och rektorn stod handfallna. Det fanns varken handlingsplan, kunskap eller mod för att hantera problemen, berättar Esthar och förklarar att när rädslan att kallas islamofob och rasist är större än viljan att stötta drabbade är alla inte lika mycket värda. Hon efterlyser ett seriöst förebyggande arbete för att öka toleransen för och kunskapen om olika folkgrupper och vilka rättigheter och skyldigheter som finns i här. "Vissa saker borde man inte kompromissa om. Det finns rasism överallt. I arabvärlden finns det förakt för andra arabiska grupper och för västvärlden. Det här måste brytas aktivt i Sverige, annars får vi ingen riktig mångfald".[11] Esthar vänder sig även mot hur lätt man använder begrepp som strukturell rasism. Hon menar att det försvisso finns strukturell rasism där man inte vill ha personer man inte kan relatera till men att vi idag också har områden med stora minoriteter som skapar detta. Hon kan förstå att man vill vara på de svagas sida och att det är svårt att se att dessa grupper i sin tur kan utöva förtryck. Men om man blundar för det så offrar man andra drabbade grupper, påpekar Esthar. Men rasismen riktas även mot vita. Efter debatten som följde på den färgade amerikanen George Floyds död skrev Journalisten Bilan Osman, som är skribent på ETC och arbetar för Expo samt föreläser i skolor om rasism, år 2020 att hon inte pallar med vita människor och "börjat känna ett förakt för vitheten och vita".[12] Någon kritik från vänsterhåll över uttalandet var inte lätt att hitta. Där var det tyst, eller till och med instämmande. Osman skrev även om vitas oförmåga att skydda henne som färgad kvinna: "Jag menar att Floyd kunde ha levt i vilken svensk stad som helst men han hade ändå mördats under er likgiltighet",[13] hävdade hon med hänvisning till vita människor i allmänhet. I en kommentar till uttalandet skrev den förre moderate riksdagsledamoten Gunnar Hökmark att "det är slående att det nu blivit till en normalitet att på Twitter skriva att man "hatar vita människor" och att "vita är fega och sjuka".[14] Hökmark påpekade dessutom, i anslutning till det kollektiva skuldbeläggandet av vita för gamla tiders kolonialism, det absurda i att han som vit eller vita människor i allmänhet ska gå runt och känna skuld för vad andra vita gjort för hundratals eller tusentals år sedan eftersom det vore att acceptera rasismens fördummelser om blodsskuld, arvssynd och kollektiv identitet: "Och även om jag accepterade identitetspolitikens logik, skrev Hökmark, "hur skulle den blandning av ursprung som vi alla är en funktion av, kunna säga oss något alls om identitet och skuld? Jag är jag, och ingen annan. På motsvarande sätt lägger jag inte någon skuld på afrikaner för den slavhandel som präglade Afrika och som i praktiken fortgår. Det gäller även den slavhandel som i arabvärlden och i Afrika saluförde vita människor, den var och är nämligen vare sig värre eller bättre än den med afrikaner. Hudfärg - oavsett vilken - legitimerar vare sig förtryckare eller slavägare".[15] Lika lite som dagens européer kan anses medskyldiga till forna tiders illgärningar bara för att de som utförde dem var från Europa, lika lite kan dagens asiater hållas ansvariga för Djingis Khans massvåldtäkter och massmord eller Maos massmördande, påpekade Hökmark. Även Kristianstadsbladets dåvarande redaktör Caroline Dahlman invände mot Osmans generalisering: "I inlägg apropå händelsen med George Floyd skrev Osman ordagrant att hon hade "börjat känna ett förakt för vitheten, vita och er oförmåga att skydda mig, att för var dag som går så pallar jag inte med vita människor". Hon uttryckte sig i "vi-och-dom" termer, som om alla av en viss hudfärg tillhörde samma grupp och agerade unisont".[16] I en DN-artikel år 2017 skrev Osman dessutom att "väst i dag präglas av reaktionära, konservativa, antifeministiska och nationalistiska krafter".[17] Inte *delar av väst* alltså, utan "väst". Ungefär lika rimligt som att påstå att hela Afrika präglas av militanta islamister.

Låt oss vända på begreppet:

Vad skulle hända om en vit svensk kvinna bosatt i ett utanförskapsområde skrev att hon inte pallade med färgade människor och föraktade dem eftersom de inte skyddar henne från risken att utsättas för våld genom övergrepp och gängskjutningar? Vad skulle hon bli kallad efter ett sådant uttalande? Skulle hon få skriva artiklar för någon av våra dags- eller kvällstidningar? Skulle hon tillåtas föreläsa om rasism ute i våra skolor? Skulle hon förbigås med total tystnad av Expo? Att kollektivt skuldbelägga människor för andras handlingar, oavsett om det handlar om handlingar utförda av förfäder eller personer av samma hudfärg, är, precis som Gunnar Hökmark påpekade, *rasism.* I ett samtal i maj 2021 med Navid Modiri som driver podcasten *Hur kan vi?* bekräftade Osman dessutom att hon är en av de feminister som bär på ett manshat: "Jag har väl sagt flera gånger att jag nog hatar män. Jag kan ändå känna att det kan finnas någonting konstruktivt i manshat också, på ett individuellt plan liksom. Jag ser inte manshat per se som någonting skadligt".[18] Det är alltså ok att hata hälften av befolkningen? Låt oss studera ett annat exempel. Amie Bramme Sey och Fanna Ndow Norrby driver podden *"Raseriet"* som handlar om bland annat kultur och rasism. 2021 förklarade de att de har slutat prata med vita journalister som ställer frågor om rasism. Orsaken till detta var att de anser att det är rasistiskt av vita människor att ställa frågor om rasism till någon som inte är vit. Problemet är, enligt Bramme Sey och Ndow Norrby, att vita journalister inte "vet vad det handlar om"[19] och inte är tillräckligt engagerade i att prata om "rasistiska strukturer", vilket gör att rasifierade personer inte får viktiga jobb som debattörer, journalister och artister utan är hänvisade till små obetydliga plattformar. "Om Sverige vore det strukturellt rasistiska land som Amie Bramme Sey och Fanna Ndow Norrby vill ha det till skulle Bilan Osman aldrig ha kunnat häva ur sig något så vidrigt utan konsekvenser" kommenterade Bitte Assarmo på *Det goda samhället.* "Det är den enkla sanningen, men den är det få som vill orda om, för idén om den strukturella rasismen är ju så lönsam för så många människor".[20] Det finns fler exempel på hur bisarra uttryck de här tendenserna tar sig. På Konstfack i Stockholm ville några före detta studenter att utställningssalen *"Vita havet"* skulle byta namn som en del i arbetet för antirasism och mångfald. Inte minst det anonyma konstnärskollektivet *Brown Island* ansåg att namnet Vita havet var förtryckande och rasistiskt.[21] Konstfacksprofessorn och designkritikern Sara Kristoffersson invände och påpekade att namnet Vita havet inte har ett dugg med rasism att göra. Namnet tillkom på 50-talet då man rev ateljéväggar till en stor sal vilken fick namnet Vita havet som en "republikansk blinkning till det största rummet i Kungliga slottet" med samma namn. Det som sedan inträffade låter som något hämtat ur en Franz Kafka-roman. Kristoffersson fick kritik både från Brown Island och 44 professorer, lektorer, adjunkter och doktorander på Konstfack som påstod att hon sysslade med ”en maktutöving som skadar förtroendet mellan studenter och lärare”.[22] Rektorn på Konstfack, Maria Lantz gjorde ett häpnadsväckande uttalande om att ”det kan finnas möjligheter att tolka” namnet vita havet, ”som opassande beroende på omständigheter i världen”.[23] Verkligen? Borde inte Vita huset i Washington också byta namn i så fall? Och hur gör vi med låten *La Dolce Vita* av After Dark? Borde inte den sluta spelas? Någon skulle ju kunna finna titeln på låten opassande eftersom den faktiskt innehåller ordet *vita.* Sara Kristoffersson menar att vi lever i ett samhälle ”där 'kränkt' blivit ett mantra och ängsligheten för att kränka banar väg för orimliga eftergifter”.[24] Det här vansinnet har till och med trängt in i den automatiserade delen av den digitala världen. I juni 2020 blev schackentusiasten Antonio Radic utan förklaring blockerad från youtube i samband med ett avsnitt med schackmästaren Hikaru Nakamu. Det visade sig att den AI som Google hade programmerat för youtube klassat den populära schack-kanalen *Agadmator's Chess Channel* på you tube som ”skadlig och farlig”. Några forskare lät en toppmodern språkklassificerare gå igenom 680 000 kommenterar från fem populära youtube-kanaler om schack. Därefter gick de manuellt igenom tusen kommentarer som klassats som hets mot folkgrupp. 82 procent visade sig vara felklassificerade på grund av att de använt ord som ”svart”, ”vit", ”anfall” och ”hot”, samtliga vanligt förekommande termer inom schack. Googles Artificiella intelligens, hade tolkat kanalens återkommande prat om "svart mot vit" som rasistiskt språkbruk.[25] Enligt miljöpartiets språkrör Märta Stenevi "lever vi i ett samhälle med en tydlig strukturell rasism"[26] och "ska utlandsfödda kvinnor få makt kommer vita, inrikes födda kvinnor att behöva flytta på sig",[27] hävdade hon i en intervju på Aftonbladets podd "*Den ideologiska frågan*". Samtidigt påstod Stenevi att hon inte ville kvotera in kvinnor. "Jag undrade direkt om hon själv tänkte säga upp sig från det nya jobbet?", skrev Caroline Dahlman på Bulletin. "Hon är ju både vit och född i Lund? ... Men nej. Det var nog andra hon menade. Kvinnliga företagare kanske? Tjejer som blivit ordförande i en förening? Undersköterskor som fått förtroendeuppdrag i facket? Susanne, Malin, Petra. Vik åt sidan, brudar. Din prestation är inte viktigast; det är din hudfärg som är grejen i Miljöpartiets ögon!"[28] 2020 gav *Centrum för genusforskning* vid Karlstads universitet. högskolekursen *"Feministisk postkolonialism och kritiska rasstudier"* om ras utifrån ett kritiskt ras- och vithetsforskningsperspektiv, Det för tankarna till ett obehagligt kapitel i svensk historia som startat hundra år tidigare. 1920 lade socialdemokraten Alfred Petrén och bondeförbundaren Nils Wohlin en motion i riksdagen som klubbades igenom med bred enighet.[29] Beslutet ledde till att världens första statliga institut för rasforskning, *Rasbiologiska institutet,* öppnades året därpå vid Uppsala universitet. Tanken var att den rasbiologiska forskningen skulle kartlägga kopplingen mellan ras brottslighet, alkoholism, psykiska problem och underbygga en rationell befolkningspolitik. Sverige delades in i olika rasmässiga regioner utifrån människors längd, skallmått och hår- och ögonfärg. 1927 gavs verket *"Svensk raskunskap"*, skriven av medicinaren

Herman Lundborg, ut i stor upplaga i vad man kallade folkbildande syfte. Där kunde man bland annat läsa att andelen ljushåriga i Sverige var 72,7 procent och att andelen rödhåriga var 3,3 procent. Det informerades även om att andelen svenskar med konkav näsa, det vill säga "uppnäsa", uppgick till 27,5 procent, medan de med konvexa näsor uppgick till 17,4 procent av befolkningen. Även ögonfärg kvantifierades: 47,4 procent var exempelvis blåögda och 19,3 procent hade gråa ögon.[30] Lyckligtvis så har forskningen och utbildningen inom området under senare decennier istället handlat mer om hur de här galna idéerna växte fram och om att människor inte kan indelas i raser. Poängen blev istället att människor inte skulle värderas efter sina yttre egenskaper utan snarare utifrån sina inre egenskaper. Det här innebar förstås inte att rasismen försvann, men fördomarna i samhället minskade och rasimen kom att betraktas som något extremt, snarare än som respekterad vetenskap, vilket dessvärre hade varit fallet under både 20- och 30-talet. En av lärarna som ska hålla kursen vid Karlstads universitet är Tobias Hübinette, docent i interkulturell pedagogik, lektor i pedagogiskt arbete och lärare i interkulturella studier och svenska som andraspråk. Hübinette är verksam vid stiftelsen *Mångkulturellt centrum* och i sin twitterprofil så beskriver han sig som forskare "i frågor som rör ras, vithet, svenskhet". I sin ungdom var Hübinette politiskt aktiv som anarkist och syndikalist samt inom den extrema vänstergruppen *Antifascistisk aktion,* (AFA), i Uppsala. I juni 1996 hade Dagens Nyheter en artikel med titen *"Expoanställd dömd. 25-åring skyldig till sabotage och hot mot rasister"*.[31] Personen man syftade på var Hübinette och enligt artikeln hade han dömts till fängelse, fått villkorlig dom och böter vid minst fem tillfällen. Domarna gällde ofredande, förtal, skadegörelse, sabotage och uppvigling eftersom han skrivit hotelsebrev, förstört TV-kablar och uppmanat till övning med molotovcocktails på parkerade bilar.[32] I en kommentar till det hela skrev Hübinette: "Jag började helt enkelt attackera och mer eller mindre misshandla personer som betedde sig rasistiskt i min närhet. Det kunde röra sig om allt från fullfjädrade skinheads, till barn i skolåldern eller äldre herrar och damer".[33] Samma år skrev Hübinette:

"Att känna eller t.o.m. tycka att den vita rasen är underlägsen på alla upptänkliga plan är naturligt med tanke på dess historia och nuvarande handlingar. Låt den vita rasens västerland gå under i blod och lidande. Leve det mångkulturella, rasblandade och klasslösa ekologiska samhället! Leve anarkin!"[34]

Vad skulle hända om en infödd, vit medelålders man med detta på sin "meritlista" sökte jobb som lärare vid ett svenskt universitet idag? Det senare skrevs visserligen för ganska många år sedan och Hübinette tillstår idag att "det så klart är mycket grovt och nedsättande gentemot vita människor och gentemot den västerländska civilisationen"[35] och att det inte är något han står för idag. Icke desto mindre förefaller det osannolikt att någon icke rasifierad person som tidigare misshandlat både äldre och yngre personer och dömts för att ha skrivit hotelsebrev, förstört TV-kablar och uppmanat till övning med molotovcocktails skulle ha någon möjlighet att göra karriär på ett lärosäte i dagens Sverige. Låt oss titta på ett annat exempel där man använder dubbla måttstockar. När Andreas Malm, universitetslektor i humanekologi vid Lunds universitet, uppmanar klimataktivister att ta till våld för att stoppa företag han anser bidrar till miljöförstöring genom att utöva sabotage och exempelvis spränga oljeledningar i luften[36] anses det inte som skäl för uppsägning från ett universitet. Lika lite som när Malm säger att han tycker att det är en bra idé att springa ut på landningsbanor vid flygplatser för att hindra planen från att landa. Eller att han har hyllat terrororganisationer som både Hizbollah och Hamas.[37] Istället har Malm fått stort utrymme att saluföra sin inställning i flera av landets tidningar. I en intervju berättade han hur inspirerad han blivit av våldet som *Black Lives Matter*-rörelsen utövade sommaren 2020. Detta eftersom demonstranter ”genom att ta över och bränna ner polisinstitutioner till marken" kan bryta en känsla av ”paralysering”.[38] På samma vis måste klimatrörelsen bryta sig ut ur sin egen passivitet, anser Malm och förklarar att våldet har ”en renande kraft”.[39] Kanske inte så överraskande med tanke på att han även sagt att ”varje Iran- eller Syrientillverkad sprängladdad dron, varje luftvärnsmissil gömd i de libanesiska skogarna är lika många stenar i den vågskål som gör att Hizbollah, och de palestinska fraktionerna, kanske kan besegra Israel igen. Det vore ett socialt framsteg”.[40] Samtidigt som vänstern i alarmistiska ordalag varnar för att 30-talet är på väg tillbaks när M, KD och L samarbetar med SD, och representanter för EXPO och andra varnar för att folk som protesterar mot de styrandes policy i exempelvis miljö- och pandemifrågor ”är farliga” och utgör ett samhällshot, hörs få eller inga invändningar mot de åsikter Malm saluför. Däremot så klassar man inte sällan dem som kritiserar dubbelmoralen och vill lyfta andra aspekter i känsliga frågor som foliehattar, konspirationsteoretiker, rasister och extremister. När

Janne Josefsson och Uppdrag granskning sände ett program om vänsterextremt våld i grupper som AFA och Revolutionär front 2014 skrev Sveriges Radio-profilen Ametist Azordegan på P3:

"Kan inte Janne Josefsson bara komma ut som nazist/SVP en gång för alla?"[41]

Vidare sa hon att "Janne Josefsson är bland det SÄMSTA som hänt demokratin OCH Public Service".[42] När utspelet väckte kritik förklarade Ametist att hon skrivit inlägget i affekt eftersom hon tyckte att Josefsson "gjort ett dåligt journalistiskt jobb" och är en "usel journalist".[43] En av de mest tongivande internationella debattörerna beträffande rasism idag är den färgade amerikanske författaren Ibram X Kendi . Han skriver bland annat : "När jag ser skillnader mellan olika etniska grupper, då ser jag rasism".[44] I boken "*How to be an anti-rascist*" hävdar han att det bara finns två möjliga ståndpunkter man kan ha beträffande rasism: Antingen är man rasist, eller så är man anti-rasist. Enligt Kendi är det omöjligt, intellektuellt såväl som praktiskt, att vara icke-rasist. Antingen stödjer man, aktivt eller passivt, orättvisor och diskriminering, eller så tar man ställning mot dem i tanke och handling. Med andra ord: Om du inte aktivt tar ställning och propagerar mot rasism, så är du per defintion en rasist. Konsekvensen av ett sådant synsätt blir vid en närmare betraktelse både absurd och fördomsfull. Detta eftersom det innebär att alla de människor, inte minst i fattiga länder, som har fullt upp med att bara försörja sig, vara föräldrar eller vårda sina sjuka anhöriga, måste stämplas som rasistiska om de inte har tid eller energi nog för att aktivt reflektera över, eller agera mot rasism. Även om dessa personer bemöter alla de träffar, oavsett hudfärg, lika vänligt och rättvist, så blir det irreleveant i Kendis ögon, eftersom de ändå inte tagit *aktiv ställning* mot rasism. Ett förhållningssätt som ligger rätt nära det sätt man tilllämpade logik på i Sovjetunionen, Maos Kina och Hitlers Tyskland. Något utrymme för nyanser tilläts inte i dessa regimer, lika lite som i Kendis värld. Där var man antingen *för* eller *mot* dem som hävdade tolkningsföreträde. Kendi har även skrivit barnböcker, varav en handlar om att bebisar kan vara rasister och en annan ställer frågan om alla vita i USA borde flytta till Europa? "Det kollektiva skuldbeläggandet är tydligt när det gäller judar, men det slutar inte där", skriver Dan Korn i artikeln *"Rasism kan inte bekämpas med kollektivt skuldbeläggande"*."Tanken om den judiska världskonspirationen är inte helt olik misstanken att alla vita, oavsett status och samhällsklass, besitter en permanent och omedveten makt. Det går helt enkelt inte att bekämpa rasism om man samtidigt har en samhällssyn där människors etnicitet eller hudfärg sägs vara det som avgör en människas status och maktposition".[45] När tidningen *Fokus* utnämnde författaren Jens Ganman till årets svensk väckte det ont blod och mer eller mindre ilskna kommentarer från diverse inbillade godhetsapostlar. Sydsvenskans ledarskribent Moa Berglöf kallade Ganman för "de självutnämnda Sverigevännernas mesta kelgris" och bekrev honom som en en högersatiriker som provocerar med främlingsfientlighet.[46] I Berglöf´s värld så tycks det fullt rimligt att Ganman och alla som uppskattar honom är potentiella nationalister med en vurm för högerextremism. "2015 var volontären årets svensk. I år blev det tydligen rasisten",[47] twittrade hon senare.

Ganman kontrade med att erbjuda 10 000 kronor till Berglöf att donera till valfritt antirasistiskt välgörande ändamål om hon kunde presentera konkreta bevis på att han är ”rasist.” Berglöf slog ifrån sig och hävdade att ”rasisten” är en abstrakt symbol och att priset till Ganman går till en rörelse som förändrat debatten i rastistisk riktning samt att Ganman och andra bidragit till denna "rasistiska riktning”.[48] ”Moa, du har offentligt kallat mig ”rasist,” svarade Ganman. ”Fånigt att gömma sig bakom bortförklaringar. Helt ok om du tycker det personligen men av rent juridiska skäl kanske du ska presentera konkreta bevis? Jag höjer min donation till 20 000 om du lyckas”. [49] Om Berglöf, före detta talskrivare åt Reinfeldt, gjort sin hemläxa så hade hon vetat att Ganman kommer från en lång familjetradition av vänstersympatisörer som alltid röstat rött och att han själv gjort det ofta. Hon skulle även vetat att Ganman arbetat på, och arrangerat konserter på HVB-hem, samt att en av hans bästa vänner är Mustafa Panshiri, invandrare från Afghanistan. Onekligen en märklig resumé för en suspekt rasist som går i bräschen för de högerpopulistiska krafterna. Ganman är allt annat än rasist men vänder sig mot att politiker, journalister och forskare blundar för, skönmålar och fönekar de enorma samhällsproblem som uppstått, inte minst på senare år. När så vissa påtalat dem, och som i Ganmans, Sanandajis och Lamottes fall, dokumenterat det med fakta, statistik och film, har man hånat och misstänkliggjort dem via prat om en ”brun svans”. Även Andreas Magnusson på magasinet *Paragraf* retade upp sig på utnämningen och beskrev Ganman som någon ”som ritar tårtdiagram för en växande skara icke-läskunniga människor med högervärderingar. Sådana som vill få sina färdigpaketerade slagord i pekboksformat".[50] Magnusson, som helst sett att priset gått till en kvinna, eller ännu hellre till Greta Thunberg, hävdade i sarkastisk ton att "om priset nödvändigtvis ska gå till en medelålders man så borde väl ändå Jean Claude Arnault och Horace Engdahl ligga bättre till? Det har ju trots allt skrivits en hel del om dem".[51] Dramatikern och skribenten Martina Montelius var också rejält upprörd. I en satirisk artikel, med illa dold avsmak, tog hon i ända från tårna: "Istället för att leka att vi ogillar Sverigedemokraterna tycker jag att vi bara lägger av en brakare och bänkar oss framför en äktsvensk julsändning med Bert Karlsson som värd, skrev Montelius, "och sedan kan vi käka en blodig biff och dra till Thailand där vi kan få träffa riktiga, svenska karlar och kvinnor som inte hattar omkring i fittmössor och talar i tungor om hur bra det vore om Sverige blev en MENA-koloni".[52] Johannes Klenell på tidningen *Arbetet* var minst lika arg: "Han har, i likhet med Joakim Lamotte, en publik som drar i en extrem riktning", skrev Klenell. "Det gör att han verkar i en tydligt politiskt främlingsfientlig kontext".[53] Det faktum att åtskilliga människor i det här landet, däribland författaren till den här boken, uppskattar Ganmans arbeten, utan att för den skull ha det minsta till övers för främlingsfientlighet eller rasism, är något som inte verkar ha föresvävat Klenell. Klokare och mer sansade röster gladdes åt valet. "Det här är underbart. Nu går ni alla och läser Ganmans roman *"De som kommer för att ta dig"*,[54] twittrade journalisten Paulina Neuding. "Ganman är en konträr. Skulle han befinna sig i något sammanhang där alla är eniga så kommer han garanterat vara motvalls. Bara för att", skrev Adam Cwejman på Göteborgs-Posten. "Precis så måste en samhällskildrare, eller satiriker för den delen, fungera för att vara tillräckligt skarp. Det spelar ingen roll om personen i fråga är vänster, höger eller är ointresserad av politiska etiketter".[55] Jörgen Huitfeldt på *Kvartal,* skrev: "Som brukligt är behöver man inte prestera några belägg eller ens någon riktig motivering när man förser en meningsmotståndare med detta exceptionellt nedsättande epitet.(rasist) "Så är Jens Ganman en person som kommer att beskrivas som en framsynt sanningssägare så småningom?" frågar sig Huitfeldt. "En tänkare vars samhällskritik betraktas som sunt förnuft om tio eller hundra år? Inte vet jag. Men obekväm är han och sådana behöver vi fler av även om de skapar skavsår i konsensusland".[56] Mångsysslaren Ganman, som även är musiker, har gjort sig känd som en av landets vassaste satiriker. Via sina populära cirkeldiagram,[57] även kallade tårtdiagram, samt en rad intressanta twitter- och blogginlägg, sätter han träffsäkert och lättfattligt fingret på de viktigaste frågorna och har nått en stor publik på internet. Ganman hävdar att de som kallar sig journalister i själva verket är aktivister och har retat upp åtskilliga genom att beskriva det han kallar för "etablissemangets institutionaliserade hyckleri" i frågor som rör till exempel invandring och integration.[58] "Det är kanske bara att inse att det finns en grupp människor i samhället som det inte går att resonera med om begrepp som "rasism". Eller humor", säger Ganman. "De är fixerade vid hudfärg och etnicitet och deras rasistradar piper oavbrutet. De letar alltid – i den omvända generositetsprincipens namn - efter verkliga eller inbillade moraliska överträdelser. Det spelar ingen roll vad du själv tänkt eller faktiskt menar. De tänker *åt* dig och om *de* ser rasism i något så *är* det rasism".[59] Valerie Kyeyune Backström, författare, kritiker och skribent på Expressens kultursida, har hävdat att den som är född vit i Sverige i nio fall av tio är rasist.[60] Mattias Gardell fick 4 miljoner kronor för sitt projekt *"Vit nostalgi. Hemhörighetens och tillhörighetens politik"*. Tillsammans med Helen Lööw och Simon Lindgren fick han ytterligare 4 miljoner för projektet *"Arga vita män? En studie av våldsbejakande rasism, korrelationen mellan organiserad och oorganiserad våldsbrottslighet och ultranationalismens affektiva dimensioner "*. Vad säger då forskningen om rasismen i Sverige jämfört med andra länder? Enligt *World Population Reviews*, en oberoende och politiskt obunden internationell organisation, är Sverige det fjärde *minst rasistiska* landet i världen.[61] Det innebär att 191 länder anses mer rasistiska. Enligt en annan rankas vi som minst rasisitiska av alla.[62] Journalisten Sofie Löwenmark påpekade att trots att *World Population Reviews* siffror visar att Sverige är ett av de minst rasistiska länderna i världen så har en helt annorlunda bild skapats. Politiker och journalister har förmedlat ett närmast motsatt budskap, vilket lett har till att den helt felaktiga uppfattningen om Sverige som ett genomrasistiskt land nu dessvärre har fastnat i folks medvetande ganska rejält:

"Som exempel kunde vi läsa ett reportage i DN för en tid sedan om muslimer som skulle lämna Sverige på grund av rasism. De platser som personerna hade valt för flytten tillhör bottenskiktet på World Population Reviews lista. Ett av länderna, Qatar, är till och med världens mest rasistiska land. Det faktumet verkade inte bekymra personerna. Det ifrågasattes inte heller i DN:s text".[63]

Löwenmark beskriver hur unga i utsatta områden eller i mindre städers invandrartäta stadsdelar sen barnsben har marinerats i föreställningen om att Sverige är ett genomrasistiskt land och att det därför inte spelar någon roll vad de gör med sina liv. Bisarrt nog finns visst stöd i lagstiftningen för påståendet, berättar hon. Där kan man nämligen läsa att »rasism och rasbiologiska föreställningar funnits i vårt land länge« och att det under epoker varit »statligt sanktionerad politik«.[64] Praktiskt taget varje kommun har därför antagit en handlingsplan mot rasism där det underförstådda budskapet är att Sverige är rasistiskt. "Uppfattningen att Sverige är rasistiskt sprids dessutom av ministrar, kommunala politiker och tjänstemän och journalister och akademier", skriver Löwenmark. "Och som om det inte skulle räcka väljer det allmänna alltså också att ge bidrag för att ytterligare förmedla det budskapet".[65] Det är därför inte förvånande, menar hon, att många invandrare saknar förtroende för både myndigheter och samhällsinstitutioner och känner misstänksamhet mot andra etniska och religiösa grupper. Det är i ljuset av det vi måste förstå hur den hätska LVU-kampanjen mot socialtjänsten fick en sådan omfattning, menar hon och syftar på att desinformationskampanjen som började spridas i sociala medier utomlands år 2020. Facebook, twitter och youtube-inlägg med starkt islamistiska inslag där miljontals följare öser ut sin avsky för Sverige, i synnerhet *LVU,* (Lag med särskilda bestämmelser om vård av unga). Upprinnelsen var att stängda Facebookgrupper i Sverige med 10 000-tals medlemmar skrivit upprörda inlägg om vad de ansåg vara orättfärdiga ingripanden från socialtjänsten. Det finns dessutom en annan stor fara med att saluföra idén om

Sverige som djupt rasistiskt. När de unga i invandrartäta områden tror att majoritetssamhället inte vill dem väl föder det hopplöshet, ilska och vad Löwenmark kallar en motståndskultur, där allt det som anses svenskt och att tillhöra majoritetssamhället blir negativt. Det leder till allvarliga konsekvenser eftersom det är ur den myllan som kriminella gäng och extrema islamister rekryterar sina medlemmar. Rasism existerar självfallet här precis som i alla andra länder. Det blir dock extra märkligt att utmåla Sverige som djupt rasistiskt när alla internationella undersökningar visar motsatsen. Dessutom är det konstigt att detta "rasistiska" land tar emot flest invandrare per capita i Europa och att svenska folket alltid skänker miljoner vid galor för utsatta människor i världen. Det hindrar förstås inte att vi ska vara vaksamma på, och reagera på rasism när den uppträder. Oavsett vem eller vilka som ger utlopp för det så är rasism alltid förkastligt. Den afroamerikanske författaren John McWorther varnar i boken *"Woke Racism: How a New Religion Has Betrayed Black America"* för den tredje vågens antirasism, vilken han beskriver som en nyreligiös rörelse med budskapet att "vita privilegier" är en arvsynd[66] som genomsyrar hela samhället. Medan den första vågens, (helt legitima) antirasism, kämpade mot slaveriet och den andra, (lika legitima), vågens antirasism mot rasistiska atittityder, hävdar den tredje att rasismen är inbakad i hela samhället. Han kallar det kontraproduktivt att skylla svartas problem på den vita majoritetsbefolkningen då det skapar en offermentalitet hos svarta. Den tredje vågens antirasism, hur välmenande den än vill vara, har inte blivit en progressiv ideologi, säger McWorther, utan snarare en religion, en som är ologisk, oåtkomlig och oavsiktligt neorasistisk.[67]

"Vi har internationellt rekord i naivitet."

Magnus Ranstorp, statsvetare och expert på frågor kring terrorism

Hur kunde samhällssplittrande idéer få ett sådant fotfäste i Sverige?

Redan år 1895 så lanserade den franske socialpsykologen Gustave Le Bon banbrytande teorier om det mänskliga psyket och skrev flera böcker i ämnet. Den mest kända var "*Psychologie des Foules*", (Massans psykologi) där Le Bon ger en djupgående beskrivning om gruppsykologi och hur det skiljer sig från individpsykologi. Han förde dessutom fram en hypotes om varför vi ofta föredrar illusoriska bilder av verkligheten framför kalla fakta:

"Massorna har aldrig törstat efter sanning. De avvisar bevis som inte faller dem i smaken, och föredrar att idealisera felaktigheter om felaktigheterna förför dem. Den som kan förse dem med illusioner blir lätt deras herre. Den som försöker förstöra deras illusioner blir alltid deras måltavla."[1]

Senare forskning visar att förutfattade meningar ofta hindrar både individer och organisationer från att handla rationellt eller evidensbaserat. Till de viktigaste upptäckterna i ämnet hör den så kallade *förlustaversionen*, vår tendens att tycka sämre om förluster än uteblivna vinster. I början av 1990-talet visade forskarna Daniel Kahneman och Amos Tversky genom experiment att människor i större mån vill undvika förluster än erhålla potentiella vinster. Vi blir mer besvikna över att förlora 1000 kronor än glada över att vinna samma summa. Vi uppmärksammar dessutom förluster lättare än vinster. Beroende på hur kommunikationen utformas kan den få oss att tänka på förluster eller på vinster, trots att det faktiskt är samma verklighet som beskrivs och det får oss att reagera på olika sätt. Eftersom vi människor tycker så illa om att förlora vill vi inte heller ha fel. Det är bland annat det som får oss att i första hand söka efter uppgifter som bekräftar våra uppfattningar i stället för information som motsäger dem. Kruxet är att om vi har fel så förstärks våra felaktiga uppfattningar och beteenden på bekostnad av korrekta fakta och ageranden. Enligt ovanstående princip ägnar vi ofta en massa energi åt att försvara även felaktiga ståndpunkter, hellre än att stanna upp och ta till oss ny och korrekt information oavsett om den smärtar. När man studerar dagens Sverige skulle man nästan kunna tala om en förnuftsaversion eftersom kartan verkar trumfa verkligheten. Även om falska nyheter och desinformation alltid varit ett problem anser många att vi lever i en tid präglad av god tillgång till information för dem som *vill* veta. Samtidigt är det givetvis naivt att tro att vi skulle vara immuna mot påverkan av felaktig information och propaganda. Den franske filosofen Jacques Ellul hävdade att de som är mest sårbara för propaganda i de sociala kanalerna i själva verket är personer i den övre medelklassen, inklusive de så kallade intellektuella.

Ellul identifierar främst tre orsaker bakom detta:

1. Dels absorberar de intellektuella i samhället oerhört mycket information.

2. Dels så känner de intellektuella att det är viktigt att ha en åsikt om varje viktigt ämne.

3. Dels ser de sig som fullt kapabla att själva bedöma vad som är sant och osant.

Den mänskliga hjärnan är matad med information som ska gagna vårt limbiska system, det vill säga den del som som innehåller våra känslor. Det limbiska systemet kopplar en känsla till den inkommande informationen och utvecklas när vi är nyfödda. Emellertid mognar den limbiska hjärnan inte, vilket innebär att vi kan reagera som en treåring även i situationer vi ställs inför som vuxna. Det här sker via amygdalan, en liten mandelformad körtel på insidan av hjärnans båda hemisfärer i vardera tinningloben som hanterar såväl njutning som rädsla, vrede och patologiska tillstånd som ångest och depressioner. Det är bland annat i ljuset av detta och Ellus analys som vi kan förstå varför debattklimatet i Sverige och väst ser ut som det gör och varför man har lyckats implementera idéer i snart sagt varje samhällssektor som gemene man, till skillnad mot så kallade intellektuella, ofta anser förvirrande eller rent av galna. När de som saluför intersektionalism, identitespolitik, genusteori och annat som leder till ny rasism, sexism och splittring, också är de som håller i megafonerna och skriker högst, riskerar alla andra röster dränkas. Det är i kölvattnet av det här som vi också måste försöka förstå varför skolan tillåts fallera och varför staten, trots varningar från SÄPO, fortsättter ösa miljoner över extrema rörelser.[2] Det är också så vi måste förstå varför identitetspolitik och postmodernism tillåts dominera utbildningsinstitutioner och politik samtidigt som en kränkhetskultur och åsiktsallergi som hotar yttrandefriheten har tagit närmast epidemiska former. Vissa menar att förklaringen till detta delvis måste sökas i den svenska självbilden och det faktum att Sverige aldrig gjort upp med sitt mörka förflutna. Exempelvis att den socialdemokratiska regeringen bistod Hitler under andra världskriget och att svenska företag gjorde affärer med nazisterna.[3] Eller det faktum att vi i decennier spelade under täcket med USA och Nato i ett hemligt samarbete samtidigt som vi utåt sett låtsades vara neutrala.[4] Eller att vi aldrig gjort upp med den extrema delen av den vänsterrörelse som hyllade massmördarna Stalin och Mao och i decennier dominerade svensk kultur. Det låter otroligt, men på 70- och 80-talet åkte tusentals svenska lärare, rektorer och skolpersonal till den kommunistiska diktaturen DDR för att "utbilda" sig. En av de ledande figurerna i kontakterna var Stellan Arvidsson, socialdemokratisk riksdagsman och god vän med Tage Erlander. Arvidsson var rektor för lärarutbildningen i Stockholm och såg DDR som ett mönsterland. "Han kritiserade aldrig DDR och för honom var det en personlig tragedi när muren föll 1989",[5] berättar Birgitta Almgren, professor i tyska och verksam vid Centrum för Östersjö- och Östeuropaforskning vid Södertörns högskola. I boken *"Inte bara Stasi: relationer Sverige-DDR 1949-1990"* kartlade hon det svenska samarbetet med DDR.[6] En tänkbar teori till den nationella masochismen är alltså att en långvarig "marinering" i vänsterextrema idéer, kombinerad med ett undermedvetet, kollektivt dåligt samvete, skapat en självgod föreställning och ett önsketänkande om en välvillig utopi där frejdiga och snälla Sverige ska exportera sin höga moral och frälsa resten av världen. En absurd men i vissas ögon fullt rimlig tanke. Naturligtvis måste även andra aspekter vägas in i hur vi kom in på de här skogstokiga spåren. I *"The Coddling of the American Mind"* beskriver yttrandefrihetsjuristen Greg Lukianoff och socialpsykologen Jonathan Haidt den epidemi av lättkränkthet, osjälvständighet och motstånd mot yttrandefrihet som sprider sig bland elver vid universiteten i väst. Det är inte bara ett akademiskt problem, förklarar de, skulden ligger till stor del hos överbeskyddande föräldrar. Huvudansvaret vilar dock på de krafter som vill hindra andra från att tala. Ett skrämmande exempel är ett våldsamt upplopp vid Berkeley University 2017. Strax efter att Trump vunnit presidentvalet var Milo Yiannopoulos, en kontroversiell debattör och Trumpsupporter inbjuden att hålla tal på universitetet. Det ledde till att 100 elever skrev under ett upprop för att stoppa föreläsningen. När det misslyckades samlades eleverna utanför lokalen för att hindra Yiannopoulos och publiken från att gå in. Ett gäng våldsbenägna vänsterextremister gick till attack med stenar och Molotovcocktails och efter att ha misshandlat åhörare och orsakat skador för 4,5 miljoner kronor lyckades de till sin glädje få föreläsningen inställd.[7] Haidt beskriver de här människorna som säkerhetsfanatiker. Något som beror på att deras föräldrar, som haft mer tid och råd än någon annan föräldrageneration, aldrig vågat släppa dem ur sikte, utan ständigt övervakat, servat och daltat dem. Det är så man enligt Haidt kan förstå företeelser vid amerikanska universitet som för en normal människa framstår som vansinniga. Till dessa hör alltså kraven på säkra rum, (safe spaces), där studenter kan leka med teddybjörnar och skyddas mot obehagliga åsikter. Det är även så vi kan förstå "triggervarningar" på kurslitteratur som kan innehålla idéer som studenter kan anse farliga eller upprörande. Haidt berättar att dessa överbeskyddade människor, i USA, liksom i Sverige, lättare och oftare blir psykiskt sjuka än sina äldre föregångare. Om man inte fått lära sig att tolerera motgångar blir man helt enkelt lättare sjuk när de uppstår. Vad gäller förskrivning av antidepressiv medicinering ligger Sverige bland de högsta i Europa. I sin bok *"Lyckliga i paradiset"* hävdar psykiatriprofessorn Christian Rück att mycket av det lidande som tillhör livet numera diagnosticeras som onormalt. David Eberhard är inne på samma spår. Psykologen Johan Grant var tidigare lektor vid Lunds universitet. Under åtta år undervisade han i *Externatet,* en kurs där psykologstudenter fick utforska svåra känslor och reflektera över gruppdynamik enligt den så kallade *Tavistockmodellen.* I december 2019 blev Grant uppringd av prefekten Robert Holmberg som förklarade att han inte fick fortsätta leda kursen. "Jag fick bara veta att det inte kändes bra att låta mig fortsätta, någon annan motivering har jag inte fått", berättar Grant. "Jag har helt enkelt fått sparken".[8] I kursen fördes resonemang om hur arbetslivet och ledarskapet tidigare styrts av "manligt kodade ideal", som "solitärt hjältemod, hierarkisk ordning och ståndaktighet" och nu ersatts av "femininint kodade ideal" som "samarbete, lyhördhet och ödmjukhet". Syftet med workshopen var att "öppet undersöka hur våra inre bilder av maskulinitet och femininitet kan bidra till eller hindra en sund integration som ger oss en större frihet och möjlighet att använda våra olika sidor i arbetet".[9] Konsekvensen av de feminint kodade idealen blev dock den motsatta, enligt Grant. Den ledde istället till polarisering, utstötning och likformighet. "Om maskulinitet blir negativt kodat och associerat med oförmåga att härbärgera, lyssna och "ta in", riskerar det återkomma i dolda och mer primitiva former på det sätt som inom psykoanalysen brukar kallas "återkomsten av det omedvetna",[10] skriver Grant i utbildningsbroschyren. Flera av studenterna var emellertid mycket kritiska till upplägget. En av eleverna ansåg att momentet skulle göra studenterna till sämre psykologer och att ”en del av budskapet under kursen innebar att gå emot sin empatiska och mjuka sida och sluta ”dalta” med människor som upplever sig bli kränkta”.[11] Under höstterminen hoppade fem studenter av i protest eftersom de upplevde kursen som ”djupt problematisk”. En av eleverna beskrev det som en väldigt jobbig och ångestfylld upplevelse att delta i kursen. Tavistocks gruppträning handlar om att öva på att fungera i grupp och bygger på psykoanalytisk teoribildning och grupprocesser. Utgångspunkten är att människors sätt att relatera till en grupp och dess medlemmar präglas av omedvetna ångestladdade minnen och föreställningar som genom så kallad överföring på chefer och kollegor påverkar deras sätt att uppfatta och reagera känslomässigt på gruppen, ledaren och individerna. Genom att personer som är obekanta med varandra under ledning av en konsult får konfronteras och observera sina känslor och reaktioner kan de komma till större klarhet om hur de fungerar i olika typer av grupprelationer. Med all respekt för individuella upplevelser kan man ju fråga sig om psykolog är ett optimalt yrkesval om man får ångest av en workshop som går ut på att utforska svåra känslor. ”Nästan varje termin upplever sig några studenter ha blivit kränkta”, berättade Grant i en intervju. ”Problemet är att när de känner sig kränkta, då anser universitetets ledning att de blivit kränkta, som en objektiv sanning. Studenterna kan inte, eller vill inte, skilja på sina upplevelser och en mer objektiv verklighet. Ingen har blivit kränkt”, hävdar han, ”däremot kan de ha blivit osäkra, arga och förvirrade".[12] Att Grant inte drar sig för att sticka ut hakan behöver inte betvivlas. På sitt twitterkonto svingar han friskt mot politisk korrekthet och hävdar att "PK-ideologin vilar på en auktoritär grund". Torsten Sandström är emeritus professor i juridik vid Lunds universitet och precis som Grant oroas han över den PK-mentalitet som förgiftar samhällsdebatten. Sandström uppfattar reaktionerna från eleverna som ett typiskt resultat av dagens PK-samhälle och beskriver händelsen som "en storm i ett glas fyllt av pseudovetenskap", som "förvandlas till en facklig fråga med arbetsmiljökonsekvenser".[13] I boken *"Virtue Hoarders: The Case against the Professional Managerial Class"* från 2021 så beskriver samhällsvetaren Catherine Liu hur universitetens värdegrundsarbete numera har fått funktionen av "dygdsamlande". Istället för att öppet debattera frågor som rasism och sexism eller fördomar mot sexuella minoriteter samlar man på *ställningstaganden* mot dessa företeelser och visar upp dem som troféer av dygdhet. Efter att journalisten Helen Joyce förra året bjudits in till Cambridge University för att tala om transaktivism med utgångspunkt i sin bok *"Trans"* ställdes flera andra debatter med henne in efter att meningsmotståndare krävt att hon skulle deplattformeras.[14] Anledningen var att Joyce hävdat att transaktivister påverkar lagstiftningen bort från ett fokus på biologiska mäns och kvinnors rättigheter till förmån för självhävdande könsidentiteter. Exempelvis har en man i England kunnat kräva att behandlas som kvinna trots att han inte ens påbörjat någon form av könsbyte. De som propagerar hårdast för censur och deplattformering anser sig alltid rationella. Samtidigt utmålas motståndare som samhällsfarliga eller rent av störda. Att psykopater skapar lidande, både på personlig, nationell och global nivå vet vi sedan länge. På den personliga nivån agerar de egoistiskt och hänsynlöst och lämnar efter sig trasiga och känslomässigt och ekonomiskt rånade personer. På nationell nivå roffar psykopaterna åt sig både makt och kapital samtidigt som de förföljer och mördar oliktänkande och på global nivå startar de till och med krig för att komma över naturresurser och utöka sin makt. Lyckligtvis har vi länge varit förskonade från de två senare i Sverige. Men det finns andra sätt på vilket lidande i stor skala kan tillfogas ett samhälle. Ibland sker det till och med i all ”välmening” och med de bästa av avsikter. Det var med anledning av det som den brittiske författaren Samuel Johnson skrev att ”vägen till helvetet är kantad av goda intentioner”.[15] Psykopater saknar vanligen empati för andra och känner ingen ånger. De agerar själviskt för att främja sin egna intressen och sina behov oavsett hur det drabbar andra. Följaktligen framstår personer som agerar uppoffrande och osjälviskt som raka motsatsen till psykopater. Forskningen visar emellertid att skillnaderna mellan dessa två grupper är mer hårfin än vi tror. Beteendeterapeuten och forskaren Andrea Kuszewski har påtalat likheterna mellan psykopati och vad hon kallar extrem-altruism. Kuszewski hänvisar bland annat till forskning som visar att personer som är beredda att hjälpa andra, till och med på bekostnad av sin egen hälsa, precis som psykopater är mer benägna att bryta mot regler än genomsnittet och att de har flera gemensamma drag med psykopater.[16] Exempelvis har båda låg impulskontroll och en hög grad av spänningssökande. Bägge uppvisar dessutom lite eller ingen ånger för sina handlingar. Altruistiska personer hyser en empati som motiverar dem att hjälpa andra. Extremaltruistiska personer har däremot *för mycket empati* för andra, vilket driver dem att bryta mot regler och utsätta sig själva för skador i sin iver att lindra andras lidande och uppnå rättvisa. Kännetecknande för extremaltruistiska är också låg impulskontroll, behov av spänning och intolerans för orättvisa. "Eftersom den här typen av personer ofta uppvisar ett extremt beteende som leder till självskador på någon nivå hamnar de i den dysfunktionella änden av personlighetsskalan och närmar sig psykopatologi",[17] förklarar Kuszewski. Att skada sig själv är ur psykologiskt perspektiv betraktas ett sätt att hantera svåra känslor. Självskadebeteendet blir ett sätt för individen att försöka stå ut med jobbiga känslor och tankar. Den fysiska smärtan kan kännas lättare att uthärda än den psykiska inom dem. Vi vet dock att självskadebeteendet bara känns bättre för stunden. På sikt mår personer med självskadebeteende bara sämre. Enligt en kartläggning av psykiska ohälsa bland unga som 2020 så mår unga svenskar sämst i Europa.[18] Rapporten *"Ungas välmående och framtidstro"*, genomfördes av Skandias stiftelse *Idéer för livet* och visar en kraftig ökning av psykiska ohälsa. I åldern 18-24 år har unga svenskar sämst psykiskt välbefinnande bland alla EU-länder och i åldersgruppen 25-34 år är Sverige näst sämst efter Kroatien. Mer än hälften av alla unga i Sverige har mått dåligt under minst en period i sitt liv och antalet unga med ängslan, oro eller ångest har fyrdubblats sen 80-talet. Året innan uppskattades kostnaden för psykisk ohälsa uppgå till 242,5 miljarder kronor, vilket är 5 procent av Sveriges BNP. De redan höga kostnaderna riskerar bli ännu högre när de blir äldre. "Sverige har inte råd att låta utvecklingen av den psykiska ohälsan bland unga ske i den här takten", säger Stina Liljekvist, ordförande för Skandias stiftelse. "Det är en tragedi för varje drabbad individ och det är en kostnad för samhället i form av vård, samtalsstöd och sjukskrivningar när de unga kommer ut i arbetslivet".[19] Frågan är hur det kommer sig att ett välfärdsland som Sverige uppvisar en så hög grad av psykisk ohälsa och varför allt fler känner en otrygghet? "Länge fascinerades omvärlden av hur nordiska länder, med Sverige i spetsen, byggde sina välfärdsstater utan att (helt) krossa kapitalismen". skrev Lotta Engzell-Larsson på *Dagens Industri*. "Fenomenet fick namnet *"Den tredje vägens ekonomi"*. Med en framgångsrik blandekonomi visade vi att jämlikhet var möjlig. Men bilden av det trygga Sverige har bleknat. Första gången utländska medier chockat rapporterade om våra förorter var 2015, då upplopp rasade och bilar brann i Husby. Sedan dess har både självbilden och omvärldens förväntningar justerats ned".[20] I januari 2022 så avslöjade sajten *Doku* att en desinformationskampanj mot Sverige spreds i flera sociala medier utomlands. Facebook, twitter och youtube-inlägg med starkt islamistiska inslag och miljontals följare öste ut sin avsky över Sverige och i synnerhet då *LVU,* (Lag med särskilda bestämmelser om vård av unga). Upprinnelsen var att stängda Facebookgrupper här med 10 000-tals medlemmar skrivit upprörda inlägg om vad de ansåg vara orättfärdiga ingripanden av socialtjänsten. "Kommentarer om att Sverige är ett smutsigt och rasistiskt land där socialtjänsten aktivt kidnappar muslimska barn för att sekularisera dem och att endast Allah kan tillhandahålla räddning är genomgående", skrev Doku. Socialtjänsten beskrevs som en maffia och medierna som medlöpare.[21]

Efter att Rasmus Paludan bränt en koran i närheten av Turkiska ambassaden i Stockholm vintern 2023 intensifierades hatkampanjen. Magnus Ranstorp anser att den extremistiska hotbilden mot Sverige till stor del är självförvållad och att vi fortfarande bär på den världsbild vi hade under sextio- och sjuttiotalen då Sverige var ett homogent samhälle med gemensamma uppfattningar och stor tillit. ”Vi har internationellt rekord i naivitet.”, säger Ranstorp. ”Nu får vi betala priset”.[22] Ranstorp menar att situationen har förvärrats betydligt: ”Det lever många människor i Sverige i dag som inte litar på staten över huvud taget och som ofta inte ens lär sig svenska. De följer de nyhetskanaler som finns i den muslimska världen, som Al Jazeera, eller kanaler från till exempel Somalia”.[23] Saken blir inte bättre av att miljardbelopp i skattefinansierade bidrag i åratal pumpats ut utan någon egentlig kontroll: ”Svenska staten har länge varit som en bankomat för extremism och organiserad brottslighet”.[24] I en demokrati är det viktigt att olika perspektiv ”stöts och blöts”. I Sverige har vänsterregeringar och borgerliga regeringar turats om att styra sedan 1976. År 1995 inledde Centern ett samarbete med Socialdemokraterna som varade i tre år. Därefter rörde sig Centern högerut varpå två tydliga block återigen etablerades. För några år sedan sågs ett nytt trendbrott eftersom C ingick samarbete med S för att hålla SD borta från inflytande. En mer polariserande och oförsonlig syn på politiska motståndare växte fram. Ur ett strikt konservativt perspektiv låter man vanligen *kunskap* gå före värderingar, talar ogärna om maktstrukturer och vill bevara traditionella värden. Ur ett strikt socialistiskt perspektiv kommer *värderingar* före kunskap och en önskan om att maktstrukturer och andra sociala konstruktioner rivs. Haidt gör en distinktion mellan universitetens (kunskapssökandets) två olika möjliga "telos" (avsikter). Antingen kan de ha "sanningen" som sin ledstjärna, säger han, eller så kan de ha "social rättvisa"som ledstjärna. Enligt Haidt måste universiteten välja eftersom dessa två inriktningar inte kan kombineras. Sanningen i sig är ju inte alltid "bekväm eller "rättvis", utan stundtals även upprörande. "I kulturvärlden har identitetspolitiska tankegångar lett till smått bisarra diskussioner", skriver Nina Solomin i en artikel på nättidningen Fokus. "Som huruvida en översättare bör vara svart för att korrekt översätta en svart poets lyrik. Om det är okej att skriva roman om en minoritetsperson när författaren själv inte delar den identiteten. Eller, som nyligen, om det är en överträdelse att en icke-judisk skådespelerska (Helen Mirren) spelar Israels tidigare premiärminister Golda Meir i en film".[25] Konstfrämjandet har numera ett projekt de kallar *Strukturella mönster och vithetens monster* (ja du läste rätt, det står *monster*) som ska synliggöra hur rasism, diskriminering och vithetsnormer påverkar konstarbetare som rasifieras som *icke-vita*. Det presenteras som en konsekvens av Konstfrämjandet deltagande i *Vidga Normen*, som drivs av Länsstyrelsen Stockholm. Ledare för projektet är Kitimbwa Sabuni, även talesperson för omstridda *MMRK*, (Muslimska mänskliga rättighetskommittén). 2010 släppte MMRK, som Sabuni då nyss blivit talesperson för, en rapport till försvar för Munir Awad. Samme Awad som senare dömdes till tolv års fängelse för att ha planerat ett terrordåd mot danska Jyllandsposten.[26] Orsaken till MMRK:s försvarsrapport var att han sa sig ha fängslats och torterats av säkerhetstjänster utomlands. "Det mest allvarliga med rapporten, förklarade Ranstorp, "var att originalet publicerades av den omstridda brittiska organisationen *Cage UK*, vars företrädare bland annat kallat IS-bödeln Jihadi John för "en vacker ung man".[27] *Strukturella mönster och vithetens monster* driver tesen att även kulturlivet har problem med rasism på grund av *vithetsnormer*. Enligt identitetsvänsten gäller detta förstås inte bara kulturlivet. 2017 hävdade Sabuni att när det ställs krav på hårdare tag mot kriminalitet och upprättas projekt mot hederskultur så bottnar det i en *kolonial logik*.[28] 2018 skrev han dessutom att "vita människor förnekar ofta att de är rasister eller att rasismen formar deras kunskaper om omvärlden och om deras samhällsorganisering. Denna maktdimension av rasismen gör att den vita majoriteten anser att de inte ser färg som en markör för politisk och ekonomisk ojämlikhet".[29] Vad gör det med ett samhälle om vi ger näring åt sådana här föreställningar? Tilliten, det kitt som håller samman gemenskapen mellan oss människor, vittrar sönder om man ger luft åt föreställningen om stora inneboende skillnader mellan olika grupper, påpekar Nina Solomin med hänvisning till Bo Rothsteins artikel om faran med att dela upp människor utifrån identitetspolititik. En viktig faktor i Sveriges misslyckande är att politiska beslutsfattare inte gjort några konsekvensanalyser. Carl Hamilton påpekar att makthavarna medvetet undvikit dem eftersom analyserna skulle visa det man inte vill se. Istället skapar man en konsensus kring önsketänkanden beträffande exempelvis mångkultur. Nationalekonomen Dan Klein och sociologen Charlotta Stern använde psykologen Irving Janis idéer om grupptänkande för att visa hur universitetsmiljöer med ensidiga värderingar leder till att vissa frågor inte utforskas, förtigs eller stämplas som omoraliska. "Det vi vet är att akademiska och politiska friheter behövs för att värdera och omvärdera olika policyalternativ för hur morgondagens samhälle kan utformas" skriver historikern Johan Gärdebo och språkforskaren Fanny Forsberg Lundell. "Att forskare då hemfaller åt moraliserande flockbeteende kommer inte att gynna vare sig kunskapsläget eller samhället".[30] Även om man i modern tid kan hävda en i många avseenden individualistisk och egocentrerad utveckling i rika västländer, tycks alltfler nu ha anammat fenomenet *identitetspolitik* och valt att identifiera sig utifrån ett kollektiv. Identitetspolitik kan beskrivas som politisk organisering baserad på tillhörighet i olika samhällsgrupper som "ras", klass, religion, kön och läggning. Enklare uttryckt innebär det att människors politiska åskådning gestaltas utifrån den identitet de tar som medlemmar av löst sammanhållna samhällsgrupper som ras, klass, religion, kön, etnicitet, ideologi, nation, sexuell läggning, kultur, medicinskt tillstånd, sysselsättning eller hobby. Redan 2010 skrev statsvetaren Sakine Madon att "Kritiken mot välfärdsstatens problem att hantera integration är central i diskussionen om migration och ökad rörlighet. Däremot har kritiken mot den kollektivism som själva integrationspolitiken alltför ofta baserats på, identitetspolitiken, så gott som uteblivit".[31] Identitetstänkandet haft en viktig plats inom multikulturalismen skriver Lars Åberg i boken *"Landet där vad som helst kan hända"*.[32] Åberg syftar på den multikulturalism som förväxlar mänskliga och kulturella rättigheter. Många som sitter på olika positioner har investerat mycket av sin karriär på tanken om multikulturalism. Något han menar hindrar nytänkande.

"Relativitet, som jag ser det, betecknar bara att vissa fysiska och mekaniska fakta, som har betraktats som positiva och permanenta, är relativa med avseende på vissa andra fakta inom fysik och mekanik. är relativa med avseende på vissa andra fakta inom fysik och mekanik. Det betyder inte att allt i livet är relativt och att vi har rätt att oansvarigt vända upp och ner på världen".

Albert Einstein

Postmodernismen

I boken "*Cynical Theories: How Activist Scholarship Made Everything about Race, Gender, and Identity—and Why This Harms Everybody*", frågar sig författarna Helen Pluckrose och James Lindsay hur det kommer sig att radikala feminister inte står upp för flickor som utsätts för islamiskt hedersförtryck och varför kändisar, politiker och företag numera tycks tävla om vem som är mest medveten om ras- och könsfrågor? Författarna hävdar att den politiskt liberala västvärlden är under attack, inte av bomber och missiler, utan av cyniska diskurser som tagit över stora delar av den västerländska akademin, varifrån det destruktiva tankegodeset sen sprids vidare till den övriga samhällskroppen och underminerar demokratins fundament. Med andra ord så menar Pluckrose och Lindsay att västvärldens fasta grundpunkter håller på att undermineras. De listar en rad saker som vi tar för givna:

- Tron på arvet efter upplysningen,

- Tron på vetenskap.

- Tron på liberalism som politiskt och ekonomiskt system. (modernismen)

- Tron på kristendomens övergripande historia,

Med andra ord: allt det som i västvärlden nu attackeras och håller på att brytas ner av sanningsrelativister som högtravande förklarar att alla sanningar är subjektiva utom deras egen. Upprinnelsen till mycket av det flum som vi nu genomlever och som stundtals tangerar eller till och med överträffar Monthy Pytons galna satirer, står att finna i det fenomen som kallas för *postmodernism*. Under 60-talet började modernismen ifrågasättas av franska akademiker som Jacques Derrida, Michel Foucault, och Jean-Francois Lyotard. Deras teorier kom att kallas för postmodernism och beskrevs som en dekonstruktion av sådant vi i väst ofta tar för givet. Derrida, Foucault, Lyotard och deras anhängare ansåg att de stora västerländska berättelserna, vilka de kallade *"metanarrativ"*, om upplysning, kristendom och vetenskap, inte var objektiva sanningar utan bara subjektiva berättelser om oss själva som upphöjts och skapats i syfte att stärka våra egna berättelsers makt på andras bekostnad. Eftersom ingen verklig objektiv sanning existerar bör följaktligen även de påhittade sanningarna, alltså *"metanarrativen"*, nedmonteras. Inte för att det nödvändigtvis finns någon sanning bortom dem, men åtminstone för att få dessa uppenbart icke-objektiva berättelser nedknuffade från det allmänna medvetandets piedestaler. Det här synsättet spreds sen vidare från Frankrike till USA, Storbritannien och resten av Västvärlden och blomstrade fram till mitten av 80-talet. I slutet av 80- och början av 90-talet följde sedan en andra postmodernistisk fas, den så kallade *applicerade postmodernismen*, vilket innebar att ett antal identitetsbaserade kritiska teorier fick mycket stort utrymme inom de akademiska institutionerna. Däribland *Postkolonial teori, queer-teori, feministisk teori, könsteori (genderteori), rasteori, fetma-* och *handikappsteorier*. Den postkoloniala teorin ämnar dekonstruera västvärldens koloniala narrativ om det goda i att kolonialismen, trots alla dess, brister också ledde till att kristendomenen och den västerländska civilisationen kunde spridas vidare.

De postkoloniala teoretikerna menar att eftersom den koloniserade världen har varit förtryckt så är allt västerländskt inflytande per automatik en del av förtrycket, inklusive vetenskap. All kunskap i samhället inklusive forskningen och dess resultat ses som subjektiv och präglad av maktrelationer. Eftersom kunskap, enligt den ursprungliga postmodernismens sett att se på saken, inte är någon faktisk och objektiv kunskap om tillvaron, utan endast ett maktverktyg som är skapat för att dominera så finns det heller inget som säger att västerländsk medicinvetenskap skulle stå över österländsk magi eller afrikanska medicinmän. Det rör sig bara om två olika kunskapstraditioner där det västerländska har dominerat genom kolonialismen varför de andras traditioner nu måste lyftas fram på rättvisa villkor. Detförklarar också varför postkoloniala teoretiker är så tysta när människorättsaktivister i den icke-västerländska världen vädjar om hjälp i kampen mot kvinnoförtryck i den islamiska världen eller hot mot homosexuella i vissa länder. Eftersom den postkoloniala teorin utgår från att det specifikt västerländska förtrycket är roten till allt ont här i världen så kan man heller inte förstå andra typer av förtryck. Teorin innebär också att det blir omöjligt att kritisera exempelvis kvinnoförtryck inom andra kulturer. För om man gör det så ställer man sig på de västerländska kolonisatörernas sida, eftersom de anser att det västerländska är finare än det österländska. *Den kritiska rasteorin,* i sin tur, menar att vita människor utövar strukturell rasism mot svarta människor. Den strukturella rasism man talar om är subtilt inbakad i samhällets strukturer i ett system skapat av vita för att värna de vita människornas privilegium. Teorin går ut på att upptäcka och avslöja de här strukturerna, med syfte att få alla svarta att inse att de är förtryckta, även om de inte känner sig förtryckta, samt alla vita att inse att de är förtryckare även om de inte utövar något aktivt förtryck. Förtrycket finns i *systemet*, och det enda sättet att bekämpa det är att bli medveten om dess dolda verklighet. Eftersom systemet är skapat för att upprätthålla ett systematiskt vithetsprivilegium så är det bara vita som kan vara förtryckare. Det är med andra ord en teori som påstår sig vilja motverka rasism, men som i själva verket behandlar vita och svarta som om de vore separata arter med en ofrånkomlig konfliktbas på samma sätt som mellan en tiger och en antilop. Inom queer-teorierna förnekar man i olika utsträckning människans biologi. Kön och sexualitet betraktas i huvudsak som socialt påhittade konstruktioner som är skapade för att upprätthålla normen av "det normala", i synnerhet, vita heterosexuella män. Eftersom detta påstått normala förtrycker alla i utanförskap, bör "det normala" därför utmanas och konfronteras. Därav begreppet *"queer"*. Förföljelse av homosexuella är ett problem som de flesta av oss tycker är förkastligt men inom queer förnekar man även termen homosexualitet eftersom det inom den gruppen betraktas som ett binärt begrepp vilket är skapat för att uppnå ett förtryckande vi-och-dom-tänkande: *homosexualitet kontra heterosexualitet*. Målet bör alltså därför inte vara att specifikt avskaffa fördomar mot homosexuella, utan att upplösa själva idén om en fast, bestämd sexualitet. Med andra ord så kan vi själva, närhelst vi känner för det, ändra på vår sexualitet. Inom radikalfeminismen så har man övergett den ursprungliga feminismen som påpekade att kvinnor tjänade mindre än män till förmån för idén om att själva begreppet *kvinna* bara är en social konstruktion påhittad av en ”toxisk” och ”hegemonisk” maskulinitet i syfte att dominera och förtrycka ”kvinnor” i allmänhet. Enligt den här teorin beror de flesta problemen på män och maskulinitet. Gemensamt för alla dessa teorier är att man ser ett systematiskt förtryck i hela samhället och att det riktas mot enskilda identitetsgrupper. *Den applicerade postmodernismen* tar avstånd från stora sanningar och även individualism. Den bryter dessutom ner såväl samhällsstrukturer som individuell identitet och hävdar att det är gruppidentiteten som är viktig. Individens värde beror helt på dennes identifiering med sin givna gruppidentitet. Något som i sin tur kan leda till allvarliga konsekvenser. Ett exempel är det så kallade *Fat Studies,* som utgår från att fetma inte är ett medicinskt negativt tillstånd, utan en social konstruktion skapad av smala människor för att förtrycka feta. Feta människor uppmanas därför att anamma sin identitet, hellre än att söka vård. Att söka vård är nämligen att ikläda sig den offerroll som det förtryckande majoritetssamhället konstruerat. Istället bör den överviktige inse att samhället inte har anpassat sig efter denne, vilket det borde göra om det vore rättvist. Eftersom kunskap bara är ett verktyg för makt, enligt det här synsättet så finns det ingen reell, ens medicinsk kunskap med auktoritet som kan hävda något annat. Lyckligtvis inser de flesta sannolikt vilka konsekvenser ett sånt här vansinnigt tänkande kan få eftersom övervikt inte sällan leder till hjärtproblem och andra sjukdomar. Den tredje fasen av postmodernismen är *Social Justice,* (social rättvisa) och är ett i sammanhanget relativt nytt fenomen som har kommit att dominera under de senaste tio åren. Enligt Social Justice-tänkandet är samhället uppbyggt kring de diskriminerande strukturer som tidigare avslöjats och dessa måste nu bekämpas för att ”social rättvisa” ska uppnås. Det innebär att Social Justice är väsentligt mer aktivistiskt orienterat än postmodernismens två tidigare faser. Inom Social Justice drar man aktivistiska slutsatser av de tidigare nämnda kritiska teorierna. Det betyder exempelvis att om en lärare undervisar om det strukturella förtrycket mot svarta och säger att alla vita är delaktiga måste en elev som eventuellt protesterar och inte vill utmålas som rasist tystas. För genom att framföra en protest driver eleven i fråga en tes som enligt rasteorins interna logik är förtryckande. Det vill säga att vita inte per automatik bör betraktas som medskyldiga till rasismen i samhället och världen. Samma sak gäller svarta som inte anser sig vara offer. Oavsett om de anser det eller inte så *är* de offer i alla fall och det är de vuxnas och ”upplysta” postmodernisternas uppgift att förklara detta för de mindre vetande tills de har vett nog att inse att så verkligen är fallet. Följaktligen är det irrelvant om du är ”god” eller ”ond”, ”snäll” eller ”elak”, eftersom rasismen är inbäddad i alla delar av det samhälle vi är socialiserade in i. Det är; som Ronie Berggren påpekar i sin recension av boken; ”utifrån detta tänkande som Black Lives Matter river statyer”.[1] I kölvattnet av detta avsäger sig vita skådespelare att göra röster till ”svarta” roller i animerade filmer. Systemet gör nämligen att förtrycket bara går i en riktning. Alla som inte ser förtrycket eller vägrar spela med misstänks vara dess medlöpare. I boken ges ett Monty Pytonskt exempel på hur BBC:s sportkommentator Danny Baker fick sparken efter att ha tweetat en bild på en schimpans klädd i rock och hatt. Herregud, förstod inte karln att tweeten kunde anses rasistisk av någon känslig läsare? Detta trots att hundratals bilder och filmer med schimpanser i kläder kunnat ses i decennier utan att någon nödvändigtvis dragit sådana slutsatser. Den här helprilliga aktivismen sprids nu alltså på institutioner och universitet i hela västvärlden. Något som lett till att studenter inte lär sig att hantera känslor och motsatta åsikter, utan hela tiden ska skyddas från minsta lilla åsikt eller bild som kan tänkas uppröra. "En omvänd kognitiv beteendeterapi som gör ungdomar paranoida och icke-fungerande istället för rustade att möta omvärlden",[2] som Berggren beskriver det. Men även samhället i stort påverkas genom en populärkultur besatt av identitet och könsroller och genom aktivistiska journalister, förklarar han. Det som sker är inte att folk aktivt tar till sig de kritiska teorierna, utan att man indirekt tar teoriernas föreställningar, om ett systematiskt vitt, heterosexuellt, manligt förtryck av svarta, sexuella minoriteter och kvinnor för givet. När det sker, och det sker enligt Pluckrose och Lindsay redan fullt ut, blir teorierna dessvärre inte bara akademiska bollplank, utan dessutom radikala och destruktiva. Världen delas in i *de goda och onda*. De som ser och bekämpar förtryck och de som inte ser det och som därmed är medskyldiga till förtryck. Det är vad som sker inom den här rörelsen, med vilken en ny obehaglig totalitarism gjort sitt intåg i väst. Notera då att att myndighetsutövning inom svenska staten, oavsett profession, ska luta sig mot den statliga värdegrundens sex principer: Demokrati, Legalitet, Objektivitet, Fri åsiktsbildning, Respekt, samt Effektivitet och service. "Författarna är tydliga med att denna rörelse är farlig" skriver Berggren, "farligare än de flesta förstår. Det är därför de har skrivit boken".[3] Motgiftet till detta är, enligt Pluckrose och Lindsay, liberalismen och dess klassiska värden och principer. Långt innan postmodernismens intåg banade den väg för kvinnors jämlikhet, homosexuellas rättigheter och jämlikhet mellan raser. Liberalismen tror på universella sanningar och individens möjligheter i förhållande till dessa och är, förklarar de, en bättre metod för att bekämpa orättvisor än att avskaffa universella sanningar och individualism till förmån för gruppidentitet. Liberalismen medger att det finns sexism i samhället som ska bekämpas men den anser inte att samhället är uppbyggt på systematiskt rasistiska krafter som genomsyrar allt. Liberalismen tillstår att vetenskap, eller pseudovetenskap har använts i motbjudande rasbiologiska syften, men förnekar att vetenskapen i sig är en maktstrukturell konstruktion. ”Det finns inget som postmodern teori kan göra som liberalism inte kan göra bättre”, hävdar författarna, ”och det är hög tid att vi återfår förtroendet att argumentera för detta”.[4] Anhängare av postmodernismen brukar hävda att begreppet är missförstått och att den består av betydligt mer än det ovan beskrivna. Bland annat att innefattar det även synen på arkitektur till exempel. Det stämmer förvisso men det vi talar om här är de aspekter av postmodernismen som har en direkt verkan på våra sätt att betrakta och tolka verkligheten och hur detta i sin tur påverkar samhällens utveckling. Svenska Dagbladets förre ledarskribent Ivar Arpi liknar träffsäkert postmodernismen vid en sekt och en kulturrevolution. Därför är också slagordet ”silence is violence” följdriktigt. ”Man är antingen med eller emot – det finns inga mellanting”.[5] Eftersom de flesta människor är för jämställdhet, för tolerans av hbtq-rättigheter och mot rasism så sipprar den här radikala ideologin igenom, menar Arpi: "Denna muterade postmodernism har vårt ideologiska immunförsvar inte bildat tillräckligt många antikroppar mot. Eftersom rörelsen är relativt ny märker många inte att de släpper in en trojansk häst. De tror de gör något gott. Därför finns den redan i våra skolor, på universiteten, i myndigheter och i företag. Inte bara i USA, utan här i Sverige. Detta tankevirus börjar likna en pandemi".[6] Ett vanligt tema som brukar återkomma i den postmodernistiska världen är "ifrågasättande av normer" vilket i värsta fall leder till rena nihilismen. Ett uttryck som ligger nära till hands när vi talar om postmodernism är det berömda citatet "allt är relativt", vilket ofta tillskrivs Albert Einstein. Tolkningen bygger emellertid på ett missförstånd. Närhelst Einstein försökte förklarade sitt arbete om rymdtidskontinuum, absolut ljushastighet och $E=mc^2$ för journalister var det få som begrep vad han pratade om. Det hände därför att reportrar använde sin egen fantasi för att försöka definiera relativitet. En av misstolkningarna var att Einsteins teorier innebar att precis allt är relativt. Einstein själv förklarade att detta är fel: "Betydelsen av relativitet är vida missförstått", sade han, "filosofer leker med ordet, som ett barn med en docka. Relativitet, som jag ser det, betecknar bara att vissa fysiska och mekaniska fakta, som har betraktats som positiva och permanenta, är relativa med avseende på vissa andra fakta inom fysik och mekanik. är relativa med avseende på vissa andra fakta inom fysik och mekanik. Det betyder inte att allt i livet är relativt och att vi har rätt att oansvarigt vända upp och ner på världen".[7] Dessvärre är detta precis vad som håller på att hända. Hand i hand med romantiseringen av alla kulturer, utom den egna, oavsett hur patriarkala eller odemokratiska, går föraktet för den egna kulturen.

Som när Mona Sahlin i en intervju med turkiska ungdomsförbundets tidning *Euroturk* förklarade att hon inte har någon uppfattning om vad som är svensk kultur och att det förmodligen är det som gör svenskar så avundsjuka på invandrargrupper: "Ni har en kultur, en identitet, en historia. Någonting som binder ihop er. Och vad har vi? Vi har midsommarafton och sådana töntiga saker".[8] Eller när den förre moderatledaren Fredrik Reinfeldt under ett möte i invandrartäta stadsdelen Ronna i Södertälje förkunnade att "ursvenskt är bara barbariet. Resten av utvecklingen har kommit utifrån".[9] Den här intellektuella och nationella självspäkningen säger rätt mycket om våra makthavare. Förutom att den urholkar respekten för svensk kultur och försvårar integrationen har den även präglat våra lärosäten. "Horisontell, internationell solidaritet försvann och ersattes av etnisk, vertikal stolthet", skrev sociologen Göran Adamson. "Blickarna vändes inte längre mot väst" och teknisk utveckling, utan "mot öst och det andliga". Denna anti-intellektuella vindkantring underblåstes av postmodernismen som drog som en skogsbrand genom universiteten: framsteg innebar inte längre medicin och jämställdhet utan rovdrift och kolonialism. Civilisatorisk självkritik hade fått något förfinat över sig, och inte en middag med vänner utan en skopa kallt vatten över den egna kulturen".[10] Fredrik Kärrholm sammanfattade det kanske bäst: "Från att vara ett verklighetsfrånvänt teorikluster på akademiska institutioner har postmoderna idéer och analyser kommit att dominera vår kultur. Det handlar om relativism, motstånd mot upplysningens ideal, subjektivism, intersektionalitet, hudfärgsfixering, dubbelstandarder med mera. Föreställningar om att alla har rätt till sin egen verklighet/upplevelse, att det ej finns en objektiv eller universell sanning/moral, att vetenskap historiskt varit ett uttryck för makt, att människans natur är socialt konstruerad".[11] Många av de här idéerna har under lång tid haft en nästan oemotsagd och allmängiltig status på samhällsvetenskapliga och humanistiska utbildningar, påpekar han. "De har sedan sipprat ner i gymnasiet och grundskolan, ut i samhället och i kulturen. De dominerar i dag allt från nyhetsvinklar till sommarprat".[12] Kärrholm menar att det blir mer och mer tydligt att postmodernistiska tankeströmningar bidrar till destruktiva motsättningar och att de riskerar bli ett hot mot samhällets fortsatta utveckling och välstånd. Hur relevant är det då att hävda identitetens kulturella avgörande betydelse? "Den universalistiska idén om människans identitet som fri förnuftsvarelse kunde inte dölja att det i de moderna, stora nationalstaterna fanns förödande orättvisor," skriver Fredrik Agell, "att ursprungsbefolkningar fördrevs och förtrycktes, att människor av viss etnicitet eller religion inte kunde göra sig gällande, att svarta och kvinnor fick rösträtt först sent. Ändå var sällan identitet som sådan problematiserad som begrepp i den politiska idéhistorien som åsidosatta gruppers frigörelse".[13] Icke desto mindre har det här tankegodset slagit igenom på bred front i västvärlden. Något som märks inte minst i Sverige, där det har skapat en ängslighet som gör att folk snart varken vet ut eller in. Vad får vi tänka? Vad får vi säga? Vad får vi skriva och vad får vi måla, utan att riskera frysas ut eller hotas? Den förre amerikanske Presidenten Barack Obama sa något som förtjänar att lyftas i sammanhanget: "Folk vill nog inte känna att de går omkring på äggskal hela tiden".[14]

"När jag började på SvD avgav jag ett löfte till mig själv och mina läsare att aldrig ägna mig åt medvetna missförstånd och vantolkningar, eftersom det har förgiftat det offentliga samtalet i ett decennium..."

Peter Wennblad, Ledarskribent och biträdande chef på SvD

Massmediernas självcensur

Konsekvensneutralitet innebär att medier ska förhålla sig neutrala och inte låta sig påverkas av de konsekvenser som en publicerad text, nyhet eller ett reportage eventuellt kan orsaka. Det är alltså inte journalisternas sak att ta hänsyn till vem eller vilka som gynnas eller missgynnas av en publicering. Det här låter förstås bra i teorin men det fungerar inte alltid så bra i praktiken. Kenneth Asp är professor vid Göteborgs universitet och har i studerat Public Service i snart 40 år. 2011 gjorde han en undersökning som visade att 80 procent av kårens medlemmar röstade röd-grönt. På Public service (SR och SVT) så var över hälften av journalisterna miljöpartister.[1] En undersöknings om gjordes av Björn Lantz på Chalmers, *"Partisympatier hos svenska journalister 2019"*, visade på en lika stor majoritet röd-gröna politiska preferenser, fast med den skillnaden att vänsterpartiet var störst.[2] 2020 publicerade Jonathan Kender på Statsvetenskapliga institutionen vid Stockholms universitet studien *"En ny kritisk diskurs om Public Service - En kritik från tidigare anställda"*. "Mig veterligen har det aldrig tidigare gjorts en större sammanställning och analys av denna typ av kritik",[3] berättade Kender. I studien så vittnade flera tidigare anställda på Public service om att det var viktigare vilka åsikter och värderingar de anställda hade än att de belyste samhällsfrågor på en bredare front.[4] Det talades även om krav på att "rösta rött om man vill vara del av gemenskapen".[5] I boken *"En halv sanning är också en lögn"* från 2013 beskriver journalisten Hanne Kjöller en utveckling där journalister gått från att vara just det till att istället bli aktivister som driver ärenden, inte minst inom det hon kallar "offerjournalistiken", istället för att rapportera om verkliga förhållanden.[6] Kjöller granskade flera uppmärksammade händelser i medierna där hon ansåg att journalister hade spridit en felaktig bild genom att utelämna eller undertrycka uppgifter som inte stärkte teserna i reportaget. Hon kritiserade även hur media tillhandahåller en distributionskanal utan att uppgifter kontrolleras tillräckligt. Något Kjöller anser har lett till svart-vita berättelser med offer, hjälte och skurk. Det är ganska talande att den efterföljande debatten mest kom att handla om ett faktafel i boken där Kjöller råkat skriva att en man ägt en bostadsrätt fast han i själva verket haft en hyresrätt. Efter drevet som följde konstaterade Kjöller att journalister i Sverige har svårt att ta kritik.[7] En viss ljusning kan emellertid skönjas. 2022 levererade exempelvis Peter Wennblad, Ledarskribent och biträdande chef på Svenska Dagbladet följande rader:

"När jag började på SvD avgav jag ett löfte till mig själv och mina läsare att aldrig ägna mig åt medvetna missförstånd och vantolkningar, eftersom det har förgiftat det offentliga samtalet i ett decennium ... min uppfattning om att journalister är en yrkesgrupp med uppblåst bild av sin egen betydelse och roll inkluderar således också mig själv och ledarjournalistiken".[8]

De som vill tysta dem som har försökt problematisera och nyansera debatten om dagens Sverige har ofta fått stark uppbackning av journalister och ledarskribenter som har slängt ur sig nedsättande, stigmatiserande epitet som exempelvis "främlingsfientlig", "klimatförnekare", och "antivaxare" mot alla dem som invänt mot deras egna tolkningar av verkligheten. Vi har tidigare sett hur både Jens Ganman och Janne Josefsson hävdat att det inte existerar någon verklig objekivitet bland svenska journalister. Även Per Shapiro, som tidigare har arbetat på Sveriges Radios *Kaliber* och på SVT:s Uppdrag Granskning, menar att det finns en stor rädsla i Sverige för att beröra vissa ämnen. En journalistikens *"No gone zoner"*, som han kallar det.[9]

Finns det då några belägg för dessa påståenden?

Ja, det gör det.

I januari 2016 ställde statsvetaren och skribenten Sakine Madon en fråga i sociala medier:

"Ni som jobbat som/är journalister. Har ni varit med om att redaktionen velat tona ner eller undvika ämnen på grund av att det 'kan gynna SD'?"[10]

Journalister i alla åldrar från olika bakgrunder och olika medier hörde av sig till Madon. "De som svarade offentligt på Twitter gav mestadels nej-svar", berättar hon. "De hade inte stött på det. De som hörde av sig privat gav en mer bekymmersam bild".[11] En journalist som i åratal skrivit om integration och invandring svarade att "detta ämne är superkänsligt" och att det finns en yngre generation som tänker svart-vitt. "Om något som den intervjuade säger komplicerar tesen och ens egen världsbild klipper man bort det ur reportaget," avslöjade journalisten. "Om olika röster får komma till tals leder det till påhopp från journalister. "Numera gör jag mycket försiktigare reportage, orkar inte ha ovänner".[12] En annan journalist berättade om en bisarr diskussion inför valet år 2010 då reportrar som stått och resonerat sagt: 'Hur ska vi bemöta Sverigedemokraterna? vi kan ju inte ta dem som ett vanligt parti."[13] Det kom sedan ett direktiv från nyhetschefen om att "ta det lite lugnt" vid granskande av integrationsrelaterade ämnen. Samma direktiv gavs till en annan reporter när frågan om problem vid ett boende för ensamkommande ungdomar kommit på tal. En fjärde journalist berättade om hur en äldre kollega hade stoppat ett reportage om stök vid ett asylboende. Andra beskrev en försiktighet med ordval och signalement för att inte gynna främlingsfientlighet. En journalist som jobbat på flera större redaktioner berättade att det på samtliga fanns en uttalad eller outtalad policy att inte gynna SD och främlingsfientlighet. Journalisten minns framförallt hedersmordet på Pela Atroshi: "Vi skrev inte en rad om det."[14] Reaktionerna på Madones artikel lät inte vänta på sig. Uppgifterna förnekades ihärdigt och Madone blev anklagad för verklighetsfrånvända konspirationsteorier. Debattören Henrik Arnstad kallade artikeln en "avpixlat-text", den dåvarande Aftonbladet-skribenten Fredrik Virtanen drog paraleller till fascism, ledarskribenten Anders Lindberg hävdade att den var osann, Johannes Klenell från Galago kallade henne ett "troll" och Schibstedt-anställde Ehsan Fadakar, dundrade att hon gjort sig skyldig till grova anklagelser mot en hel yrkeskår.[15] "Det tjattrades vecka ut och vecka in", berättar Madon. Det påstods att jag misstänkliggjort kollegor genom att ta upp ämnet. Att jag hävdat att alla redaktioner vinklar nyheter, trots att jag skrivit att medieredaktioner i regel inte gör det". Madone anklagades för att inte ha gått "vetenskapligt" tillväga och vissa ifrågasatte till och med om källorna var äkta.[16] Madone sa att hon inte den första att lyfta problemet.

Redan 2010 släppte *Institutet för mediestudier* en rapport där publicistklubbens ordförande Björn Häger berättade att intervjuer som gjorts med journalister visade att medierapporteringen påverkats av rädsla för att gynna främlingsfientlighet och Sverigedemokraterna. Inför valet 2010 intervjuade han 26 chefer och ledande politiska reportrar på de stora medierna i Stockholm och Skåne. Av dem fick han bland annat höra att man "håller tillbaka" för att inte bidra till ökad främlingsfientlighet. Det kunde handla om att välja bort att granska hedersmord under valrörelser. "Journalisterna vill inte bli anklagade för att gynna Sverigedemokraterna", påpekade Häger.[17] Han redovisade även senare hur flera seriösa kollegor sagt att resonemangen lever kvar.[18] Med andra ord bekräftade han alltså vad Sakine Madone sagt. "Jag har haft kollegor ibland som sagt "men Janne, det reportaget kan vi inte göra för det skulle gynna borgarna", berättar Janne Josefsson. "Eller på senare år "det kan vi inte rapportera om för det kan gynna SD". Så kan man inte tänka som journalist!"[19] När Lasse Granestrand, på DN med 45 års erfarenhet som journalist och som i decennier bevakat migrationsfrågan, i december 2015 skrev att frågan var misskött av både politiker och journalister fick han också känna på vreden från PK-Sverige: "Till exempel blev jag av den vanligtvis respektingivande föreningen Expos främsta företrädare anklagad för att 'reproducera extremhögerns politiska berättelse' och 'bereda mark för radikalnationalismen".[20] Det hedrar Aftonbladets Åsa Linderborg att hon i en intervju med SVD 2020 medgav att Aftonbladet medverkat till att skapa en åsiktskorridor där alla som invände mot en radikal vänsterliberal politik brännmärktes som fascistoida: "Aftonbladets kultur och ledarsidor bidrog till att spika ihop den 'åsiktskorridor' man samtidigt förnekade fanns," sa Linderborg. "Alla som inte ville ha öppna gränser eller ville prata om integrationen stämplades som fascister".[21] I november 2020 publicerade Sveriges Radios VD Cilla Benkö en artikel tillsammans med programdirektören Björn Löfdal. I den skrev de om "oroande tecken som tyder på att en allt mer politiserad mediemarknad nu sprider sig till fler länder, med medier som på nyhetsplats talar till helt olika grupper och som på så vis ger helt olika bilder av verkligheten". Benkö och Löfdal tillstod visserligen att medier med tydlig politisk inriktning kan ha sin plats ibland även när det gäller nyhetsrapportering men hävdar samtidigt att det demokratiska samhället mår bäst av "en gemensam verklighet, med gemensamma nyhetsförmedlare...".[22] Var det inte just det som Mao eftersträvade i Kina och Stalin i Sovjet? En gemensam verklighet förmedlad av statens gemensamma propagandamaskin. "Man undrar om SR-företrädarna inser hur totalitära de låter",[23] skrev Carl-Vincent Reimers, ledarskribent på *Blekinge Läns tidning*. Det stora problemet med Benkös och Löfdahls resonemang", menar han, är att de i sitt sätt att resonera inte längre betraktar Public service som ett viktigt komplement till pressfriheten, utan som "dess substitut".[24] Han påpekar sedan det orimliga i att Benkö och Löfdahl "klumpar ihop etablerade kommersiella medieaktörer med ren desinformation" samt "att det är först när en mångfald av mediehus, med olikartad ideologisk hemvist, belyser verkligheten och dess förutsättningar ur en mängd perspektiv som vi kan närma oss en sanningsenlig helhet".[25] Vilket ju är något helt annat än när statliga eller politiska aktörer sprider lögner medvetet. Notera att

Benkö i en tidigare artikel medgett att Sveriges Radio värvar anställda inte bara utifrån kompetens, utan även kön och hudfärg: "Vi rekryterar från faktorer, och plockar ut den bästa för jobbet för stunden", förklarade Benkö. "Ibland är etnicitet en avgörande faktor, ibland kön, ibland ekonomisk bakgrund, ibland om man kommer från stad eller landsbygd."[26] I alla andra sammanhang vore det rasism, sexism och ekonomisk och demografisk diskriminiering. "I ett anständigt samhälle måste vi i varje läge anstränga oss för att behandla alla lika - inte sortera människor utifrån faktorer som de själva inte kan påverka",[27] kommenterade moderate partisekreteraren Gunnar Strömmer. Han påpekade även att det är oförenligt med lagen att agera som Sveriges radio: "Diskussionen visar vilken återvändsgränd den här sortens sortering är. Det är till att börja med olaglig diskriminering att använda etnicitet/etnisk bakgrund som en faktor vid rekrytering, oavsett om bakgrunden anses vara ett plus eller minus. Rätten till likabehandling är individuell - den tillfaller dig som individ och inte den grupp du tillhör".[28] Journalisten Marika Formgren sammanfattade vassare än någon annan medieklimatet:

"Det finns undantag, men generellt uppträder journalistkåren som ett gammeldags prästerskap, som ska uppfostra folket till den rätta värdegrunden och hålla dem i herrans tukt och förmaning. Men medan prästerskap förr brukade ha konservativa värderingar har våra nutida överstepräster antikonservativa värderingar. Vi ska inte hedra familjen och fosterlandet, vi ska tvärtom göra revolt mot kärnfamiljsnormen och monogaminormen, vi ska riva gränserna och upplösa nationalstaten. Vi ska inte ens inbilla oss att vi finns som folk". [29]

Vidare beskrev hon om hur journalistkåren drabbades av "hjärnsläpp" när Fredrik Reinfeldt råkade använda uttrycket *etniska svenskar*. Exempelvis gjorde SvD en "faktakoll" som påstods bevisa att det inte finns något sådant som etniska svenskar, medan DN i sin tur påstod att bara nazister använder det begreppet. Jörgen Huitfeldt, tidigare på *Studio Ett* men numera redaktör på *Kvartal*, har berättat om sin frustreration över hur Public service hanterade integrationsfrågan: "Rätt ofta hamnade jag i diskussioner med kollegor om varför frågan skulle beröras över huvud taget. Och om vi skulle ta upp den – varför göra det på ett sätt som "riskerade att gynna främlingsfientliga krafter"?[30] Mönstret känns igen: Obehagliga fakta förtigs eftersom vissa människor annars riskerar rösta att på "fel" parti. "Det pågår ett krig i vårt nuvarande informationsekosystem", hävdar den amerikanske matematikern och psykologen Daniel Schmachtenberger. "Det är ett propagandakrig, emotionell manipulation, uppenbara eller omedvetna lögner. Det är inget nytt, men når en ny intensitet när vår teknik utvecklas. Resultatet är att det har blivit svårare och svårare att förstå världen med potentiellt dödliga konsekvenser. Om vi inte kan förstå världen kan vi inte heller fatta bra beslut eller möta de många utmaningar vi står inför som art".[32] Schmachtenberger intresserar sig för så kallad *Sensemaking*. Ett begrepp vi hittar inom många olika slags discipliner; sociologi, kognitiv vetenskap, socialpsykologi och informationsvetenskap. Sensemaking, eller *meningsskapande,* kan beskrivas som benägenheten att arbeta och prata sig samman för att gemensamt förstå något och i enlighet med det sedan agera på ett rimligt och vettigt sätt. Det blir därmed en blandning av retro- och prospektiv handling, där det hela tiden finns mer som vi kan uppmärksamma och att förstå. Om man ska arbeta inom media, förklarar Schmachtenberger, kommer man ha pressen på sig att simplifiera information och göra den kort, eftersom folk idag inte anses kunna ta till sig mer än små snuttar av information. Vilket blir detsamma som att säga: Människor är dumma, så skedmata dem med saker som dumma människor kan hantera. Vilket i den mån du gör det framgångsrikt kommer att hålla folk fortsatt dumma, menar han. Även om det görs med de bästa av avsikter kan du inte informera folk med korta snuttar och distraktion om du vill att folk ska förstå världen. I en artikel i DN den 22 maj 2013 och i en intervju med Timbros Medieinstitut dagen därpå medgav reportern Ulrika By att en rapportering från kravallerna i Husby och andra förorter inte varit objektiva och faktabaserade. "Både som journalist och som privatperson uppfattar jag det som viktigt att reflektera över hur vi som den tredje statsmakten hanterar situationen", förklarade By. "Vi har mycket läsarkontakt som går ut på att vi bara "förskönar" och "tycker synd om", många förstår inte att vi faktiskt funderar. Men det gör vi och snacket om konsekvensneutralitet är ju bara nys i de här sammanhangen: jag tycker rakt av att journalistiken ska sträva efter att inte spä på främlingsfientlighet och det är uppenbart att vi ofta faktiskt går runt katten kring het gröt när vi kommer till så kallad förortsproblematik".[33] Därefter förklarade By att hon av egen erfarenhet visste att vi väljer bort historier och händelser som lätt kan användas i främlingsfientliga syften".[34] 2016 uttryckte Sydsvenskans dåvarande skribent Per Svensson oro för att vissa liberala kolleger tappat omdömet och bytt politisk färg. "Det som sker i Sverige är "en slags politisk ätstörning", dundrade Svenssson, "en fobi, ett försök att kanalisera en stor men diffus ångest till ett område som man tror sig kunna kontrollera. Man räknar kalorier. Man talar om volymer".[35] När Publicistklubben samma månad ledde en debatt om migrationspolitiken kritiserade han Expressens Anna Dahlberg på grund av hennes texter om migrationspolitiken. "Rubriken på debatten säger det mesta", skrev Dahlberg senare. "Har SD fått sin favoritrapportering?" Att det i själva verket var en akut kris under uppseglande, som var gravt underrapporterad i svenska medier, föresvävade uppenbarligen ingen".[36] Att programmet dessutom heter *PK Debatt* kändes oavsiktligt passande. PK är i det här fallet förstås en förkortning av *Publicistklubben* men var, med undantag av Dahlbergs och Gundmundssons kommentarer, mestadels en uppvisning i politisk korrekthet. Låt oss nu studera ett flagrant exempel på hur man dribblar med obekväma siffror i Sverige. När journalisten Ludde Hellberg arbetade som reporter på Sveriges Radios Ekot 2019 och upptäckte att mycket tydde på att PISA-resultaten som nyss presenterats byggde på falska siffror och att Sverige brutit mot studiens regelverk och felaktigt undantagit en stor mängd utrikesfödda elever möttes han av ointresse från chefer och medarbetare. Hellberg fick veta att han borde "släppa PISA-resultaten och återgå till något viktigare".[37] Detta "viktigare" arbete visade sig sedan bestå av den så kallade "Julsäcken", en samling nyhetsinslag som Ekots reportrar brukar producera på hösten och sända i december. Inslagen skulle bestå av så kallade "tidlösa nyheter", vilket innebar att de skulle fungera även flera månader efter att de hade spelas in.

Istället för att undersöka eventuella felaktigheter i PISA-studien föreslogs Hellberg göra ett julsäcksinslag om den utsatta situationen för butikspersonal som tvingas lyssna på julmusik hela dagarna. Hellberg tog det först som ett skämt men chefen gjorde snart klart för honom att detta var allvar. Hellberg avslöjar även att en känd reporter i ett avtackningstal till en äldre kollega inför Ekots redaktion och ledning oemotsagd hade beskrivit Sverigedemokraterna som ett "ett brunt parti" medan en chokladpuff från en påse Bridgeblandning hölls upp för att exemplifiera.[38] En dag kom en notis in på reaktionen från en av kvällstidningarna som meddelade att en kraftig smäll gått av i närheten av Jimmie Åkesson under ett valmöte för Sverigedemokraterna. Polisen misstänkte att det var en så kallad banger, en kraftig smällare, som kan ha nästan samma sprängeffekt som en handgranat. En sådan händelse leder i normala fall till en febril aktivitet på nyhetsredaktioner runtom i landet, men inte den här gången. Istället fick Hellberg se hur i stort sett samtliga anställda på redaktionen, lugnt promenerade bort mot en soffgrupp för att ta en fika. "Vad gör vi, vem ringer polisen och vem ringer SD"?[39] ropade Hellberg, varpå en av cheferna svarade att de köpt Mums-Mums och sen fortsatte gå mot soffan. Kvartals redaktör Jörgen Huitfeldt skrev 2020 en artikel i tidningen *Axess* om att journalistkåren i Sverige ofta behandlat flera påståenden om landets omfattande invandring som konsensuella sanningar. Trots att deras egentliga uppgift är att granska och kritisera uppgifterna. Enligt Huitfeldt är svenska journalister ofta idealister som räds att säga något negativt om något så hedervärt och angeläget som flyktingmottagning. Det är mot bakgrund av detta vi måste förstå det förtigande som så länge tillåtits pågå.

Sverige har inte bara drabbats av en ökad brottslighet utan dessutom en systematisk indoktrinering, där mörkläggande, vinklade nyheter och hyckleri blivit en del av vår vardag, hävdar Bianca Muratagic, debattör och invandrare från Bosnien och Hercegovina. "Folk uppfostras i hur de ska tänka, vad som är bäst för dem och inte", säger hon. "Sakta men säkert bryter man ner människor genom att styra dem med de mest effektiva vapen: Osäkerhet och rädsla. Om jag lever i ett demokratiskt samhälle som påstår sig värna om yttrandefrihet, jämställdhet och människors rättigheter, hur kommer det sig att jag ser dessa kränkas varje dag? Varför tystas sanning och fakta med ord som rasism och främlingsfientlighet?"[40] Det faktum att Sverige haft fred i flera hundra år är ingen garanti för att inga allvarligare konflikter inte ska kunna inträffa, varnar hon, och menar att vi är naiva och bortskämda av den statliga välfärden. "Men vad händer när systemet sviker? När bitterhet och besvikelse tar över när människor lämnas ensamma med sveken? Steget från demokrati till diktatur är kortare än vad du tror och det första som ryker är det fria ordet. Jag som upplevt krigets fasor vet hur snabbt verkligheten kan förändras".[41] 2019 presenterade Nyheter Idag en 30 veckor lång kartläggning av Sveriges Radios program *Godmorgon världen*. Den visade att det fanns en kraftig överrepresentation av socialistiska, socialdemokratiska och liberala deltagare i panelen. Små vänsterredaktioner, till exempel *Flamman,* var ofta representerade medan konservativa röster sällan deltog. Söndagspanelen hade 90 deltagare, varav 45 kom från en redaktion med vänsterprofil och 28 från liberala. Vid bara 12 tillfällen hade liberalkonservativa eller obundna moderata panelmedlemmar deltagit och vid bara 3

Sverigedemokratiska.[42] Vad säger det om objektiviteten och mångfalden i svensk debatt? Ett visst uppvaknande har förvisso skett även i de gamla etablerade medierna. I november 2021 så skrev exempelvis Viktor Barth-Kron på Expressen att det ju ligger i den politiska opinionsbildningens natur att framställa egna åsikter som rimliga och populära men att det inte är journalistikens roll att bistå denna opinionsbildning. I ett slags önsketänkande om en "mittfåra" där både politiker och allmänhet var överens om samhällets "heta potatisar" blundade man länge för den faktiska verkligheten. Barth-Kron exemplifierar med att uppfattningar som att vi borde minska invandringen och föra en tuffare kriminalpolitik länge betraktades som en ytterlighetsposition. När det sen visade sig att detta förhållningssätt hade katapultat Sverigedemokraterna till ett av Sveriges största partier stod politiker och mediefolk perplexa med tappade hakor. "Utvecklingen kom överraskande för den etablerade offentligheten," skrev Barth-Kron, "men det borde den inte ha gjort. Den som ville titta kunde hela tiden se att uppfattningarna hade ett brett stöd i den allmänna opinionen, som inte alls avspeglade sig i hur den självutnämnda politiska "mitten" agerade".[43] Det bekräftas av SOM-institutets mätningar som länge visat att majoriteten väljare, i synnerhet beträffande frågor som migration, brott och straff, är ganska konservativa.[44] Mittenfåran hittar man snarare i ekonomiska frågor, där mycket tyder på att majoriteten blivit mer skeptiska till privatiseringar och marknadslösningar. Ivar Arpi, tidigare chefredaktör på SvD och Bulletin, menar att "mediefolket har blivit som en egen kast i samhället, som snarare bekymrar sig om anseendet hos varandra, än vanligt folks åsikter.

"Mannen på gatan uppfattas som ett hot, och kommer kritik kallas avsändarna ofta för nättroll, trollarméer och hatsvansar".[45] Ronie Berggren, redaktör för bloggen *Amerikanska nyhetsanalyser,* gav i ett debattinlägg på *Nyheter idag* sin syn på journalistiken. Den grundas bland annat på egna erfarenheter från hans utbildning vid Umeå universitet. "Svenska journalister har tagit som sin uppgift att uppfostra allmänheten i stället för att bara berätta nyheter, göra nyheter", hävdar han. En förklaring finns i den vänstermarinerade utbildningsmiljö som journalisterna kommer från. Där frågor som invandring, USA och islam skildras med extrema vänster- och identitetspolitiska perspektiv, anser han: "Exemplen kan mångfaldigas, men min poäng är att Sveriges journalistkår inte i första hand ägnar sig åt det som bör vara journalisters primära uppgift: att objektivt hitta information och sedan bolla över detta till folket, som sedan på egen hand tillåts fatta beslut utifrån den objektiva informationen ifråga".[46]Journalistkåren blandar istället ihop journalistikens primäruppgift med idén om att folk även måste fostras, så att de inte fattar felaktiga beslut, hävdar han. Det råder därför en stor obalans, eller till och med oförmåga att beskriva sanningen. Den härrör i stor utsträckning från universitetsvärlden, där studenter, inklusive journalistelever, formas i hur de ska tänka, tycka och skriva om världen och tillvaron. "Det är därför vi fortfarande (även om situationen är bättre nu än förr) har en så usel mediabevakning av ovan exemplifierade ämnen. Och just därför behövs alternativ media, medborgarjournalister med mod och integritet, som vågar göra det etablerad journalistkår inte kan eller vågar: att presentera sanningen till folket, utan att pådyvla dem slutsatserna".[47] När Aftonbladets förre skribent Anders Westgårdh i en av sina krönikor berättade att hans son blivit rånad beklagade han att rånarna hade invandrarbakgrund. Westgårdh önskade att de ”hade varit blonda och hetat Patrik och Håkan”.[48] Både Diamant Salihu, författare och krimreporter på SVT och Johanna Bäckström Lerneby, författare och nyhetschef, har skrivit hyllade reportageböcker om våld i förortsklaner. När de deltog i en debatt som Publicistklubben höll på Kulturhuset i Stockholm vintern 2021 tillsammans med bland annat Kerstin Gustafsson Figueroa, som är chefredaktör på Nyhetsbyrån Järva, hävdade hon att perspektiven som skildrades i böckerna inte alls var särskilt intressanta. När Salihu förklarade att journalister måste ta sig ut i förorterna och undersöka om dödskjutningarna ingår i ett större sammanhang och hur stort problemet är, svarade Gustafsson Figueroa: ”Att vi förstår att det är ett stort problem har väl inte undgått någon. Frågan är varför det är ett stort problem? Om de tror att det handlar om något slags kulturellt betingat eller om det faktiskt har sociala orsaker? Eller hur? Det beror liksom på helt hur man angriper den här problematiken eller liksom håller på. Ingen blev väl särskilt klokare av era böcker?”[49] Genom att endast hänvisa till sociala orsaker bakom den grova kriminaliteten och helt bortse från en kulturell påverkan, avfärdade hon lättvindigt viktiga reportagearbeten av dessa två seriösa journalister som ”spänningsromaner”. Ett annat exempel på hur världsfrånvända en del av våra journalister kan vara fick vi när Jan Guillou år 2021 gav sig in i debatten om gängvåldet. Enligt Guillou så är det ju förvisso ”bekymmersamt och tragiskt” med alla skjutningar som pågår i Sverige, men det är ju knappast något som ”lamslår allas våra liv”,[50] påpekade han sen.

Därefter hasplade han ur sig följande:

"Våra förluster i människoliv är årligen 200 gånger större till följd av fallolyckor i hemmet. Det krävs blott lite inlevelseförmåga för att föreställa sig all denna tragik i det tysta. För den svenska allmänheten utgör således hala badkar en betydligt större fara än beväpnade tonårsligor ute för att skjuta varandra". [51]

Påståendet har ingen förankring i verkligheten. Enligt Socialstyrelsen, som ansvarar för dödsorsaksregistret, avled *1 person* i en badkarsrelaterad händelse 2020.[52] Det bekräftas av Shiva Ayoubi, statistiker på Socialstyrelsen. Samma år dödades *124 personer* i dödligt våld, enligt BRÅ,[53] varav 47 i skjutningar. Lägg därtill att minst 50 utomstående personer dödats eller skadats i skottdåd de senaste elva åren, varav tio är barn under 15 år.[54] Dessa fakta förefaller dock rätt sekundära i sammanhanget. Ska man tro Guillou är orsaken till att medier och politiker fokuserar på just skjutningar "brist på empati och fantasi" samt en "blåbrun människosyn."[55] Med andra ord så borde medier sluta ödsla tid på det dödliga våldet eftersom det bara är något fantasilösa, fascistoida typer gör. "En annan orsak *skulle* ju kunna vara att människor, fullt rationellt, faktiskt är mer rädda för de allt vanligare kringflygande kulorna än den minskande och försumbara risken att dö i badkaret",[56] skrev Henrik Höjer på Kvartal. Journalisten Sofie Löwenmark, i sin tur, twittrade:

"Enklast är väl om vi samlar ihop till en halkmatta för badkar till Jan Guillou så vi kan stilla hans oro i sitt elfenbenstorn".[57]

Amir Sariaslan är medicine doktor i psykiatrisk epidemiologi och senior forskare på institutionen för barnpsykiatri vid Åbo universitet. Han hävdar att kriminaliteten i Sverige inte handlar om utsatta områden eller fattigdom i första hand utan snarare om ärftliga egenskaper och individspecifika riskfaktorer. I sin doktorsavhandling undersökte han om socioekonomiska faktorer orsakade kriminalitet, missbruk och psykiatrisk sjuklighet i Sverige. Sariaslan kontrollerade korrelationen mellan utsatthet och brottslighet genom att först undersöka utsatta bostadsområden och titta på syskon och tvillingar som vuxit upp i samma familj fast i olika bostadsområden eftersom familjen hunnit flytta. Resultatet visade att bostadsområdet inte spelade någon roll. De som hade växte upp i bättre bostadsområden löpte samma risk att begå brott som sina syskon och samma sak gällde när han studerade sambandet mellan föräldrarnas ekonomiska situation och barnens brottslighet. Sariaslan deltog sedan i en annan stor studie på syskon och tvillingar som visade att över 50 procent av risken att bli dömd för våldsbrott kan kopplas till ärftliga faktorer. Andelen som beror på miljö syskon delar uppgår till knappt 15 procent. Ärftligheten för att bo i ett utsatt bostadsområde i Sverige är 65 procent, berättar han: "Vi vet att det finns en mängd individegenskaper, alltifrån impulsivitet till kognitiva förmågor och personlighetstyper, som är måttligt till starkt ärftliga och som korrelerar med såväl skolprestationer som arbetsmarknadsanknytning. Det förklarar i sin tur varför folk bosätter sig i olika bostadsområden. Just dessa egenskaper är också korrelerade med våldsbrottslighet och andra typer av problembeteenden. För att uttrycka det med andra ord:

Hela den utgångspunkt som det kriminologiska fältet bygger på verkar inte stämma.[58] Det här blev, föga överraskande, inte populärt bland kriminologer och forskare. Sariaslan berättar:

"Jag har varit i kontakt med mer seniora forskare vid andra lärosäten som till exempel bett mig dra tillbaka artiklar för att de skulle gynna SD".[59]

Det förklarar också delvis varför Jerzy Sarnecki, år ut och år in, får stå oemotsagd av både journalister och det akademiska etablissemanget och hänvisa till socioekominska faktorer när man diskuterar orsakerna bakom den grova brottsligheten i Sverige. Sarnecki vill inte heller vidkännas att dödsskjutningar har någon koppling till invandringen. Under Rikskonferensen på Folk och Försvar 2023 påstod han exempelvis att den invandrartäta staden Marseille i Frankrike, till skillnad mot Sverige, inte har några skjutningar. I själva verket så hade Marseille hela 33 dödskjutningar år 2022.60 Mediemätaren är den största sammanhållna, återkommande analysen som görs i Sverige av samtalet kring svenska riksdagspartier och partiledare i sociala och redaktionella medier. 2021 visade Mediemätarens rapport att mellan augusti och september samma år så ökade Socialdemokraterna sin dominans i media jämfört med de övriga partierna. Den visade även att Miljöpartiets Per Bolund haft en ovanligt framträdande roll och synts näst mest av partiledarna i nyhetsmedier.61 Notera då att Bolund är den partiledare som brukar få lägst betyg när förtroendemätningar görs och att MP hör till de minsta partierna. Journalisten Johan Romin har mångårig erfarenhet av både radio, tv och tidningar i. När Romin och en kollega skulle göra ett reportage för Utbildningsradion i syfte att belysa båda sidor av konflikten mellan Israel och Palestina sparkade ledningen bakut. Romin och kollegan ville visa hur journalister med hjälp av ord- och bildval kan forma bilden av en konflikt och motsättningen mellan Israel och Palestina skulle agera exempel. I två separata reportage avsåg de att med samma bild- och intervjumaterial visa konflikten, både ur ett pro-israeliskt perspektiv och ett pro-palestinskt perspektiv. Innan sändningen blev Romin och kollegan dock inkallade till cheferna där de läxades upp och tvingades förklara hur de kunde göra ett dylikt program."En av cheferna utbrast ursinnigt 'för det *vet* vi ju vems *fel* denna konflikt är, det *är* Israels fel", berättar Romin. Enligt honom var cheferna "livrädda" för att medarbetarna och deras anhöriga skulle råka ut för smutskastning efter att programmet sänts. "Varje gång jag hör någon från PS göra reportage om Israel-Palestina-konflikten tänker jag på denna episod och detta uppläxningsmöte som skulle hindra två journalister i deras arbete med att beskriva en konflikt opartiskt".[63] Medieforskaren Jörgen Westerståhl utformade en objektivitetsmodell där *Objektivitet* utgör den översta "byggklossen", *Saklighet* och *Opartiskhet* de mellersta och *Sanning, relevans, balans,* och *Neutral* basen.[64] Enligt Westerståhl ska en objektiv artikel vara saklig, vilket innebär krav på två andra villkor: Att nyheten måste vara sann och överensstämma med verkligheten och att den har relevans och får ett skäligt utrymme. Opartiskhet innebär exempelvis att det skall finnas en balans mellan olika parters synsätt. Med balans menas att inga väsentliga fakta får utelämnas och med en neutral presentation menas att man inte får ta parti för en särskild part i en konflikt. Informationen skall alltså inte utformas så att meddelaren identifierar sig med eller tar avstånd från den berörda parten. Lever Public service, med 9 miljarder i statligt bidrag om året, upp till det? Inte om man ska tro tidigare anställda. Jörgen Huitfeldt säger exempelvis att Public Service försöker fostra allmänheten med sin journalistik snarare än rapportera neutralt.[65] Jens Ganman, också med bakgrund inom Public service beskriver det som ett åsiktsförtryckande företag som tvingar de anställda att anpassa sina åsikter efter en redan förtryckt värdegrund: ”Läs vad som står i deras statuter numera”, säger han. ”De har mer fokus på att man ska ha rätt värdegrund, än att man ska göra bra journalistik”. Ganman anser att värdegrunden borde strykas ur alla offentliga dokument och policydirektiv och istället ersättas med ”demokrati, yttrandefrihet, jämställdhet mellan könen och sekularism”.[66] Sveriges radio sände första gången på nyårsdagen 1925 i det då nybildade aktiebolaget Radiotjänst. Företaget hade bildats av samtliga ledande tidningar i Sverige. På den tiden fanns det en subkultur av människor som själva sände radio. Något man sedan satte ett stopp för genom att ett statligt monopol på alla radiosändningar infördes. På 80-talet luckrades SVT:s monopol upp och andra aktörer slog sig in på marknaden. Etermediemarknaden blev fri och SVT var tvungna att hantera kommersiell konkurrens. Två större medieförändringar gjorde att Public service var tvungna att hantera nya kommersiella processeer: Att etersändningens monopol avskaffades, och att de sociala medierna sen växte fram. Etermediemarknadens avreglering på 80-talet innebar att nya aktörer kunde göra anspråk på det utrymme som länge var statens privilegium. De nya kanalerna finansierades med hjälp av betald reklam vilket då var något helt nytt och revolutionerande inom det svenska TV-mediet. Nu kom också ifrågasättande av Public service roll som oberoende statlig institution. Än så länge är Public service en ohotad koloss så tillvida att det fortsätter uppbära enorma statliga bidrag och har ett rätt starkt förtroende bland en stor del av befolkningen. I boken *"Älskade Public service"* beskriver Ganman och Aron Flam historiken kring detta och ger även flera exempel på aktivismen inom Public service. De påpekar även att SVT/SR/UR, som får bidrag från staten på drygt 9 miljarder om året, har flera anställda än det amerikanska TV- bolaget CNN, som har 4000 anställda och redaktioner i 70 länder. (Med *Public service* avses de tre bolagen SVT, SR och UR.). Ganman och Flam avhandlar med stundtals bitande satir nepotismen och den agendasättande policy, samt den ofta ängsliga och politiskt "korrekta" anda som genomsyrat Public service genom åren. De är inte ensamma om kritiken. Den förre utrikeskorrespondenten Chris Forsne skriver exempelvis:

"Jag gick på journalisthögskolan i Göteborg i mitten av sjuttiotalet. Vi lärde oss hantverket och de etiska grunderna. Min årgång var inte politiserad. Ville redogöra för verkligheten, inte forma den. Jag skäms över min yrkeskårs agendajournalistik idag och vägrar vara del av den."[67]

Enligt Forsne så finns det inte en chans att Public service någonsin kommer att förändras. Istället anser hon att företaget måste läggas ner och någonting nytt byggas upp istället. Indoktrineringen sitter tyvärr inte bara i väggarna, hävdar Forsne, man måste dessutom ha de rätta åsikterna för att kunna välkomnas in i stugvärmen.

"Flera regeringar, inte minst den som jag arbetade för under åtta år, har begått stora misstag i migrationsfrågorna. Att ansvaret för att situationen blev så allvarlig i Sverige är vårt eget".

Mikael Sandström, tidigare statssekreterare i regeringen Reinfeldt

Var hittar vi det första ursprunget till dagens polariserade samhälle?

Statsvetaren Andreas Johansson Heinö vid Göteborgs universitet gjorde för ett tiotal år sedan en granskning av den svenska integrationsdebatten från 60-talet fram till i dag.[1] Rapporten innehöll dessutom en jämförelse mellan den svenska integrations- och invandringsdebatten och motsvarande debatter i länder som Storbritannien, Frankrike och Tyskland. Studien tydde på, att även om alla tycktes vilja ha mer integration, så verkade få veta vad ordet betyder. "I den svenska debatten säger vi gärna integration," påpekar Johansson Heinö, "men synar man argumenten är det tydligt att assimilation, kravet på att nyanlända ska anpassa sig till Sverige och svenska seder och bruk, är det många eftersträvar".[2] Trots att man i andra europeiska länder relativt ofta har fört en kvalificerad debatt om integrations- och invandringsfrågor har svenska läsare och lyssnare sällan tagit del av den, menar Johansson Heinö. I sammahanget är *Oikofobi*, ett begrepp som innebär att man tar avstånd från den egna gruppens traditionella värderingar, ett viktigt nyckelord. Johansson Heinö beskriver hur man i Sverige under 70- och 80-talen utvecklade idén om att svensk kultur och nationell identitet var ett hinder för integration och att det svenska måste gömmas undan av respekt för invandrarna. Trots att det förhåller sig precis tvärtom: Integration *kräver* att det finns något att *integreras till.* Han hävdar dessutom att Sverige saknar en offentlig debatt kring nationell identitet och att en av anledningarna till det är att ett nationalistiskt anstruket språkbruk har varit tabubelagt på kultursidorna och inom politiken och att det härrör från slutet av 60-talet.

En annan orsak är att "det finns en svensk självbild som beskriver svenskar som fristående från kulturella traditioner och ointresserade av nationalism och patriotism".[3] En tredje och mer djupliggande, orsak menar han, är den svenska identitetens självklara och ohotade ställning i det svenska samhället under väldigt lång tid. De senaste åren har Sverige och övriga Europa sett omfattande migrationsströmmar. Något som medfört omfattande påfrestningar för både individer och samhällen. "Fördelen med assimilationsbegreppet, som jag har försökt påvisa," påpekar Johansson Heinö, "är att det ger utrymme för en debatt om mer eller mindre: hur mycket assimilation behöver vi? Vilka metoder är acceptabla för att uppnå denna likhet?" Däremot är Integrationsbegreppet omättligt, menar han, eftersom det alltid kommer att finnas aspekter där de nya medborgarna i landet inte är tillräckligt intregrerade.

I FN:s flyktingkonvention artikel 34, *assimilation och naturalisering*, kan vi läsa följande:

"Värdlandet åläggs att allokera nödvändiga resurser för assimilation och naturalisering för att migrantgruppen så snabbt som möjligt skall kunna bli en del av värdlandets kultur och arbetsmarknad".[5]

I Sverige har vi under flera decennier gjort precis tvärtom. Om vi ska kunna förstå den misslyckade integationspolitiken och splittringen i dagens Sverige måste vi gå tillbaks till mitten av 70-talet. Närmare bestämt den 27 februari år 1975. När riksdagen då bestämde sig för att ersätta assimileringspolitiken med mångkultur istället så formulerades det på följande sätt:

"Invandrar- och minoritetspolitiken bör präglas av en strävan att skapa jämlikhet mellan invandrare och svenskar".[6]

Så långt var allt väl. Men sedan skriver man av någon anledning följande:

"Invandrarna och minoriteterna bör ges möjlighet att välja i vilken mån de vill gå upp i en svensk kulturell identitet eller bibehålla och utveckla den ursprungliga identiteten". [7]

Idag framstår det närmast som en blåkopia för hur man skapar utanförskap och segregation. Det är ju en sak vilken religion, mat, kläder eller musik människor föredrar, det är naturligtvis vars och ens privatsak, men hur ska man som inflyttad invandrare komma in i ett samhälle och bli en gemensam del av det om landets styrande signalerar att det är okej att hålla fast vid lagar och sedvänjor som man levde i under sitt förra land även när de går emot det nya landets? För det blir ju indirekt vad man gör när man säger till människor från klankulturer att de inte behöver ingå i den svenska kulturen utan kan nöja sig med den de haft i hemlandet. Precis den typ av signaler som leder till paralella rättssystem och utanförskap. Politikern och läkaren Nils Littorin kommenterade beslutet i en synnerligen träffande artikel: "Integration blev uttryckligen ett fritt val för invandraren ... dåliga kulturella sedvänjor, såsom hedersförtryck och barngifte, ifrågasattes inte. Tvärtom, frikostiga bidrag till etniska, starkt patriarkala och religiösa föreningar samt hemspråksundervisning bidrog till att avskilja invandrargrupper från det traditionellt homogena svenska samhället. Därtill kom ekonomiska incitament för bosättning i etniska enklaver (EBO-lagen), vilket lade grunden för parallellsamhällen att växa fram".[8] Svenska politiker övergav alltså det tidigare fokuset på assimilation, att invandrare skulle anpassa sig till det svenska samhället och kulturen i landet och inte tvärtom. Resultatet av den här politiken ser vi i dagens Sverige, inte minst i förorterna, där klanstyre, hedersvåld, extremism, utpressning, gängkriminalitet, skjutningar, sprängningar och blåsljusattacker blivit vardag och där de som påtalar det och protesterar fortfarande stämplas som rasister med en "brun agenda". "I vår iver att vara "goda" och politiskt korrekta släppte vi iväg det här alldeles för långt", skrev Jens Ganman i en krönika. "Allt detta ljugande och förnekande, trixande och förskönande... allt detta infantila pladder om "rätt värdegrund"... i slutändan kommer det att ha skett till ett MYCKET högt pris. Så många förlorade år, så många sönderslagna karriärer, familj- släkt-och vänskapsband… Bara för att en liten klick journalister och politiker skulle få ta sig rätten att förneka fakta och kalla de som försökte varna för... ni-vet-vad...".[9] Mångkulturalismen blev en rådande ideologi för svensk invandringspolitik på 70-talet, påpekar författaren och folklivsforskaren Dan Korn. Medan man tidigare utgått från att invandrare skulle anpassa sig till Sverige och hur det fungerar här blev politiken nu att istället uppmuntra dem att bevara sin kultur. På fullt allvar skrevs:

"I högt utvecklade länder som Sverige blir kulturen kommersialiserad och utarmad. Invandrare kommer från fattiga länder, som är rikare på folkliga, producerande kulturformer av annat slag än våra konsumerande. Därmed kan kulturen få nytt liv och blod". [10]

Orden är hämtade ur Karin Wallins bok *"Att vara invandrarbarn i Sverige: så är det - så borde det vara: om kulturkollisioner och uppfostringsmönster, om barns utveckling och språkets betydelse"*, från 1978. Den här typen av idealiseringar slog snart rot även i bredare politiska lager. Under ett berömt tal i Rinkeby 1992 så talade den tidigare statsministern Carl Bildt om den "motsatsernas dynamik"som växte fram i förorterna och som han ansåg "vitaliserade"(11) det svenska samhället. Man undrar om han tycker samma sak idag? Vi kan naturligtvis hitta ledtrådar även längre tillbaks i tiden för att förstå dagens samhälle. En naiv syn på andra kulturer och en allt mer växande byråkrati brukar onekligen visa sig vara vara en ganska destruktiv kombination. På 50-talet visade historikern Northcote Parkinson hur den ursprungligt nödvändiga administrativa påbyggnaden som en gång hade skapats för att organisera våra moderna samhällen ständigt växer på ett närmast organiskt sätt. Det blir hela tiden fler och fler hierarkiska nivåer, lagar och regler. Allt fler jobbar med tillsyn av det växande regelverket, rapporter och sammanträden. Administrationen i sig genererar ännu mer administration och anställda har ibland inte ens tid att utföra de arbetsuppgifter de är anställda för eftersom det går åt så mycket tid åt att dokumentera, planera och kvalitetssäkra. Sverige är på många sätt ett skolexempel på Parkinsons slutsatser. Dysfunktionella myndigheter med välpolerade värdegrunder och dokumentation av verksamheter som har blivit viktigare än verksamheterna själva. Vissa rutiner och regelverk skapar i själva verket nya problem. Byråkratins kvarnar mal på utan att någon tycks reflektera över slutresultatet. Konsensus och pk-signalering blir överordnat allting annat i ett land där man på fullt allvar pratar om menscertifierade arbetsplatser och kvoterar in folk efter kön och ras. Det här beskrivs av Mats Alvesson som är professor i organisationsteori vid Lunds universitet och forskar på vilka mekanismer som styr olika funktioner i samhället samt vårt sätt att förhålla oss till dem. Alvesson visar hur man inom fält efter fält ser hur en gång rimliga idéer drivs bortom det orimligas gräns och förvärrar bristerna de skulle åtgärda. I stället för kvalitet och förnuft så får vi struntprat, statusjakt och byråkratisering, hävdar han. I böcker som exempelvis *"Tomhetens triumf: om grandiositet, illusionsnummer & nollsummespel"* och *"Extra Allt"* exponerar Alvesson på ett ofta underhållande sätt ineffektiviteten i det som sägs och görs inom svensk offentlighet och näringsliv. Han är även synnerligen kritisk till utbildningsväsendet i Sverige. "Tídigare hade vi världens bästa skola," påpekar han. "Numera är vi världsbäst i bortförklaringar."[12] I Ballongsamhället så befordras utbildnings- och titelinflation, hävdar Alvesson. Att studenterna erövrar bildning och kunskap blir mindre viktigt än att fler av dem får en examen och legitimation, varpå sänkta krav också blir en logisk metod. Det leder sedan till att eftertraktade gradbeteckningar devalveras och att systemet blir kontraproduktivt. Aldrig förr har så många studerat så mycket som nu och aldrig har så många lärt sig så lite, hävdar Alvesson. Han tror att det även skulle kunna vara en förklaring till varför IQ-nivåerna sjunker. Alvesson, som man dessutom kan se flera intressanta föresläsningar och intervjuer med på youtube , har på ett synnerligen träffande sätt också beskrivit några egenformulerade, och outtalade lagar som han kallar för *A-lagar* och som han anser styr i det svenska samhället.

Dessa ser ut enligt följande:

-Lagen om skärpt lagstiftning: Tron på att allt kan förbättras om det underkastas juridiken. Något som i själva verket ofta får komplicerade och svåröverskådliga följder.

-Lagen om hjälpsamhetens stjälpsamhet: När viljan från samhällets sida att med hjälp av experter tillrättalägga, stödja och curla människor blir så stark att den tar ifrån människor deras förtroende för den egna förmågan.

-Lagen om ballongsamhället: allt som kan blåsas upp och framstå som stort och fint ska tjusiggöras .

-Lagen om den krampaktiga godheten: när vi vill väl, men det blir fel.

"Krampaktig godhet slår ofta bakut"[13], säger Alvesson.

En annan är *Lagen om Offerhierarki*, vilket innebär att de med högst offerrang också har rätt att ställa högst krav på omgivningen. Bland dem finner vi förutom barn och ungdomar även invandrare och minoritetsgrupper De som däremot har låg offerrang måste utsättas för stora övergrepp för att få tolkningsföreträde. Bland dessa grupper hittar vi enligt Alvesson bland annat Sverigedemokrater, överklassen, chefer och män i allmänhet. Alvesson skriver med bitande humor om tokigheterna inom svensk pedagogik och byråkrati samt om en allt större värdegrunds- och konsensusfixering i samhället. 2012 myntade han begreppet *funktionell dumhet*, vilket syftar på frånvaron av kritisk reflektion.

En grupp eller organisation som präglas av funktionell dumhet utmärks av en enhet och konsensus som får medarbetare att undvika ifrågasättande av beslut, strukturer och visioner. En besatthet i att personalen ska säga och tycka det rätta och goda blir viktigare än vad folk har i uppgift att göra. Bakom utåt sett blänkande värdegrunder så hämmas snarare verksamheten. Om någon sen dristar sig att ifrågasätta värdegrunder eller försöker problematisera riskerar vederbörande att stigmatiseras varpå möjlighet till karriär är minimal. Alvesson beskriver även hur man ofta ägnar sig åt så kallad "skyltfönsteraktivitet", vilket innebär att mening och mål blir underordnade att saker ser bra ut från utsidan.[14] Han gillar att formulera nya ord. Som *Teragogi*, en kombination av terapi och pedagogik som utlovar både människoförbättring och imperfektionsbekämpning via möjligheten att sysselsätta sig med något bekvämt och trevligt. "En kommunal tjänsteman som får veta att han ska vara kreativ och modig… alltså det är inte Navy Seals eller Kustjägarna vi talar om."[15] Alvesson beskriver hur man påstår sig önska tillit i organisationer samtidigt som högar av regler, förordningar, policyer och kontrollmekanismer införs som snarare tyder på bristande tillit. Värdegrundsformuleringar är ofta bara floskler, menar Alvesson och kritiserar det ängsliga debattklimatet i Sverige och rädslan att inte passa in. Vi lever i en tid när försiktighets- och feghetskultur tenderar att bre ut sig, menar han, och där kritiskt tänkande, realistiska slutsatser och verklighetsförankring får stå tillbaks för önsketänkande, godhetsposerande och pk-signalerande. Något som blir extra allvarligt i en tid när liv kan krossas bara genom ett, ofta obevisat, påstående, och otrygghet och våldsbrotts ökar.

I boken "*Horisonten finns alltid kvar*" från 2020 skrev filosofiprofessorn Jonna Bornemark hur våra arbetsliv invaderas av ständiga krav på dokumentation, digitalisering och mätbarhetsfixering som påverkar kunskapskvalitén. När meningen med våra jobb blir att uppnå vissa kvantifierade mål riskerar arbetets kärnverksamhet försämras eftersom de anställda blir mer fokuserade på kvantitet än kvalitet och alla i standardiseringens tidevarv måste göra och tänka likadant. Istället för att ägna sig åt sina professioner måste anställda ödsla tid på att svara på utvärderingar, gå igenom nya rutiner och ständigt dokumentera. Enligt Bornemark har vi en alltför begränsad kunskapssyn i Sverige och inser inte värdet av praktiskt vetande. Det professionella omdömet ska bygga på teoretiskt vetande men måste även bestå av insikter, visdom och färdigheter. Samtidigt ökar polariseringen och ensamheten. En av Frankrikes mest inflytelserika filosofer, Marcel Gauchet menar att vi tappat bort grundförståelsen om vad gemenskap egentligen handlar om. ”Vi lever i dag i ett Europa som helt saknar en idé om vad gemenskapen är och vad den vill”, skriver han. ”Den styrande politiska klassen har blivit ekonomiska administratörer som förlorat kontakten med det förflutna och de ursprungliga visionerna för unionen. Kvar finns bara en zon för konsumtion och turism. Europa kan inte ens försvara sig själv mot en fiende”.[16] Enligt Gauchet har den växande pessimismen i Europa sin grund i det globala samhällets otrygghet. Det traditionella sociala projektet har numera ersatts av frågor kopplade till minoriteters rättigheter, feminism och antirasism, förklarar han, men hur viktiga dessa än är bidrar de till mer fragmentisering, eftersom staten reduceras till att förverkliga individers och gruppers intressen. Gauchet hävdar att politiker har en övertro på att ekonomi löser alla problem och måste sluta fixera sig vid detaljstyrning och istället ägna sig åt de stora samhällsvisionerna. I synnerhet frågor om migration och mångfald, som i dag skapar oro och spilttring över stora delar av Europa. Centralt för pessimismen i det globala samhället är att komfortzonens största radie traditionellt sett har varit, och är nationen, men att nationalstatens företrädare idag inte är kompetenta nog att reda ut problemen internt när ett yttre hot skrämmer upp befolkningen. Lika lite som när inre hot mot nationalstaten existerar genom särintressen och demografisk omvandling och alienation av medborgare som förlorat rötterna till sin egen historia. Avsaknaden av en definierad gemenskap, som tidigare överlappade väl med nationalstaten, där friheterna och rättigheterna nu missbrukas, samt oförmågan att försvara sig mot detta missbruk, leder till ett allt större tvivel på om statens representanter ens *vill* försvara sig mot det. "I Sverige har det länge ansetts fult att över huvud taget tala om nationen Sverige, att över huvud taget knysta om att även Sverige behöver en gemenskap", skriver Dan Korn. "Den har setts som så självklar att man bara tagit för givet att den alltid kommer att finnas. Nu ser vi hur samhället allt mer splittras. Till stor del beror detta på de senaste årens invandring, som kombinerats med en politik som går ut på att hylla de nya svenskarnas särart istället för att försöka få dem att bli en del av den svenska gemenskapen".[17] Polariseringen vi har i landet går ofta hand i hand med en allt grövre och arrogantare brottslighet. "Våldsamma gängkriminella, som ägnar sig åt stölder, utpressning och narkotikaförsäljning, visar stolt upp sina tillgångar på Instagram",[18] skriver Fredrik Kärrholm. Men de indvider eller grupper som begår den riktigt lönsamma brottsligheten i landet syns sällan i sociala medier eller myndighetsregister förklarar han:

"Bolag används i dag frekvent som brottsverktyg på diverse kreativa sätt. Brotten begås mot staten, företag och enskilda medborgare. Det handlar om penningtvätt, bedrägerier, illegal import, miljöbrott och människohandel; systematiskt utnyttjande av asylsökande och utländsk arbetskraft".[19]

Kärrholm beskriver hur bolag startas och köps med och utan så kallade målvakter och hur de sedan belånas, plundras och försätts i konkurs. Samma sak drabbar bostadsrättsföreningar. Systemet utnyttjas av både grovt kriminella och mindre samvetsgranna Svenssons. Även om de flesta invandrare är skötsamma så har demografins förändring och den stora invandring som skett bevisligen lett till att många av de individer som flyttat in begått brott. Sedan 80-talet har det totala antalet uppehållstillstånd i Sverige sexdubblats. Mellan 1990 och 1994, (under inbördeskriget i forna Jugoslavien), fick drygt 25 000 om året med uppehållstillstånd i Sverige. Det var ungefär åtta gånger så mycket som resten av Norden tillsammans. 1992 hade regeringen Bildt öppnat upp gränserna för en "ny, generös flyktingpolitik" och 1994 gav Sverige nästan 45 000 uppehållstillstånd till asylsökande. Motsvarande siffra i Finland var 316 personer. Under 2019 beviljade Sverige i stort sett lika många uppehållstillstånd som resten av Norden tillsammans. Det innebär att Sverige låtit mer än sex gånger så många asylsökande att få stanna jämfört med genomsnittet för Danmark, Norge, och Finland.[20]

Bara under 2000-talet har den folkbokförda befolkningen med utländsk bakgrund ökat med nära en och en halv miljon, medan de med svensk bakgrund har minskat med drygt 23 000.[21] Sedan millennieskiftet har alltså nära två miljoner människor fått uppehållstillstånd i Sverige. Vi har i praktiken haft fri invandring eftersom de som verkligen velat ta sig hit har kunnat göra det och dessutom kunnat stanna kvar utan tillstånd. 81 procent av dem som kom till Sverige under 2015 saknade dessutom ID-handlingar.[22] Från Afghanistan och Somalia var det nästan ingen som hade ID-handlingar, medan lite mer än hälften av dem som kom från Syrien saknade ID-handlingar.[23] Det brukar ibland påstås att de svenska gränserna stängdes 2015–16, men under de åren och de följande två har mer än en halv miljon uppehållstillstånd utfärdats.[24] Det här har medfört konsekvenser som redan tidigare märks i statistiken för mindre smickrande aktiviteter. När stiftelsen *Det goda samhället* 2019 gjorde en mycket omfattande undersökning om invandrares brottslighet baserad på både äldre och nya uppgifter från BRÅ visade analysen att en majoritet av de registrerade brotten i Sverige gäller personer med utländsk bakgrund. Den högsta överrepresentationen finns enligt rapporten bland den andra generationens invandrare.[25] De brott som ökade mest under året var barnrån, sprängningar och våldtäkter.[26] Något som inneburit svåra trauman för många drabbade. Oviljan att överhuvudtaget diskutera dessa frågor härskade under lång tid inom båda blocken men det mest kompakta motståndet fanns oftast inom vänstern, (dit Miljöpartiet kan räknas). Även om samtalsklimatet delvis lättat beträffande dessa ämnen finns fortfarande en beröringsskräck och ovillighet att lyfta och diskutera dem på djupet. Istället rapas den gamla vanliga klyschan om social utsatthet fortfarande ut som huvudorsaken trots att det inte finns några starka belägg för att det skulle vara grundorsaken. Snarare handlar det, vilket debattörer som Panshiri påpekat, till stor del om *värderingar* och *kultur*. Samtididigt så fortsätter demoniseringen av dem som försöker påtala vad problemen egentligen bottnar i. Det är ett stort svek mot brottsoffren och mot samhället i stort att relativisera och försöka bortförklara dessa allvarliga samhällsproblem, samtidigt som man försöker misstänkliggöra alla som vill lyfta och diskutera dem med utgångspunkt i statistisk och faktabaserad forskning. Per Ewert, filosofie doktor i politisk historia, skriver om hur den autonoma rörelsen (vänsterextrema politiska grupper med socialistisk eller anarkistisk ideologi) har förenat och understött två olika samhällstrender: *Individualismen* och *sekularismen*. Dels via kulturella influenser och dels via politiska vägval och beslut. Den autonoma rörelsen har inte alltid framfört sin vision i form av en uttalad strävan efter ökad individuell autonomi, enligt Ewert. Den har lika ofta uttryckts i form av angrepp på tre motstående faktorer:

- Gemenskapen, där familjen har varit den samhällsgemenskap som främst har blivit måltavla för en individualistisk reformagenda.

- Auktoriteter, som oavsett i vilken form de uppträder har uppfattats som hot mot individens oberoende.

- Det Heliga, framför allt när religionen uttrycks i organiserad form.[27]

Nils Littorin, som tidigare tillhörde den "illröda vänstern", är mycket kritisk till det sätt på vilket vänstern använder härskartekniker för att tysta debatten. I en artikel 2019 redogör han på ett lysande sätt för vänsterns tekniker för att att tysta "obekväma" åsikter:

- Den första är att osynliggöra och relativisera. Vissa problem passar inte vänsterns världsbild och finns därför inte. Om alla bara låter bli att prata om dem så försvinner de, är devisen. Men när problemen ändå likt åskmoln tränger sig på så relativiseras de.

- Den andra är att skjuta budbäraren. När sanningen är alltför obehaglig så angrips i stället den som för fram den. Är han (förlåt hen) en typisk loser, som stavar fel, umgås i fel kretsar och röstar på fel parti? En sådan avfärdas lätt som lidande av någon fobi eller som lågutbildad och därmed mindre vetande.

- Den tredje är att misstänkliggöra uppsåtet. Om budbäraren bär en för vänstern moralisk skottsäker väst, exempelvis tillhör en etnisk minoritet och inte kan skjutas rakt av, kan man ändå dra hen i smutsen. Budbäraren anklagas då för att medvetet eller omedvetet gå motståndarsidans ärenden... när inget annat biter tas rasiststämpeln fram för att brännmärka dem som inte förstår uppskatta alla multikulturalismens välsignelser.

-Den fjärde är Guilt by association. Att umgås med fel personer eller få medhåll av personer med fel åsikter kan leda till ödesdigra konsekvenser. Vänsterns åsiktspoliser kommer att beskylla dig för brott som du aldrig har begått.

Den femte är When in doubt, send the marines! ... Vänsterns motsvarighet till invaderande marinkårssoldater är rasiststämpeln. När inget annat biter tas den fram för att brännmärka folk som inte förstår att uppskatta alla multikulturalismens välsignelser. Såsom dagisbarn med slöja – eller polska byggnadsarbetare som dumpar svenska löner.[28] Littorin uppmanar oss att lära känna manualen och härskarteknikerna, eftersom det gör oss rustade att bemöta attackerna och stigmatiseringen.[29] Förra året mottog Malmös socialtjänst anmälningar gällande drygt 6 600 barn. Det är nästan vart tionde barn under 18 år i staden.[30] Trots stora ekonomiska underskott lägger staden mångmiljonbelopp på bidrag till extrema religiösa samfund, HBTQ-certifiering av bibliotek och myndigheter samt ekonomiskt stöd till migranter som saknar rätt att vistas i landet, berättar Littorin. ”Man vill hjälpa alla och hela världen, för att framstå som god”.[31] Han berättar även om skjutningar i staden och om hur sex personer mejades ned i närheten av hans egen bostad, varav tre stycken avled. Littorin vägrar dock att vänja sig vid våldet och att bli avtrubbad. För honom vore det samma sak som att ge upp, förklarar han. Känslor av rädsla och ilska är naturliga och fyller en funktion. För utan dem blir vi ”som zombies”, menar han. Kalla och ointresserade av det faktum "att samhället bryter samman inför våra ögon och de människor som far illa”.[32] ”Sverige har blivit ett underligt land där medborgarna erbjuds extra allt av välfärdsstaten samtidigt som det mest basala inte längre fungerar”, skrev Anna Dahlberg redan 2016. ”Vi har inget trovärdigt försvar, en polis i akut kris, en hårt pressad cancervård och en skola som dalar mest i västvärlden.

Statens mest fundamentala åtaganden sviktar".[33] I vårt land tar de flesta demokratin för givet. De flesta känner inte till något annat och skulle finna det långsökt om någon påstod att den skulle vara hotad. De senaste 30 åren har vi dock sett en oerhört snabb utveckling av digital teknik. Den har drivits fram av en ny klass av makthavare som via datorer, mjukvara, algoritmer, smarta telefoner, och plattformar som internet, facebook, google, och youtube fått skrämmande mycket makt och kontroll över våra liv. Hand i hand med makthavare inom finans, politik och militär gör de allt för att manipulera oss för att utvinna så mycket personlig information som möjligt. Få makthavare vänder sig mot detta och inser faran det medför. Ett av undantagen är den förre partiledaren för Socialdemokraterna, Håkan Juholt. När han intervjuades som nytillträdd ambassadör på Island och en reporter berättade om sin son som då var fyra år, svarade Juholt:

"När han är gammal kommer han inte leva i en demokrati utan i en teknokrati, eller en diktatur. Det är så ini helvete sorgligt. Jag är ledsen att behöva säga det, men jag är 100 procent säker. Vi håller på att avveckla demokratin".[34]

Saker och ting kan bevisligen förändras fortare än man tror när man börjar tumma på det fria ordet och lägga makten i händerna på teknokrater. Det är inte bara enstaka medelsvenssons och debattörer som lyfter frågan om demokratins skörhet. "Jag vet inget om Håkan Juholt", sa författaren och statsvetaren Yascha Mounk, "men hoten mot demokratin är ingenting att skratta åt."[35] Mounk är verksam vid Harvard och i boken "*The People vs Democracy*" beskriver han hur den liberala demokratin kan falla sönder på två sätt: "Antingen genom att bli illiberal efter att ha nedmonterat oberoende institutioner och försvagat individuella rättigheter, eller genom att bli odemokratisk efter att ha flyttat allt mer beslutsmakt bort från folket.[36] Mattias Desmet är professor i klinisk psykologi vid universitetet i Gent i Belgien. och har länge undervisat och föreläst om *mass-formation,* mera känt som masshypnos. I boken *"The Psychology of Totalitarianism"*[37] beskriver han fenomenet. Grundförutsättningarna för en masshypnos är *Social isolering,* (avsaknad av nära vänner eller socialt sammanhang), *Känsla av meningslöshet,* (exempelvis att ens jobb upplevs som själsdödande), *Fritt flytande ångest och missnöje* vars ursprung är oklart, samt *Fritt flytande aggression och frustration* vars ursprung är oklart. När mass-formation uppstår försvinner individen, säger Mesmet. Kollektivet tar över och de individuella egenskaperna suddas ut. Det spelar ingen roll hur intelligent den enskilda individen var innan masshypnosen, alla fördummas och tappar förmågan till kritiskt tänkande när de dras med i massan. Något som utnyttjats av åtskilliga totalitära regimer i historien för att skapa konsensus och förfölja dissidenter. Det bästa motmedlet för att bekämpa masspyskos är att verbalt *uttala vår sanning,* förklarar Mesmet. Inte genom att försöka övertala andra, utan genom att lugnt och rationellt beskriva vår syn på saken. I bästa fall kan vi få andra att lyssna och vidga sin tankehorisont. I värsta fall kommer de att fultolka och frysa ut oss. Låt oss därför studera ett till exempel på hur vi tillämpar dubbla måttstockar beroende på vem som säger något kontroversiellt. I februari 2017 publicerade dåvarande polisen Peter Springare ett inlägg på sin Facebook-sida där han hänvisade till sitt utredningsarbete som polis. Springare påpekade bland annat att personer med utländsk härkomst var överrepresenterade i brotten han utredde. Inlägget väckte stor uppmärksamhet och en Facebook-grupp ,*"Stå Upp För Peter Springare"*, bildades. I gruppen förekom dock extrema uttalanden som väckte starka reaktioner i medierna och ledde till anmälningar mot om hets mot folkgrupp. Förundersökningen lades dock ner eftersom det inte var Springare själv som skrivit dem. Han blev sen anmäld även av sin egen arbetsgivare *Polismyndigheten.* Men även det lades ned. Springare tog avstånd från Facebook-gruppen och förklarade att han var mot högerextremism och vill skapa ett Sverige där både invandrare och infödda svenskar får det bättre. "Jag skrev också om min syn på polariseringen i den allmänna debatten om just invandringspolitiken och den bristfälliga integrationspolitiken", berättade han senare."Jag ville bland annat att politiken skulle ta kontrollen över hela den diskussionsarenan, och därigenom tillintetgöra de agendasättande och extrema vänsterjournalisterna, och hindra dem från att kunna polarisera och kväva den debatten i samhället. Ingen rasism fanns i mina texter. Inget hat mot invandrargrupper eller politiska partier eller dess sympatisörer. Det var bara det att jag lyfte upp en elefant som stått i rummet en längre tid och som inte alls fick plats i det grävda konsensusdiket. Det tog hus i helvete. Kommunalpolitiker och riksdagspolitiker förfasades och tog avstånd från mina uppfattningar. Morgan Johansson, Jan Björklund och Annie Lööf upprördes över vad jag skrivit. Jag skulle be om ursäkt och de ifrågasatte hur jag som polis kunde skriva något sådant. Stefan Löfven själv uttalade att det jag skrev om invandrad kriminalitets påverkan på grov våldskriminalitet absolut inte stämde med hans uppfattning. Ann Ramberg rasade. SVT och de flesta ledarsidorna i gammelmedia rasade. Som polis skulle jag hålla käften och bara vara polis. Inte uttrycka några tankar offentligt, för det undergrävde hela poliskåren, enligt dåvarande L-ledaren Jan Björklund".[38] I facebook-inläget 2017 svingade Springare hårt mot vad han kallade "vänsterextrema journalister som förpestar debatten med sina abnorma agendor" och blev rejält kritiserad för sina ordval. Kritiken var inte helt obefogad, eftersom han använt ord som "förinta" när han talat om journalisterna. Något han senare bad om ursäkt för. I en intervju med *Nyheter Idag* förklarade Springare att han med "förinta" avsåg att "via demokratiska och politiska åtgärder avlägsna förutsättningarna" för vänsterextrema journalister att verka. Notabelt är att Springare blev kallad för högerextrem och nazist efter att han hävdat att invandrare var överrepresenterade bland brotten han utredde. Idag skulle få lyfta på ögonbrynen över detta då till och med BRÅ tillstår det. En ironisk poäng i sammanhanget är att Springare numera sitter i kommunfullmäktige för *Örebropartiet*, som leds av den förre *Ung Vänster*-medlemmen Marcus Allard som kallar sig marxist. Låt oss nu se hur en annan polis bedömdes efter att ha kontroversiella uttalanden på sociala medier. När Nadim Ghazale, en polis med invandrarbakgrund, som deltar i samhällsdebatten och även föreläser, under sitt sommarprat år 2021 raljerade över att vita män som söker till polisskolan har företräde till platser framför de sökande som har en invandrarbakgrund, hyllades han stort för sina uttalanden inte minst av vänsterdebattörer. Senare så kom det emellertid fram uppgifter om att Ghazale tidigare skrivit fördomsfulla inlägg på twitter.

Bland annat följande:

"Att rösta på SD i missnöje mot de andra partierna är som att äta bajs för att man inte gillar maten". (Twitter 16 jan 2017), "Var ansöker jag om jobbet till rikspolischef? Det vita gubbväldet på toppen av hierarkin hade behövt både lite "färg" och föryngring". (6 sept 2017), "SD kan suga närmsta inavlade hästpenis, men faktum kvarstår att styrande politiker sedan länge misslyckats fatalt med integrationspolitiken". (9nov 2015) "Kan vi inte ge SD och rassepacket ett landskap, typ Skåne, så de kan stänga in sig och låta oss andra normala leva i fred". (1 juli 2014) "Fuck er "alt-right" Fuck er "counter-jihad" Fuck er SD & andra rasistsvin Ni är förklädda nazister allihop. Ni är problemet Ni är hotet". (16 aug 2017)" Fuck cancer, även mänsklig cancer såsom ISIS, Hamas, Israel och Putin". (17 juli 2014)[39]

Israel beskrivs alltså som *cancer.*

Det hindrade inte att hyllningarna fortsatte. Exempelvis ryckte den dåvarande Justitieministern Morgan Johansson ut till Ghazales försvar och twittrade följande:

"Det är så här hatarna gör när de försöker komma åt starka företrädare vars åsikter de inte gillar. Vi är många som gillar det du gör."[40]

Ghazale förklarade att han skämdes över det han hade skrivit och det är ju bra, men tydligen gäller inte samma måttstock när människor med "fel" politisk färg står för klavertrampen eller för fram kontroversiella åsikter. När entreprenören och influencern Isabella Löwengrip gick ut med att hon röstat blått 2022 utsattes hon för hat och hot och flera av hennes följare vittnade om att ha blivit "trakasserade, avföljda och mött socialt obehag."[41] för att de röstat borgerligt. Det sägs ju att det som sker i makrokosmos även avspeglas i mikrokosmos.[42] Vilka framtid har ett samhälle där bara den ena sidan erbjuds försonlighet? "Dysfunktionalitet är det uppenbart utmärkande draget för den svenska staten sedan nu rätt många år tillbaka", skriver journalisten och debattören Thomas Gür. "Det finns åtskillig med exempel från det mycket stora till det mycket lilla, från det över det absurdas gräns uppseendeväckande till det vardagligt tröttsamma".[43] "Om Sverige vore en individ så skulle hon vara sinnesslö",[44] skrev Lena Andersson träffsäkert. Inom psykologin finns ett bregrepp kallat *rationalisering*. Det innebär att en patient bortförklarar en handling eller en besvikelse istället för att se den för vad den verkligen är. Om vi studerar hur resonemangen gått bland medier, makthavare och många debattörer och vart utvecklingen gått skulle diagnosen förmodligen bli självskadebeteende om Sverige vore en patient. "Jag skäms över ett samhälle som hårdbeskattar lågavlönade arbetare, men ger rika som mig subventioner för konsumtion och lägre skatt på arbetsfria inkomster, som vanligt folk aldrig kan avnjuta" skriver entreprenören och sossen Jan Emanuel. "...Jag som rik kan på behörigt avstånd se hur fattigdomen skenar. Jag kan på distans se hur världens mest extrema skolsystem låter islamister starta skolor för skattepengar. Jag kan se hur världens mest liberala, antifeministiska och orättvisa invandringspolitik slår ut den välfärd vanligt folk behöver".[45] Emanuel hävdar att otryggheten, fattigdomen och den extrema uppåtgående våldsspiralen i Sverige är ett resultat av ideologisk övertygelse: "Det nyliberala experimentet har iscensatts och drivits igenom av främst centerpartiet, dock ackompanjerade av miljöpartiet som bär minst lika mycket ansvar för de djupa sår i samhället som skapats de senaste decennierna. Försämrad arbetsrätt, extrem friskolepolitik, extrem invandringspolitik och en skattepolitik utformad för de rika".[46] Mikael Sandström var tidigare statssekreterare för regeringen Reinfeldt. Sandström skrev om hur stora delar av Sverige, beslutsfattare liksom medier med flera fortfarande befann sig i sorgeprocessens förnekelsefas:

"Flera regeringar, inte minst den som jag arbetade för under åtta år, har begått stora misstag i migrationsfrågorna. Att ansvaret för att situationen blev så allvarlig i Sverige är vårt eget".[47]

Genom att Sveriges politik avvek från andra länders, har vårt land, som står för omkring tre procent av EU:s BNP, stått för 10-15 procent av asylinströmningen, förklarar Sandström. Beviljade uppehållstillstånd blev oftast permanenta och målsättningen med en ordnad migrationspolitik upprätthölls inte. Exempelvis vägrade många som hade fått nej på sin asylansökan att lämna landet. Polisens REVA-projekt, som syftade till att hitta personer som befann sig i landet illegalt fick inte politiskt stöd och rätten till vård och skola för personer utan uppehållstillstånd sände budskapet att det var okej att hålla sig undan. Det pratades om "signaleffekter", berättar Sandström. Aviseringar av striktare eller generösare asylregler kan ju få effekt på migrationsströmmar omedelbart, ibland utan proportion till de förändringar som faktiskt genomförs. "De signaler ledande svenska politiker sänt har drivit ökad migration till Sverige ... varje förändring av politiken i mindre stram riktning kommer att leda till ökade migrationsströmmar till Sverige, även av personer som saknar skyddsskäl. Det gäller särskilt om någon typ av flyktingamnesti nu skulle införas. Hur goda föresatser som än motiverar sådana åtgärder kommer de att motverka syftet".[48] Vidare påpekade Sandström att inget demokratiskt välfärdsland tagit emot så många migranter på så kort tid som Sverige. Även om vi fortsätter kräva att andra EU-länder ska ta emot fler migranter finns det inget som tyder på att det kommer att ske. Trots allt tal från politiker om en restriktivare politik fortsätter Sverige dela ut medborgarskap till stora grupper. 2020 ökade beviljade medborgarskap med 25 procent jämfört med 2019.[49] 2021 beviljades svenskt medborgarskap till över 70 000 personer.[50] En siffra som passerades 2022. Sandström påpekade en annan viktig sak: Det faktum att Sverige kritiserades av FN:s flyktingkommissariat för att vi direkt tog in ensamkommande barn i asylprocessen i stället för att undersöka om de istället kunde sändas tillbaka till hemländerna och återförenas med sina föräldrar. Sandström berättar om barn som grät för att de ville återvända hem till föräldrarna, men tvingades stanna kvar här eftersom det saknades ett system för att hantera återvändandet. Den stora berättelsen om invandringen på 2000-talet är dock inte krisåret 2015 menar journalisten Ola Wong på Kvartal. Det märkvärdiga är att invandringen till Sverige konstant har legat på en exceptionellt hög nivå jämfört med tidigare årtionden. Statistiska Centralbyrån räknar med att Sverige under 2020-talet kommer ha en invandring på cirka 110 000 människor per år.[51] Det innebär i reda siffor 1,1 miljoner människor på bara tio år. En befolkningsökning utan motstycke i ett utvecklat land. Ökningen beräknas hålla sig på den nivån fram till mitten av detta sekel och den nya svenska befolkningen kommer till stor del att ha sitt ursprung i Asien och Afrika. "Man kan tycka att utvecklingen är bra eller dålig", skriver Wong, "men det går inte att ifrågasätta att den innebär en demografisk omvandling".[52] I boken *"Saknad – På spaning efter landet inom oss"* skriver Statsvetarna Katarina Barrling och Cecilia Garme om vad folkhemmets försvinnande väcker för känslor hos oss och vad som sker med människor när de måste tiga om dessa känslor. Barrling och Garme menar att det finns en "känslokorridor" som gör det svårt att prata om de förändringar som Sverige genomgått via förvandlingen till ett mångkulturellt land. De beskriver hur Sverigedemokraterna inträde i riksdagen 2010 skakade om de etablerade partierna och hur medier, politiker och akademiker tävlade i fördömanden av partiet och dess väljare. Så småningom kom man dock upp med mer den "välvilliga" förklaringen att Sveridemokraternas väljare kanske trots allt inte var rasister utan snarare "losers" på landsbygden som hade förlorat på globaliseringen och drabbats av arbetslöshet. Med andra ord: bittra bonnläppar som inte förstod bättre till skillnad mot för de upplysta storstadsborna. Men även om både arbetslöshet och i viss mån främlingsfientliga attityder spelat in menar Barrling och Garme att det finns en annan viktig och ofta förbisedd faktor: den saknad som uppstår när snabba förändringar inträffar. Från att ha varit ett rätt homogent land, inte minst vad mindre städer beträffar, har Sverige genomgått stora förändringar under framförallt de senaste 10-15 åren. Även om det hyllats av många, inte sällan av personer som själva aldrig har bott i eller satt sin fot i invandrartäta områden, så har skiftet från ett kulturellt homogent samhälle till ett mångkulturellt inte varit odelat positivt i många andras ögon. Flera av dem som författarna pratat med uttrycker en saknad efter det gamla Sverige och det gäller inte bara infödda svenskar utan även invandrare som bott här länge.[53] Det betyder inte att dessa människor är främlingsfientliga eller att de är emot invandring, utan snarare att de kände sig mer trygga och säkra i det Sverige som tidigare fanns. Barrling och Garme menar att oviljan att hörsamma denna saknad skapar känslor av bitterhet och vrede gentemot det politiska etablissemanget och att det är dem känslorna, snarare än värderingar och negativa åsikter om andra kulturer i sig, som är huvudorsaken till den ökade kritiken mot invandring vi ser. ”Medan fascismen hetsar mot det obekanta och främmande och samtidigt idealiserar den egna kulturen så gör mångfaldsförespråkaren tvärtom”, säger Göran Adamson. ”Främlingen idealiseras och romantiseras, som i en spegelbild av fascismen. Andra kulturer och religioner är lite finare, och mer värda än den svenska. Å ena sidan är främmande kulturer ursprungliga och heliga så vi får inte röra dem. Å andra sidan påstås människor därifrån bli svenskar så fort de kommer hit. Hur går det ihop?”[54] Per Brinkemo gör en viktig observation i det här sammanhanget: ”När akademiker – sociologer, psykologer, kriminologer, antropologer – som har som jobb att undersöka, analysera, förstå och förklara samhällsfenomen har utrustats med endast ett enda verktyg i verktygslådan, och därför ser allting genom den socioekonomiska linsen, förklaras den sanslösa kriminalitet vi dagligen bevittnar med, just det, ett socioekonomiskt utanförskap. Men allt oftare säger sig många ur den andra (ibland även den tredje) generationen snarare befinna sig i ett *mellanförskap*".[55] Ett mellanförskap är något som uppstår när en syn förmedlas av familj och släkt, och en annan av det omkringliggande samhället och då framförallt av skolan. Om föräldrarna är uppväxta i auktoritära kulturer uppfostras barnen inte sällan enligt principen *tig-lyssna-lyd* och med hot om eller fysiskt våld, vilket ofta ses som ett legitimt uppfostringsverktyg i Mena-länder. I Sverige så väntar lågaffektivt bemötande i skolor som försöker fostra fördomsfria och självständiga individer som tror på jämlikhet, demokrati och tolerans mot minoriteter. Få personer reflekterade över konsekvenserna av den här kollisionskursen och de som dristade sig att göra det svartmålades och misstänkliggjordes vilket vi sett flera exempel på. Det sätt genom vilket åsikter normaliseras inom den politiska diskursen har bland annat beskrivits via begrepp som *"Hallins sfärer"* och *"Overtons fönster"*. Det första är en teori om nyhetsrapporteringars retoriska inramningar som journalisthistorikern Daniel C. Hallin lade fram för att förklara bevakningen av Vietnamkriget. Den andra är en teori uppkallad efter policyanalytikern Joseph P. Overton och behandlar den allmänna opinionen i allmänhet. Allt ifrån en mer konventionell visdom till sådant som vi anser vara oacceptabelt. Ett ofta återkommande tema under senare år är den så kallade *"åsiktskorridoren"*. Uttrycket *"Åsiktskorridoren"* myntades för första gången av Henrik Ekengren Oscarsson, som är professor i statsvetenskap vid Göteborgs universitet. Ordet syftar på de accepterbara politiska åsikter som råder i samtidens samhällsklimat men som inte tillåts tänjas utanför den finare "boxen".

Med glimten i ögat så beskrev han åsiktskorridoren som:

"En buffertzon där du fortfarande har visst svängrum att yttra en åsikt utan behöva ta emot en dagsfärsk diagnos av ditt mentala tillstånd".[56]

Ekengren Oscarsson uttryckte en oro över att mångfalden av åsikter och debatten i Sverige hämmas av en ängslig strävan efter politisk korrekthet och hänvisade till att undersökningar visat vanligt förekommande uppfattningar och ställningstaganden som nästan helt saknas i det offentliga rummet och skulle lett till "en störtflod av ryggmärgsreaktioner från andra opinionsbildare"[57] om någon vågat säga dem. Som exempel tog han ett urval undersökningar av SOM-institutet. SOM, (Samhälle, Opinion och Medier) genomför varje år frågeundersökningar med fokus på just samhälle, opinion och medier. De visade att var sjunde svensk vill begränsa aborträtten, att fyra av tio ansåg att Sverige borde ta emot färre flyktingar, att en av fem tyckte dödsstraff för mord var bra och att nästan var tionde ville satsa mycket mindre på eller helt avstå från vindkraft. Även om Ekengren Oscarsson, påpekar att det är "viktigt att samhällsdebatten sätter tydliga gränser för vilka stolleprov som kan accepteras"[58] varnar han för att vi riskerar missa samhällsomstörtande idéer och skeva verklighetsuppfattningar om åsiktskorridoren blir så smal att klassiskt socialdemokratiska, liberala och konservativa vinklar stämplas som farliga: "Att Vuvuzela sig till framgång är dömt att misslyckas om man vill få till stånd ett fungerande samtal och en effektiv opinionsbildning. Anledningen är att du inte kan höra något och ingenting lära om du lägger all energi på att avvisa meningsmotståndare".[59] (Vuvuzela är en Sydafrikansk trumpet med genomträngande ljud som fotbollssupportrar använder för att störa motståndarlag). För att bemöta motståndare i debatt behöver vi lära känna deras argument och vara nyfikna på orsak och sammanhang. seriöst utövande av politisk påverkan kräver respekt, intellektuell nyfikenhet och villighet att utbyta argument. 2015 skrev journalisten Ann-Charlotte Martéus en modig och omtalad text i Expressen, *"Det är jag som är åsiktskorridoren"* där hon medgav att hon medverkat till en kraftigt vinklad bild av invandringen :

"Jag var med och byggde den korridor som har förhindrat en konstruktiv debatt om migration och integration ...uppdraget för mig som korridorarbetare var tvåfalt. För det första att varna för SD och skälla ut alla de bonnläppar som funderade på att rösta på partiet. För det andra att slå ner stenhårt på debattörer som använde uttryck som på något sätt kunde normalisera SD:s problembeskrivning; attackera varenda jävel som använde ord eller fakta som på något sätt kunde tolkas som rasism eller glidningar mot rasism..."[60]

Martéus beskrev hur enkla fakta klassades som ondsint retorik och om hur diskussioner om migrationen ansågs vara rasism. Priset för det här beteendet bland journalisterna blev högt, berättar hon. Det handlade om självcensur på en bred front, om en rädsla för att undersöka verkligheten förbehållslöst och om en minskad tilltro till den makt argumenten har. Resultatet av detta skrev Martéus, blir "en fördummad offentlighet, moralfebriga politiker och samhällsproblem som borde ha uppmärksammats och åtgärdats för länge sedan".[61]

Eric Gustafsson på Kalmars Universítet har skrivit en mycket intressant kandidatsuppsats om åsiktskorridoren och dess konsekvenser. Gustafsson beskrev bland annat hur den handlingsförlamning som uppstod i den ängsliga svenska tankemyllan under de här åren omöjliggjorde ett frågasättande av makten. Detta eftersom metadebatten som uppstod om vem som fick eller inte fick, uttala sig i vissa frågor, och då i synnerhet dem som på något sätt var relaterade till identitet; det vill säga etnicitet, kön och sexualitet, drog bort fokuset från en saklig diskussion:

"Ur askan uppstår ett bittert monster med en omättligt aptit för att hämnas upplevda och icke upplevda oförrätter. Identitet och internet i en giftig kombination har destabiliserat vår civilisation, med en skenande tribalism som följd står vi oförmögna att enas över ideologiska barriärer".[62]

Ann Charlott Alstadt på Bulletin, i sin tur, gjorde en synnerligen träffsäker summering efter det islamiska partiet Nyans framgångar i valet 2022.

Bland annat skrev hon:

"Vad tror man ska hända när staten och dess myndigheter slagit fast att Sverige är ett rasistiskt land, och rasism, islamofobi och afrofobi är en sorts inneboende essens hos de med vitt skinn? Staten uppmanar ju till tribalism, gruppetniska tvångstankar och identitetshysteri. Akademi och myndigheter har ställt om till antirasistisk ideologiproduktion. Med ett industriellt komplex av byråkrater som handlägger och upphandlar svartmålningen av vad som i själva verket är ett *av världens minst rasistiska länder".*[63]

"Av alla hot mot institutionen kommer det farligaste inifrån. Inte minst finns det en självbelåten inställning om att institutionerna är så självklara att de inte längre behöver förklara sig".

Jonathan R. Cole, sociolog och professor vid Columbia University

Vad kan vi göra åt situationen i Sverige?

Låt oss börja med att titta på brottsligheten.

I juni 2022 publicerade SvD en omfattande granskning där tre namngivna poliser framförde svidande kritik mot hur man bedriver utredningar av gängmord. Dessutom intervjuades ett stort antal anonyma åklagare, kriminaltekniker, brottsutredare och tidigare chefer som alla instämde i kritiken.[1] Ett bärande tema i granskningen var att orsaken till dagens ansträngda situation *inte* handlar om en brist på resurser. Istället handlar det om en brist på analys och utvärdering, brister i polisens ledning och styrning samt icke fungerande rutiner och arbetssätt. Rösterna inifrån beskriver en stor frustration över skillnaden mellan vad Polismyndigheten officiellt säger och hur det *egentligen* fungerar. Det officiella narrativet, om en välfungerande verksamhet med utredare som kämpar i motvind med bristande resurser, stämmer inte, hävdar kritikerna. Istället framträder en bild av utredningsarbeten med stora brister och en ledning som slår dövörat till när man efterfrågar utbildning, analys och förändring av dysfunktionella strukturer.[2] Flera anställda berättar om hur de funderar på, eller planerar, att byta jobb på grund av hur illa myndigheten fungerar. I SvD:s reportage beskrivs även hur mordutredaren Caroline Asplund skickat ett mejl till rikspolischef Anders Thornberg 2021 där hon uttryckte en djup oro över att myndighetens inkompetenta sätt att hantera en mordutredning riskerade leda till nya mord, (vilket var precis vad som sen hände också). En sammanställning från Polisens nationella operativa avdelning, (Noa), visade dessutom att uppklarningen av gängmord i Sverige har sjunkit dramatiskt sedan 90-talet. Något konkret svar fick Asplund emellertid inte, mer än beskrivningar av hur Thornberg ansåg att det *borde* se ut. Per-Olof Wikström, kriminologiprofessor vid universitetet i Cambridge med över 40 års erfarenhet av kriminologisk forskning, menar att förklaringen till att folk begår brott är att de har motiv, saknar självkontroll och moral samt att det inte finns tillräckligt med avskräckande faktorer.

I en intervju med Forskning & Framsteg sa Wikström:

"Social utsatthet förklarar 3-4 procent av variationen av brottsligheten, medan personlig moral och självkontroll, samt de miljöer man deltar i förklarar runt 60 procent".[3]

När människor begår brott ser dom det som en acceptabel handling, förklarar Wikström. En central fråga för kriminologin och brottspreventionen är att utröna varför vissa personer men inte andra ser brott som en acceptabel handling i vissa situationer och därefter hitta åtgärder som kan motverka det. På frågan var dessa normer kommer från påpekar Wikström att moralbildning skapas i det dagliga mötet med andra människor och medier. Av särskild vikt är förstås föräldrar, lärare och andra barn och ungdomar. "När det gäller dagens utsatta områden är detta en central fråga", säger han. "Vad finns det för miljöer och aktiviteter som stödjer brottsnormer? Det är där man formas. Det handlar till exempel om vilka man umgås med, vilka sociala medier man tar del av, vilken musik man lyssnar på. Varför vissa har kommit att se det som acceptabelt att skjuta andra måste ses mot den bakgrunden".[4] När

Polisförbundet gjorde en undersökning om hur poliser vill bekämpa gängbrottslighet fanns bland annat slopandet av mängd- och straffrabatt för unga med. "Har man jobbat lång tid med att lagföra personer och ser att det inte blir konsekvenser, att de kriminella till och med skrattar åt oss, det är klart att det är frustrerande",[5] säger Hanif Azizi, områdespolis i Rinkeby. "Unga grovt kriminella är farliga individer som i de flesta fall är oförbätterliga",[6] påpekar Fredrik Kärrholm. Av kriminella ungdomar som döms till sluten ungdomsvård fortsätter 9 av 10 begå brott.[7] Det som krävs är därför inkapacitering under lång tid. Det är klokt av två anledningar: Fängelse hindrar dem att begå fler brott och längre straff innebär högre ålder vid frisläppandet. Det senare minskar generellt brottsbenägenheten. Främst på grund av hjärnans utveckling, sänkta testosteronnivåer och förändrad social kontext. På så vis ger längre inlåsning av unga förbrytare en positiv nettoeffekt. Bevisen för att högre straff ger lägre brottslighet är mycket starka, påpekar Kärrholm. De är ofta utförda av nationalekonomer, vilka lägger mycket tid på att lära sig metoder för att dra statistiska slutsatser från icke-randomiserade data, något som är nödvändigt för att kunna utvärdera straffeffekter. Detta eftersom det av etiska skäl oftast inte är möjligt att genomföra kontrollerade experiment med straff. De som ska studera effekterna av straffrättsreformer och sedan förklara orsakssamband i komplexa frågor om kriminalitet behöver därför kunna statistiska metoder som gör att man kan utnyttja den variation som finns i verkligheten. Det här är något som nationalekonomer med sin utbildning inom fältet ekonometri oftast är bättre på än dem som är verksamma i andra samhällsvetenskaper.

Att satsa mer på välfärdssystem, få ner arbetslöshet och öka utbildningsnivån har inte minskat kriminaliteten, påpekar den före detta polisen Mustafa Panshiri: "Den främsta förklaringen till brottslighet - liksom dess frånvaro - stavas kultur och värderingar".[8] Oavsett hur mycket resurser staten spenderar så spelar det ingen roll om vi inte gör rätt saker, påpekar han. Det som framför allt behöver göras är att stärka goda värderingar hos barn och unga och se till att vi låser in kriminella. Om de kriminella hålls borta ifrån gatorna så skyddar vi samhället och eliminerar de kriminella förebilderna.

Polismyndigheten pekar bland annat på följande fakta:

-Forskning visar att den viktigaste brottsförebyggaren är en familj med engagemang och sunda värderingar. Därför behövs ett tydligare stöd till utsatta familjer.

-I utsatta områden lämnar varannan elev grundskolan utan godkända betyg och hamnar lätt i utanförskap och riskerar att fångas upp av kriminella nätverk. Skolorna utanförskapsområden måste stärkas.

-Nyligen presenterades en forskningsrapport som visade på att nära hälften av de 15 000 personer som kan kopplas till organiserad kriminalitet har en psykiatrisk diagnos. För att förhindra att de hamnar i kriminalitet krävs mer insatser från vården.

-Polisen finns på plats 24 timmar om dygnet, men är ofta ensamma. Myndigheter, socialtjänst och andra aktörer behöver arbeta kvälls- och nattetid när unga går att nå.[9]

Lise Tamm arbetar som åklagare vid internationella brottsmålsdomstolen i Haag. Hon menar att vi har en otillräcklig lagstitftning. Exempelvis genom ett bara tillåta häktning i högst 3 månader för kriminella ungdomar. Något som stressar utredarna och skickar signalen att det lönar sig att tiga. Vi är dessutom det enda land som inte kriminaliserat anslutning till brottslig sammanslutning, påpekar hon. Det behövs en reformerad brottsbalk men också förebyggande arbete, säger Tamm: "Barnen måste börja i svensk förskola väldigt, väldigt tidigt, så att de lär sig svenska och inte hamnar efter i skolan."[10] Vissa länder, exempelvis Tyskland och Holland, tillämpar ett fängelsesystem som innebär att brottslingar måste genomgå både studier och yrkesutbildning. Marie Torstensson Levander, är seniorprofessor vid Malmö universitet och har forskat på varför vissa väljer att begå brott. På 90-talet arbetade hon med forskning vid Polishögskolan och undervisning och forskning inom polisutbildningar. Torstensson Levander startade ett projekt där man studerade vilka barn och ungdomar, egenskaper och erfarenheter som spelar in när brott begås samt i vilka miljöer? Resultaten bekräftar det liknande studier visat: Synen på respekt för regler skiljer sig hos ungdomar som begår brott från dem som inte gör det. Dessutom är förmågan till självkontroll, att kunna motstå frestelser och provokationer i en situation där brottsbeslutet är nära, en viktig faktor. En tredje är vilka miljöer man väljer att vistas i. Forskningen visar att det är mycket vanligare att ungdomar med svag moral och självkontroll rör sig i miljöer som kan leda till brottslighet I USA introducerade man i början av 70-talet tre nya system för att stoppa maffians tillväxt: *WITSEC, RICO* och *kronvittnen*. WITSEC innebär att vittnen med (eller utan) kriminell bakgrund får nya identiteter, ny bostadsort, straffrabatter eller frigivning efter att ha agerat kronvittnen i rättegångar mot organiserad kriminalitet. RICO-lagen, i sin tur, tillåter åtal mot alla som deltar i "kriminell konspiration". Det vill säga kan hållas ansvariga för brott man vetat om begåtts av en kriminell organisation man är med i eller ett företag även om man inte deltagit aktivt själv. På 80-talet satsade myndigheterna i New York på så kallad *allt slags brotts - bekämpning*. Även om huvudfokus var grov kriminalitet ansågs nolltolerans mot ringa brott nästan lika viktigt. Det här kallas *"Broken Window"-metoden* och går ut på att reagera mot varje typ av stök i samhället. Detta eftersom omoral och bristande respekt för lagar och auktoriteter visat sig leda till ökade trygghetsproblem. Företagare och fastighetsvärdar i stangick samman och finansierade upprustning av förfallna närområden samtidigt som man anlitade säkerhetsföretag som ökade tryggheten i utsatta områden. Samarbetet omfattade dessutom olika typer av sociala stödprogram för att bistå utsatta människor i olika åldrar.[11] Effekten blev att brottsligheten sjönk rätt dramatiskt. Enligt forskningen är brottslighet resultatet av ett samspel mellan moral, självkontroll och exponering för riskfyllda miljöer.[12] Michael Tärnfalk, universitetslektor i socialt arbete med inriktning på brottsliga och utagerande barn och unga, menar att Socialtjänsten är grundläggande för att nå ungdomar som riskerar fastna i gängkriminalitet. Detta då Socialtjänsten är den myndighet som har resurser, inte minst när det gäller dem under 15 år. Då finns det nämligen ingen annan myndighet som kan gripa in. Tärnfalk hävdar dock att Socialtjänsten idag är oförmögen att jobba förebyggande mot dödligt gängvåld:

"På socionomprogrammen så är det mer viktigt att socionomer lär sig intersektionalitet och genus än att de lär sig sådant som har med ungdomsvåld att göra", säger han. "Unga lagöverträdare har nästan ingen plats på något socionomprogram i Sverige ... Det är liksom inte hippt".[13] Trots att barn och unga som dragits in i kriminalitet utgör en stor del av socialtjänstens arbete numera så är normbrytande beteende, kriminalitet och dödligt våld nästan frånvarande inom utbildningen. Tärnfalk efterlyser en omstrukturering av utbildningen. Ett annat allvarligt problem är den växande islamistiska extremismen. Ett fenomen som absurt nog finansieras av statliga myndigheter. "Sverige måste vara ett av få länder i världen där man ger ekonomiska bidrag till sina fiender",[14] skrev liberalen Robert Hannah. Tillsammans med förre partiledaren Nyamko Sabuni föreslog han tre åtgärder för att motverka extrema krafter i utsatta områden. Bland annat att man ska stoppa odemokratiska stater som Saudiarabien, Iran, Qatar och Turkiet från att utöva en påverkan. De påpekade att penningstarka regimer som finansierar moskébyggen ställer motkrav på att ta kontroll över verksamheten och att regeringen bör skapa lagar som kraftigt begränsar möjligheten för icke-demokratiska regimer att göra detta. Dessutom bör vi granska bidragen bättre, hävdar de och hänvisar till SÄPO:s varningar om att individer med kopplingar till våldsbejakande extremism är aktiva i organisationer som får offentliga medel. Det tredje förslaget är att informera om den våldsbejakande islamismens brott mot mänskligheten. Exempelvis att terrorgruppen IS begick folkmord på yazidier, avrättade journalister, hjälparbetare och andra samt tog kvinnor och flickor som sexslavar.[15] Självklart behövs det många fler åtgärder för att komma åt ovan beskrivna problem. Vi måste prata mer med de unga, inte bara som föräldrar, utan även i skolan, om normer, värderingar och moral samt vilka konsekvenser det får om de väljer extremismens eller drogernas och brottets bana. Inte bara för dem själva, med allt vad det innebär med risk för fängelse, skada eller för tidig död, utan även vad det innebär för anhöriga och brottsoffer, beträffande lidande. Dessutom är det helt nödvändigt att mobilisera de goda krafterna i utanförskapsområdena. De flesta invandrare vill, lika lite som alla andra, leva i en situation med knarklangning, rån, utpressning, misshandel, våldtäkter, skjutningar och sprängningar. Att vuxna invandrare kommer med på banan som positiva förebilder och kan bidra är en förutsättning om vi ska ha någons chans att vända detta. Det finns också gott om vettiga förebilder både bland kända och okända personer med invandrarbakgrund. Författaren till den här boken har personligen haft flera arbetskollegor med invandrarbakgrund och det har nästan uteslutande varit trevliga och begåvade personer med förnuftiga värderingar. Vi ser dessutom många invandrare med kloka analyser i den svenska debatten. Miljöpartisten Mursal Isa påpekar att det viktigaste redskapet för att ta sig in i samhället är att lära sig svenska: "Om du är ny i landet så är det din förbannade skyldighet att försöka förstå hur landet fungerar", säger Isa. "Det gör man inte om man inte lär sig språket. Och lär sig språket gör man inte om man inte kommer i kontakt med majoritetskulturen".[16] I det avseendet är han självkritisk till sitt parti: "Miljöpartiet är en del av problemet. Jag vill betona att jag är stolt över vår vilja att ge förföljda chansen och att vi värnar asylrätten. Men vi borde ha haft en tydlig politik för lösningar inom integration och inkludering. Det har vi inte haft och det förlorar vi trovärdighet på".[17] Mustafa Panshiri är ju redan nämnd, men även politikern Maria Hindi Alias, polisen Hanif Azizi, digitaliseringsexperten Ashkan Farouz, youtubern Victor de Almeida förre youtubern Navid Modiri liksom skribenten Omar Makram alla utgör vettiga förebilder. "Det krävs ett gemensamt värdesystem för ett samhälles långsiktiga blomstrande och sammanhållning", säger Makram. "Parallella värdesystem leder till parallella samhällen och parallella samhällen är det sista man ska sikta på om man vill ha en hållbar, långsiktig, social sammanhållning. Parallella system leder till tribalism, "vi mot dem". Vi har vårt sätt och svenskarna har sitt. Ett splittrat samhälle indelat i vi och dom är ett samhälle med låg tillit och liten vilja att samarbeta, och blir än mer problematiskt i ett välfärdssamhälle då folk förväntas bidra till gagn för andra samhällsmedlemmar".[18] Först av allt måste de här utsatta områdena återerövras av polisen, förklarar Lars Korsell, som alltså jobbar som forskare och enhetschef på *Avdelningen för ekonomisk och organiserad brottslighet.* "All brottsbekämpning bygger på information. Folk måste våga tipsa och vittna. Så polisen måste ta kommandot lokalt. Lyssna på dem som bor i de utsatta områdena och beivra vandalism, bilbränder, buskörning med mopeder och narkotikaförsäljning. Det är där man måste börja. Om man gör detta på allvar så kan man få med sig de lokala aktörerna. Sedan blir det lättare för myndigheterna att även ta kontrollen över den mer dolda brottsligheten, för att på sikt få området på rätt köl."[19] I den inrikespolitiska diskussionen om hur gängvåldet ska stoppas har flera debattörer pekat på Danmark. Där ger lagen möjlighet att utdela dubbla straff för gängkriminella brott. Gängmedlemmar i ledande positioner måste så långt möjligt avtjäna straff separat från andra medlemmar av samma gäng. Det finns även åtstramning och specifika sanktioner när fångar med ett starkt negativt styrande beteende begår brott i fängelset. De med koppling till gängtillhörighet har dessutom brev- och besökskontroll i högre utsträckning och under pågående konflikter nekas de besök av personer från samma grupp. Gängmedlemmar som dömts får inte släppas på prov om de inte deltar i en utgångsprocess och vid frigivning måste det anges som ett villkor att personen i fråga fortsätter delta i en den processen. Insatsprogram med kreativa åtgärder där unga träffar goda förebilder är en annan sak de infört. Danskarna inrättade även en arbetsgrupp för att undersöka åtgärder för att förhindra missbruk av offentliga tjänster av gängmedlemmar och andra kriminella. Kriminologen Amir Rostami forskar om organiserad brottslighet och har följt utvecklingen i grannlandet under flera år. Rostami anser att Danmark, delvis genom bättre samarbete mellan olika myndigheter och aktörer, har lyckats tygla våldet. "Det danska förhållningssättet skiljer sig mot det svenska genom att det är lite mer verkstad", säger Rostami. "Man bestämmer sig för någonting och genomför det ganska kraftfullt, medan vi i Sverige tenderar att stanna upp i byråkratin. Vi har en konsensuskultur som också gör att vi krånglar till saker".[20] Många av åtgärderna som efterfrågas i mätningen låter bra på papperet, men är desto svårare att genomföra, förklarar Rostami. Han anser att hårdare straff och ökade polisresurser är beroende av att uppklaringsgraden är hög, för att de gängkriminella ska kunna lagföras. Trots att polisen haft kraftigt ökade resurser de senaste åren sett till budgeten och trots att lagstiftningen skärpts på flera områden, syns inga effekter på skjutningarna. Många av verktygen är bra men behöver även användas på rätt sätt för att få effekt, enligt Rostami som föreslår en haverikommission för att utreda problembilden och sen gå till botten med vilken effekt lagstiftning och brottsförebyggande haft på gängkriminaliteten sedan 90-talet. "Vi behöver de övergripande penseldragen", säger han. "Annars slänger vi in förslag och åtgärder som har väldigt kortsiktiga effekter".[21] Dessutom måste vi sluta ösa bidrag till föreningar utan insyn. I Sverige fördelar *Myndigheten för stöd till trossamfund* offentliga bidrag till 6-7 muslimska paraplyföreningar som väljer fördelning till över 150 församlingar. Det sker emellertid ingen granskning av vare sig ekonomi, värdegrund eller tillämpning av demokrativillkor. Varje år beräknas mellan 8 och 20 miljarder kronor betalas ut på felaktiga grunder till privatpersoner eller företag .[22] I nordöstra Syrien finns ett talesätt: *"Swidi aktar min as-swidiin",* (svenskare än svenskarna) vilket är en beteckning för lättlurade och godtrogna personer som är mer värda att skrattas åt än att hedras. Det fick mig att tänka på en bekant, en skarpsynt och välintegrerad invandrare, som sa att i Mellanöstern skrattar man åt Sverige på grund av vår naivitet. Det mest oroande idag är dock hotet mot yttrandefriheten. "Frihet är inte bara en idé", säger journalisten Jon Rappoport. "När en individ känner och vet att hon är fri, sker alla möjliga förändringar, även på fysisk nivå: Hjärnans funktion ökar och påskyndas. Endokrina nivåer optimeras. Kroppens celler vaknar i högre grad och energiproduktionen stiger".[23] När vi känner oss ofria och oroliga så sker istället det motsatta.

I dessa tider uppmanas vi inte bara att vara rädda för klimatet och för pandemier. Vi drillas även att vakta vår tunga. Varje samhälle som inskränker yttrandefriheten och startar drev mot oliktänkande lägger kulturellt och moraliskt grunden för sin egen undergång. I Sverige har vi sett en allt hätskare "debatt" på senare år där vi ofta pratar om och förbi, istället för *med* varandra. Inte sällan genom att kasta elaka epitet och svartmåla opponenter. Frågan är hur vi ska nå fram till varandra? Den närmast epidemiska lättkränkthet som spridit sig gör inte saken lättare. Men ju mer upprörda människor blir när någon ifrågasätter deras övertygelse, desto mer förvissad kan man vara om att den är svag. Den som är trygg i sin övertygelse och sina argument behöver inte bli ursinnig över andras, än mindre våldsam, hur enfaldiga de än anser dem vara. En människa förankrad i faktabaserad kunskap och självkänsla låter sig inte svepas med i känsloargument och pajkastning i första taget. Med andra ord så vore det nog bra om vi jobbade mer med vår självkänsla. Den stora utmaningen är hur vi ska nå ut med information baserad på faktabaserad sanning och inte känslobaserat önsketänkande och hur vi utifrån det kan skapa en miljö där vi utvecklas som individer och samhälle. I en demokrati är det viktigt att olika perspektiv får stötas och blötas. I Sverige har vänsterregeringar och borgerliga regeringar turats om att styra sedan 1976. År 1995 inledde Centerpartiet ett samarbete med Socialdemokratierna som varade i tre år. Därefter rörde sig Centern högerut och två tydliga block etablerades åter. 2018 syntes ett nytt trendbrott eftersom C ingick samarbete med S för att hålla SD borta från maktinflytande. Vi såg en hårdare, mer oförsonlig polemik, där känsloargument inte sällan trumfade fakta.

I det konservativa perspektivet, företrätt av partierna längst till höger, brukar man, (lite hårddraget), säga att *kunskap* går före värderingar. Man talar ogärna om maktstrukturer och strävar efter att bevara traditionella värden. I det vänsterradikala perspektivet, å´ andra sidan, talar man (lite hårddraget) om *värderingar* i första hand och att maktstrukturer och andra sociala konstruktioner bör nedmonteras. Jonathan Haidt gör en distinktion mellan universitetens, (kunskapssökandets), två olika möjliga "telos", det vill säga avsikter: Antingen kan de ha "sanningen" som ledstjärna eller "social rättvisa". Enligt Haidt måste universiteten välja eftersom de två inte kan kombineras. Sanningen i sig är ju inte alltid "bekväm" eller "rättvis", utan ofta upprörande. Idag så till den grad att det uppstått något av en åsiktsallergi. Det mest skrämmande är att den inte bara har letat sig in på universitet och andra institutioner utan till och med ätit sig in i lagstiftningen. Något vi tidigare bara sett i totalitära stater. 2010 utkom Jonathan R. Cole, sociolog och professor vid Columbia University, med boken *"The Great American University: Its Rise to Preeminence, Its Indispensable National Role, Why It Must Be Protected"*. I den hävdar han att några av de allvarligaste hoten mot akademisk frihet idag kommer inifrån systemet självt. Exempelvis det faktum att forskare och studenter numera gör gemensam sak för att hindra folk de anser provokativa att framföra sina åsikter och att institutionerade ståndpunkter inte får ifrågasättas:

"Av alla hot mot institutionen kommer det farligaste inifrån. Inte minst finns det en självbelåten inställning om att institutionerna är så självklara att de inte längre behöver förklara sig".[24]

Det här tankegodset har gett upphov till företeelser som man skulle kunna skratta åt om det inte vore för dess konsekvenser. "I kulturvärlden har identitetspolitiska tankegångar lett till smått bisarra diskussioner" skriver Nina Solomin på Fokus. "Som huruvida en översättare bör vara svart för att korrekt översätta en svart poets lyrik. Eller om det är okej att skriva en roman om en minoritetsperson när författaren själv inte delar den identiteten. Eller, som nyligen, om det är en överträdelse att en icke-judisk skådespelerska (Helen Mirren) spelar Israels tidigare premiärminister Golda Meir i en film.[25] Riksteatern brukar kallas en folkrörelse vars medlemmar utgörs av publiken. I realiteten handlar det dock om en myndighetsliknande organisation, sa kulturjournalisten Gunilla Kindstrand. Dess ordförande utses av regeringen och det årliga statsbidraget uppgår till nära 300 miljoner. Enligt Kindstrand är det bara på pappret Riksteatern är partipolitiskt obunden."De senaste åtta åren har Riksteatern speglat den sittande regeringens politiska ambitioner med stor konsekvens", skriver hon. "Allt mindre fokus på "den förstklassiga teaterkonsten" ute i landet och alltmer på uppfostrande opinionsbildning kring klimat, hbtq, feminism och etnicitetsfrågor".[26] Tilliten, det kitt som håller samman gemenskapen mellan människor, vittrar sönder om vi ger luft åt en föreställning om stora inneboende skillnader mellan olika grupper, skriver Solomin med hänvisning till Rothsteins artikel om faran med uppdelningen utifrån identitetspolitik. I *"Fyratusen veckor: Tidshantering för ett ändligt liv"*, skriver Oliver Burkeman att vi i genomsnitt lever just fyratusen veckor. Med anledning av detta och med tanke på de märkliga saker som folk hetsar upp sig över numera stämmer titeln på en annan Solominartikel till eftertanke: *"Du har 4 000 veckor i livet – ägna dem åt verkligheten"*.[27] I *"Wisdom of Crowds"* hävdar författaren James Surowieckis att grupper är anmärkningsvärt intelligenta och under rätt omständigheter ofta till och med smartare än den smartaste individen. I *"The Madness of Crowds: Gender, Race and Identity"* skriver den brittiske journalisten Douglas Murray istället om det repressiva flockbeteende han menar genomsyrar och förgiftar snart sagt alla aspekter av västvärlden. Istället för jämlikhet, får vi mer krav på särbehandling, istället för betonande av meriter får vi mer krav på representation och mångfald och istället för öppen debatt får vi mer krav på censur och tystande av oliktänkande. Alla traditioner och normer som på något sätt kan härledas till västvärlden tycks synonyma med ondska enligt woke. Böcker cenureras och rensas ut, konst plockas undan, statyer vandaliseras och gator byter namn. Allt i namn av det nya, "goda" identitetspolitiska paradigmet. Murray varnar för är att allt fler undertrycker sina åsikter till förmån för socialt accepterade lögner, det Kuran kallar *preferensfalsifikation*. Även människor med en välvillig övertygelse tenderar välja bort obehagliga fakta om de rubbar deras världsbild. Förnekandet av fakta, att vara fången i sin egen övertygelse, kan få människor till vad som helst varnar Thomas Gür och illustrerar med ett känt exempel. När den italienske astronomen Galileo Galilei riktade sitt teleskop mot himlen i början av 1600-talet och konstaterade att solen hade fläckar väckte det stor ilska bland dåtidens akademia. För dem var det en "självklar sanning" att solen är en perfekt sfär och följaktligen inte kan ha några fläckar. Därför ansåg de sig inte ens behöva titta i Galileis teleskop.[28] De visste ju redan sanningen. Precis som de "visste" att den *geocentriska världsbilden,* det vill säga att jorden befinner sig i universums centrum, var den sanna, och att den *heliocentriska världsbilden,* att solen befinner sig i galaxens centrum och att de andra planeterna rör sig i banor runt den, var helt "osann". Galileis kritiker fick medhåll av *Romerska inkvisitionen* som förklarade att heliocentrismen var "dum och absurd i sin filosofi eftersom den uttryckligen motsäger mycket av betydelsen hos den heliga skriften".[29] 1632 gav Galileo ut *"Dialogo sopra i due massimi sistemi del mondo",* (Dialog om de två världssystemen). I boken så diskuterar karaktärerna Salviati, Sagredo och Simplicio om det är jorden eller solen som är världsalltets centrum. Boken spädde på ilskan och den då 70-årige Galilei beordrades till Rom för att ställas inför Vatikanens inkvisition. Knäböjande tvingades han "ta avstånd från, förbanna och avsky" sina läror och dömdes till husarrest livet ut.[30] Galileis böcker bannlystes eftersom de ansågs gå emot "sanningen" och kunde kränka människor. "Mycket av västvärldens sociala historia de senaste tre decennierna har handlat om att ersätta det som fungerade med det som lät bra," hävdar nationalekonomen Thomas Sowell: "Inom område efter område - kriminalitet, utbildning, bostäder, rasförhållanden, har situationen förvärrats efter att de bländande nya teorierna satts i drift. Det otroliga är att denna historia av misslyckanden och katastrofer varken avskräckt de sociala ingenjörerna eller misskrediterat dem".[31] Akademiledamoten Åsa Wikforss har hävdat att alla som inte är tillräckligt oroade av klimatförändringar och högerpopulism förnekar vetenskap, evidens och argument. De har slutat bry sig om fakta och sprider desinformation, anser Wikfors, och ägnar sig istället åt personangrepp för att "lura åhörarna och leda bort dem från sanningen".[32] "Vad händer med ett samhälle som i allt högre grad beskriver all oönskad information som desinformation"?[33] undrar entreprenören och författaren Henrik Jönsson. "Den som inte ser riskerna med kampen mot desinformation har antingen inte läst George Orwells 1984 eller är själv desinformerad",[34] skrev Nina Solomin. I "1984" beskrev Orwell ett samhälle fritt från självständigt tänkande. Historien har tillrättalagts och Storebror ser och kontrollerar allt. Vill vi verkligen ha politiskt korrekta inkvistitioner där etablissemanget och ilskna aktivister går hand i hand? Där en åsiktskonformism sprider sig som en mental cancersvulst samtidigt med en ökad deplattformering av obekväma individer som för tankarna till vad som skedde i Sovjetunionen när man retuscherade bort dissidenter från gamla fotografier. Paulina Neuding gav en fingervisning i berättelsen om en 71-årig kvinna som i nio år arbetat som volontär hos Röda Korset. En dag dök en man upp i butiken och började fråga ut kvinnan om hennes syn på invandring. "Det vore bättre att hjälpa flyktingar där de befinner sig", svarade hon. "Sverige bör i första hand hjälpa våra egna ungdomar som är utan jobb. Jag tycker att vi ska hjälpa er där ni är".[35] Det visade sig sedan att mannen hade filmat henne i smyg och lagt ut filmen på internet till allmän beskådan. Följden blev att kvinnan brännmärktes som rasist av flera tidningar och att Röda Korset meddelade att hennes tjänst avslutats. En tid därefter avled hon. Några större rubriker om detta blev det dock inte, berättar Neuding, förutom på mer eller mindre högerextrema nätsidor. Händelsen är talande, inte bara för de snäva åsiktsramar vi har att förhålla oss till i Sverige, säger Neuding, utan även hur likriktning i åsikter kan göda mörkare krafter.

För att förstå det här måste vi titta på en kombination av två företeelser, menar Neuding:

Den svenska *chauvinismen.*
Den svenska *historielösheten.*

Chauvinismen därför att vi svenskar tenderar betrakta ett välordnat samhälle med välfungerande institutioner, hög tillit och låg korruption som vår unika arvsrätt. Historielösheten därför att många ser samhället som en produkt av socialdemokratisk ingenjörskonst och underskattar den jordmån som gjorde folkhemsbygget möjligt. Något som hon menar ger en övertro på vad politiken kan åstadkomma och politikers förmåga att fixa det som gått sönder. Därför kommer också klyftan i det svenska samhället att tillåtas fortsätta växa spår Neuding. Mycket talar för att hon kommer att få rätt. Eftersom de flesta människor har rätt begränsade kunskaper i historia, politik och propagandatekniker samt föga lust eller tid att sitta och jämföra källor, säger det sig självt att de lättare kan manipuleras i en viss riktning. Många av dagens unga har dessutom växt upp i en miljö där snabba kickar och kitsch lockar betydligt mera än ämnen som historia, kultur och politik. De senaste decennierna har läsandet minskat i alla ålders- och socialgrupper, inte minst bland pojkar. Vanemässigt parkerar de framför mobiler, dataspel och filmer med skräpmaten och läsken nära till hands. Det finns fler orosmoln. Utan debatt så röstade Riksdagen 2022 fram en grundlagsändring om utlandsspioneri som innebär att journalister och visselblåsare kan åtalas om de avslöjar oegentligheter som riskerar att skada Sveriges relationer med annat land. Inklusive diktaturerna alltså? Vad händer om någon retar upp dem med sitt avslöjande? I senaste SOM-undersökningen så anser dessutom 63 procent av svenskarna att demokratin tillfälligt ska kunna begränsas för att hantera klimat- och miljökriser. Vad gäller hanterandet av en pandemi anser 71 procent det vara skäl nog för inskränkningar. "Om våra politiker, opinionsbildare och de institutioner i samhället som ska upprätthålla den demokratiska ordningen, blir alltmer benägna att förhandla bort rättigheter och tumma på grundläggande principer för yttrandefriheten, demonstrationsfriheten och tryckfriheten, så kan det, visar våra resultat, få ett oväntat starkt gehör bland medborgarna",[36] säger Sten Widmalm och Thomas Persson. Det kan, påpekar de, leda till en nedåtgående spiral för demokratin, vilket har skett i flera länder. Samtidigt som barn- och ungdomspsykatrins kliniker, liksom häkten och fängelser, är smockfulla, och skjutningar, sprängningar och extremism ökar, har nya skrämmande fenomen som trakasserier mot tåganställda och, buss- och bibliotekspersonal uppstått. 2019 släppte SEKO, (Service- och Kommunikationsfacket) en rapport som visar att hot, våld och sexuella trakasserier är vardag för tågpersonal.[37] När landets 1600 bibliotekarier samma år frågades ut av DIK (facket för alla som arbetar eller studerar inom kultur och kommunikation), vittnade många om en stor ökning av social oro och våldsamma incidenter. Hälften av alla folkbibliotek uppger att droghandel ägt rum i lokalerna. 2020 visade en rapport från BRÅ att nästan samtliga av landets bibliotek hade utsatts för brott och ordningsstörningar och att hot och trakasserier var vanligt förekommande på biblioteken.[38] Bristen på respekt för andra och för auktoritet är ett säkert tecken på ett samhälle som är inne på farliga vägar.

Lyckligtvis är de flesta människor rätt hyggliga i grund och botten. Åtminstone så länge de har basbehoven uppfyllda och slipper utsättas för ett alltför högt stresspåslag. Dessutom har vi åtminstone börjat att tala om sådant det tidigare inte gick att resonera kring utan att moralpanik och verbal pajkastning automatiskt utbröt. Idag ser vi allt fler medier, forskare, politiker och debattörer lyfta ämnen som tidigare har förtigits eller relativiserats. Den stora ödesfrågan är huruvida vi kan vända den destruktiva och negativa utvecklingen i tid?

I boken "Enemies of Society" skriver den brittiske historikern Paul Johnson:

"Kärnan i civilisationen är det ordnade sökandet efter sanning, den rationella uppfattningen av verkligheten och alla dess aspekter samt anpassningen av människans beteende till dess lagar. Så länge vi följer förnuftets väg kommer vi inte röra oss långt från civilisations upplysta cirkel. Dess fiender finns alltid bland dem som oavsett motiv, förnekar, förvränger, förminskar, överdriver eller förgiftar sanningen och som förfalskar förnuftets processer. I alla tider har civilisationen sina fiender, även om de ständigt byter skepnad och vapen. Den stora defensiva konsten är att upptäcka och avslöja dem innan skadorna de vållar blir livshotande. Helvetet, skrev Thomas Hobbes, är sanning upptäckt för sent. Överlevnad är lögn upptäckt i tid".[39]

Lögnen och bedrägeriet kommer dock inte bara utifrån. Den vanligaste formen av bedrägeri är inte sällan självbedrägeriet.

Jag tror det är där vi måste börja.

Noter

1. Joost A. M. Meerloo, "*Conversation and Communication*", International Universities Press, 1952, (sidan 239)

Förord

1. How Sweden became a gangsters' paradise: Europe's most liberal country welcomed Middle Eastern refugees five years ago... but now it is being terrorised by migrant mafia clans - with police and politically correct government powerless,By Jake Wallis Simons, Associate Global Editor, In Gothenburg, Daily Mail, 12 October 2020. Se även: The world's safest rich countries in Northern Europe turn into a criminal paradise?! 257 explosions and 300 shootings a year, www.yqqlm.com Samt: Sweden is being shot up, economist.com, Jul 24th 2021 edition
2. Att rensa upp i rötan hotar inte demokratin, Magnus Ranstorp, Expressen, 19 april, 2021. Se även: Terrorforskare: ”Sverige har internationellt rekord i naivitet”, Henrik Sjögren, fokus.se, 2023-02-10
3. Human brain can store 4.7 billion books - ten times more than originally thought, , Telegraph Reporter, telegraph.com, 21 January 2016. Se även: Human brains can hold 10 times more information than thought, equivalent to the entire internet, Andrew Griffin, independent.co.uk, 22 January 2016
4. The human brain can store 10 TIMES as many memories as previously thought, says study, Ellie Zolfagharifard, dailymail.com 20 January 2016. Se även: Human brains can hold 10 times more information than thought, equivalent to the entire internet, Andrew Griffin,

independent.co.uk, 22 January 2016. Samt: The Human Brain's Memory Could Store the Entire Internet, By Tia Ghose, .livescience.com, February 18, 2016
5. Steven J. Breckler, James Olson, Elizabeth Wiggins, "Social Psychology Alive", Thomson & Wadsworth, 2006, (sidan 313)
6. Irving Lester Janis, Groupthink: psychological studies of policy decisions and fiascoes, Houghton Mifflin, 1983. Se även: A brief history of groupthink, Kathrin Lassila, yalealumnimagazine.com, Jan/Feb 2008.
7. Daniel Kahneman, Thinking, Fast and Slow, Farrar, Straus and Giroux, 2011, (sidan 21-
8. The Battle in Your Mind, BBC, 2014. Se även: Ologiska beslut en del av människans natur,svt.se, 28 april 2014.
9. Rita Copeland , "The Oxford History of Classical Reception in English Literature: Volume 1: 800-1558," 2016, Oxford University Press, (sidan 153)
10. Cherie Winner, "Lerner Publishing Group; Library Binding edition", 2007,"Circulating Life: Blood Transfusion from Ancient Superstition to Modern Medicine," Twenty-First Century Books1, 2007 (sidan 40)
11. M. James Ziccardi, "Portraits in Philosophy," CreateSpace Independent Publishing Platform, 2012, (sidan 83)
12. Corinne M. Karuppan, Michael R. Waldrum, MD. Nancy E. Dunlap, "Operations Management in Healthcare: Strategy and Practice," Springer Publishing Company, 2016, (sidan 586)
13. Noam Chomsky, The Common Good, Odonian Press, 1998, (Sidan 43)
14. Varför yttrandefrihet? Om rättfärdigandet av yttrandefrihet med utgångspunkt från fem centrala

argument i den demokratiska idétraditionen, Ulf Petäjä, Växjö University Press, 2006, (sidan 176)
15. Svensk tryck- och yttrandefrihet firar 250 år, 2 juni, 2018. regeringen.se
16 Janne Josefsson: Journalisterna riskerar gräva sin egen grav, DN, 28/8, 2020.
17. Pladdrets tyranni, Håkan Boström, DN, 2009- 12-02.
18. 2015 var volontären årets svensk. I år blev det tydligen rasisten. Moa Berglöf, 23 jan. 2020, Twitter for iPhone.
19. Angeläget men syrefattigt om hatet, Therese Eriksson, Uppsala Nya tidning, 8 mars, 2013. Se även: "Antifeminister fintar från höger", Mathias Wåg, Anna Svensson, Shabane Barot , Martin Fredriksson, Förbundet Allt åt alla, Stockholm, Axel Gren, Arbetaren, 29 mars, 2012. Samt: Pubträff med antifeminister, alltatalla.se.
20. SR-profil kallade Janne Josefsson nazist, sverigesradio.se, 8 maj 2014. Se även: Radioprofil kallade Janne Josefsson nazist, sydsvenskan.se, 8 maj 2014
21. Gustave Flaubert, "*Le Dictionnaire des idées reçues,* Paris : L. Conard, 1913.
22. Milan Kundera, The Art of the Novel, 2003, Harper Perennial; Reprint edition, (sidan 163)
23. Katharina von Kellenbach, "The Mark of Cain: Guilt and Denial in the Post-War Lives of Nazi Perpetrators", Oxford University Press, 2013, (sidan 17)
24. Val Kauth, ""Power in society," Grin Verlag, 2007, (sidan 3)
25. Val Kauth, ""Power in society," Grin Verlag, 2007, (sidan 3)
26. Steven Lukes, "Power – a radical view," (sidan 20-25)

Inledning

1. Mehdi Hasan goes Head to Head with Michael T Flynn, Who is to blame for the rise of ISIL? Al Jazeera, 4 aug. 2015. Se även: Former CIA officer says US policies helped create IS, Ezgi Basaran, www.al-monitor.com September 2, 2014. Samt: Is ISIS a Theather group? Eric Margolis talks to Lew Rockwell about whether it's a put-up job. Lewrockwell.com, May 20, 2015.
2. Hynek Pallas: TV-intervjun med Janouch sprider rykten och fördomar, DN, 10 januari, 2017. Se även: Hård kritik mot Janouch flyktingutspel, Aftonbladet, Dante Thomsen, Aftonbladet, 10 januari, 2017. Samt: 2015 var volontären årets svensk. I år blev det tydligen rasisten, Moa Berglöf, twitter, 23 januari 2020. Se även: Moa Berglöf: Ingen tvekan om att debatten har förflyttat sig, sydsvenskan.se, 23 januari 2020 Samt: Årets svensk är Ganmans svans, Johannes Klenell, Arbetet,29 januari, 2020.
3. Joost Merloo, "The Rape of the Mind: The Psychology of Thought Control, Menticide, and Brainwashing," The Word Publishing Company, 1956, (sidan 95)
4. COUNTERING CRITICISM OF THE WARREN REPORT: http://www.maryferrell.org/showDoc.html?docId=53510&relPageId=3&search=use_propaganda Se även: CIA and Critics of the Warren Report: http://22november1963.org.uk/cia-warren-report-critic
5. THE CIA AND THE MEDIA: How Americas Most Powerful News Media Worked Hand in Glove with the Central Intelligence Agency and Why the Church Committee Covered It Up, BY CARL BERNSTEIN, Rolling Stone, October 20, 1977. Se även: Jan Goldman,

The Central Intelligence Agency: An Encyclopedia of Covert Ops, Intelligence Gathering, and Spies, ABC-CLIO, 2015, (sidan 249)
6. Which conspiracy theory do you believe in? Asbjørn Dyrendal, Leif Edward Ottesen Kennair, Mons Bendixen. Predictors of belief in conspiracy theory: The role of individual differences in schizotypal traits, paranormal beliefs, social dominance orientation, right wing authoritarianism and conspiracy mentality. *Personality and Individual Differences* Volume 173, April 2021, 110645. https://doi.org/10.1016/j.paid.2021.110645
7. Which conspiracy theory do you believe in? Asbjørn Dyrendal, Leif Edward Ottesen Kennair, Mons Bendixen. Predictors of belief in conspiracy theory: The role of individual differences in schizotypal traits, paranormal beliefs, social dominance orientation, right wing authoritarianism and conspiracy mentality. *Personality and Individual Differences* Volume 173, April 2021, 110645. https://doi.org/10.1016/j.paid.2021.110645
8. Steven Pinker at Davos: excessive political correctness feeds radical ideas, Paul Ratner, bigthink.com, 31 January, 2018
9. Robert Brotherton on Conspiracy Theories: "...just the tip of the iceberg, " Susan Gerbic , CSICon, August 2, 2017
10. Erik Åsard, "Det dunkelt tänkta:konspirationsteorier om morden på John F. Kennedy och Olof Palme, Ordfront, 2006.
11. Lördagsintervju 7 – Professor Peter Stilbs om det överdrivna klimathotet. https://www.youtube.com/watch?v=53Jm26PV-Kc
12. Consensus? 500+ Scientific Papers Published In 2018 Support A Skeptical Position On Climate Alarm, By

Kenneth Richard on 3. January 2019.
http://notrickszone.com/2019/01/03/consensus-500-scientific-papers-published-in-2018-support-a-skeptical-position-on-climate-alarm/ Se även: KONSENSUS? – 500 SKEPTISKA ARTIKLAR 2018,2019/01/08 av Ingemar Nordin.
http://www.klimatupplysningen.se/2019/01/08/konsensus-500-skeptiska-artiklar-2018/
13. Klimatförnekelse kopplad till högernationalism, chalmers.se, 21 maj 2021.
14. Är olika åsikter tillåtna i skolan? Ragnar berättar om skolsituationen i Fjärde Statsmakten nr 70. Svensk Webbtelevison, 28 nov. 2020.
15. FN:s klimatpanel. Klimatförändring 2013. Den naturvetenskapliga grunden. Naturvårdsverket 2013.
16. FN:s klimatpanel. Klimatförändring 2013. Den naturvetenskapliga grunden. Naturvårdsverket 2013.
17. Klimathotet, bluff eller sanning? Barbro Ericson, affarsnyttnorr.se, 2020-01-4
18. National Geographic, Volume 150, 1976, (sidan 577)
19. David Wallace-Wells , The Uninhabitable Earth: Life After Warming, 2019 , Random House books. (sidan 43)
20. Scientists explain what *New York Magazine* article on "The Uninhabitable Earth" gets wrong. Analysis of "The Uninhabitable Earth" Published in New York Magazine, by David Wallace-Wells on 9 July 2017, climatefeedback.org, 12 July 2017
21. Altstadt: Media rapporterar fel om FN:s klimatrapport, Ann Charlott Altstadt, bulletin.nu, 14 aug 2021.
22. Altstadt: Media rapporterar fel om FN:s klimatrapport, Ann Charlott Altstadt, bulletin.nu, 14 aug 2021.

23. Zhu, Z., Piao, S., Myneni, R. et al. Greening of the Earth and its drivers. Nature Clim Change 6, 791–795 (2016). https://doi.org/10.1038/nclimate3004
24. Mortality risk attributable to high and low ambient temperature: a multicountry observational study, Antonio Gasparrini, Yuming Guo, Masahiro Hashizume, Eric Lavigne, Antonella Zanobetti, Joel Schwartz, Aurelio Tobias, Shilu Tong, Joacim Rocklöv, Bertil Forsberg, Michela Leone, Manuela De Sario, Michelle L Bell, Yue-Liang Leon Guo, Chang-fu Wu, Haidong Kan, Seung-Muk Yi, Micheline de Sousa Zanotti Stagliorio Coelho, Paulo Hilario Nascimento Saldiva, Yasushi Honda, Ho Kim, Ben Armstrong, www.thelancet.comVol 386 July 25, 2015. Se även: The Lancet. "Cold weather kills far more people than hot weather." ScienceDaily. ScienceDaily, 20 May 2015. <www.sciencedaily.com/releases/2015/05/150520193831.htm>.
25. Natural Disasters, by Hannah Ritchie and Max Roser, ourworldindata.org, This article was first published in 2014. It was last updated in November 2021. https://ourworldindata.org/natural-disasters Se även: ”Världen brinner” – och katastrofdödligheten minskar, Henrik Höjer, kvartal.se, 3 februari, 2022.
26. Forskaren om klimathotet: ”Ingen anledning till oro,” Ludde Hellberg, Expressen, 4 mars 2019
27. Klimatforskarens råd till generation Greta, Lennart Bengtson, kvartal.se, 25 augusti, 2021
28. Rockström: Klimatskeptikerna blundar för glasklara forskningsresultat, Dagens Industri, 08 september 2019
29. List of scientists who disagree with the scientific consensus on global warming, https://en.wikipedia.org/wiki/List_of_scientists_who_

disagree_with_the_scientific_consensus_on_global_warming
30. "Is there a Climate Crisis? Reviewing the Evidence" - Dr Roy W Spencer, youtube.com, 7 mars 2021
31. FN:s miljöchef varnar:"Vi har tio år på oss att hejda katastrofen", Dagens Nyheter, 25 januari 1972
32. Scientist Who Predicted NYC Would Be Underwater Says He's 'Not An Alarmist', Andrew Follett , dailycalller.com, April 12, 2016
33. Only 5 Years to Save the World from Climate Change, Warns Harvard Scientist, Chardynne Joy H. Concio, sciencetimes.com, July 03, 2019 Se även: Harvard scientist: We have 5 years to mitigate the worst of climate change ByKay Vandette, earth.com, 06-19-2019
34. Richard Lindzen: Hur bemöter man klimathysterin? Ingemar Nordin, Richard Lindzen: Hur bemöter man klimathysterin? 2021-04-08
35. Roy Spencer on the Unsettled Science of Climate Change: A Primer, By Robert Bradley Jr. -- January 17, 2018.
36. Sven Börjesson, "En klimathistoria," BoD, 2020, (sidan 42) Se även: Massive Cover-up Exposed: 285 Papers From 1960s-'80s Reveal Robust Global Cooling Scientific 'Consensus' By Kenneth Richard on 13. September 2016 , notrickszone.com.
37. "The End of Cheap Oil", We've Been Incorrectly Predicting Peak Oil For Over a Century, Matt Novak, gizmodo.com .
38. Clayton, S., Manning, C. M., Krygsman, K., & Speiser, M. (2017). Mental Health and Our Changing Climate: Impacts, Implications, and Guidance. Washington, D.C.: American Psychological Association, and eco America, 2017

39. Children suffering eco-anxiety over climate change, say psychologists, By Sonia Elks, reuters.com, September 19, 2019
40. One in five UK children report nightmares about climate change, By Thomson Reuters Foundation, March 3, 2020
41. Bris: Vanligare att barn känner klimatångest, varldenidag.se, 10 mars, 2020
42. Klimatkarusellen Elsa Widding. https://www.youtube.com/channel/UChM94nG_Lkc9duDAZdGq3qQ
43. Huvudpersonerna i Nuon-affären, Jacob Bursell, SVD, 2014-05-10
44. BITTE ASSARMO: Varför vågar inte SVT citera Elsa Widding om klimatet?, Bitte Assarmo, detgodasamhallet.com, 8 september, 2021
45. BITTE ASSARMO: Varför vågar inte SVT citera Elsa Widding om klimatet?, Bitte Assarmo, detgodasamhallet.com, 8 september, 2021
46. ”DN ville undvika en icke-alarmistisk klimatberättelse”, Anders Bolling, naringslivets-medieinstitut.se, september 16, 2021
47. ”DN ville undvika en icke-alarmistisk klimatberättelse”, Anders Bolling, naringslivets-medieinstitut.se, september 16, 2021
48. ”DN ville undvika en icke-alarmistisk klimatberättelse”, Anders Bolling, naringslivets-medieinstitut.se, september 16, 2021
49. “DN ville undvika en icke-alarmistisk klimatberättelse”, Anders Bolling, naringslivets-medieinstitut.se, september 16, 2021

50. "DN ville undvika en icke-alarmistisk klimatberättelse", Anders Bolling, naringslivets-medieinstitut.se, september 16, 2021
51. Bjorn Lomborg, twitter 1 jan, 2023, https://twitter.com/BjornLomborg/status/1609568094447456259
52. Outside the Safe Operating Space of the Planetary Boundary for Novel Entities. Linn Persson, Bethanie M. Carney Almroth, Christopher D. Collins, Sarah Cornell, Cynthia A. de Wit, Miriam L. Diamond, Peter Fantke, Martin Hassellöv, Matthew MacLeod, Morten W. Ryberg, Peter Søgaard Jørgensen, Patricia Villarrubia-Gómez, Zhanyun Wang, and Michael Zwicky Hauschild.Environmental Science & Technology 2022 56 (3), 1510-1521 DOI: 10.1021/acs.est.1c04158
53. Västvärldens män har allt sämre sperma, Mikael Schulman, yle.se, 26.07.2017 Se även: Halvering av männens spermier oroar, Thomas Lerner, DN, 2018-12-20
54.Vad händer med genusdoktrinen nu? Anna-Karin Wyndhamn, kvartal.se, 10 oktober 2022
55. Rapist, Karen White, in women's jail 'was trans faker', thetimes.uk.com, Lucy Bannerman, Mark Lister September 10, 2018
56. 'I was sexually assaulted by a transgender rapist in a women's jail': Female prisoner, 45, describes ordeal at the hands of sex predator, 56, who molested four inmates during three-month reign of terror, Scarlet Holmes, dailymail.co,uk, 15 January 2022
57. Isla Bryson: What is the transgender prisoners row all about? By Nichola Rutherford, bbbcnews.com, 28 February, 2023
58.The transgender prison experiment UNCOVERED: Male-to-female inmates in women's cellblocks drive

rising numbers of rapes and abuse on the new frontline in America's culture wars, James Reinl, dailymail.co.uk
59. Terrified swimming champion Riley Gaines is ambushed by screaming trans activists and 'hit twice by guy in a dress' after Saving Women's Sports speech at San Fran State University - as cops say there were NO arrests, Rohan Gupta dailymail.co.uk, 7 April, 2023
60. BBC sex education programme tells 9-year-olds there are 'over 100 genders' and shows kids talking to adults about 'bi-gender', 'genderqueer' and 'pansexual' identities, Glen Owen, dailymail.co.uk, 23 January 2021
61. Kan kvinnor ha penis? Tanja Olsson Blandy, fokus.se, 6 mars, 2023
62. Forskningsprojekt/Skiss 2018. Instruktioner till ansökningsformuläret i Prisma, (sidan 3)
63. Lena Andersson: Den statliga genusstyrningen undergräver universitetens idé, Lena Andersson, Svd, 2020-07-05
64. Lena Andersson: Den statliga genusstyrningen undergräver universitetens idé, Lena Andersson, Svd, 2020-07-05
65. Politisering och pekpinnar på Nationalmuseum – när ska publiken få tänka själva? Leif Gren, arkeolog vid Riksantikvarieämbetet, VLT, 14 juini, 2021
66. Håll världen på avstånd, Brendan O´Neill, Tema, 2018. https://www.axess.se/artiklar/hall-varlden-pa-avstand/
67. Randolph Bourne, "The State", Sharp Press, (sidan 9)
68. H. R. Shapiro , "Democracy in America: A Political History of the United States, 1620-1789/1984". Manhattan Communications, 1986, (sidan 146)
69. George Creel, "How we advertised America: The first telling of the amazing story of –the committé of public

information tht carried the gospel of Americanism to every corner of the globe,", New York, and London, Harper & brothers, 1920, (sidan 3)
70. Samuel Walker, Professor of Criminal Justice, In Defense of American Liberties: A History of the ACLU, Southern Illinois University Press, (sidan 15)
71. Edgar J. McManus , Tara Helfman ,Liberty and Union: A Constitutional History of the United States, concise edition, Routledge 1st edition, 2014, (sidan 325)
72. George Creel, "How we advertised America: The first telling of the amazing story of –the committé of public information that carried the gospel of Americanism to every corner of the globe," New York, and London, Harper & brothers, 1920, (sidan 4)
73. Randolph Bourne, "The State", Sharp Press, (sidan 9)
74. Roland Huntford, "The New Totalitarians", Stein & Day Pub, 1980.
75. Roland Huntford, "The New Totalitarians", Stein & Day Pub, 1980, (sidan 293)
76. Kjell Espmark, "Resan till Thule", Nordstedt, 2017.
77. International Association of Scholars of Mimetic Theory. Colloquium on violence and religion (COV&R). What is mimetic theory?
78. Geert Hofstede, Gert Jan Hofstede, Michael Minkov, Cultures and Organizations: Software of the Mind, Third Edition, McGraw Hill Professional, 2010, (sidan 6)
79. Förening som hyllat terror får storbidrag – av staten, Jenny Strindlöv, Expressen, 28 sep 2020. Se även: Radikala islamister i mångmiljonaffärer med svenska kommuner, Diamant Salihu, svt.se, 27 augusti 2020. Samt: Säpo: Extremister får miljoner i bidrag, Expressen, 11 nov 2019 Samt: Islamistrektorn ville köpa hotell för

skolpengarna, Kassem Hammadé, Daniel Olsson, Expressen, 4 januari, 2023
80. Malmvägen: Bara meter från skotten sov barn på nattis. Åsa Erlandsson, Dagens Nyheter, 14 oktober

Gängkriminaliteten

1. Brottsutvecklingen i Sverige år 2008–2011. Fördjupning · Framväxten av och känntetecken hos den organiserade brottsligheten i Sverige, Lars Korsell och Daniel Vesterhav, https://www.bra.se/download/18.22a7170813a0d141d21800052658/1371914741967/15+Framv%C3%A4xten+av+och+k%C3%A4nnetecken+hos+den+organiserade+brottsligheten+i+Sverige.pdf
2. Brottslighet och trygghet i Malmö, Stockholm och Göteborg - En kartläggning, Brottsförebyggande Rådet 2012 Författare: Emma Ekström, Annika Eriksson, Lars Korsell, Daniel Vesterhav.
3. RAPPORT 2022:07. Makten nästa. En kartläggning av politiska kandidater med starka band till organiserad mc-brottslighet, Acta Publica, STOCKHOLM 29 AUGUSTI 2022 https://actapublica.se/nyheter/makten-nasta/
4. Därför ökar de kriminella gängens makt, Henrik Höjer, Forskning & Framsteg, 2015-05-11.
5. De olåsta mobilen gav polisen ett jättetillslag, Gusten Holm, Expressen, 22 september, 2020.
6. ”Sverige har blivit ett gangsterparadis”, svt.se, 15 oktober, 2020.
7. "Gangstrar anser att de vunnit mot staten", Anja Haglund , SVD, 2020-09-19.

8. Brotten, skulderna, bakgrunden – sanningen om de gängkriminella i Stockholm, Claes Pettersson, Expressen, 30 jun 2017. Se även: Migrationens samband med den grova gängkriminaliteten, https://www.riksdagen.se/sv/dokument-lagar/dokument/skriftlig-fraga/migrationens-samband-med-den-grova_H71180 Samt: Manne Gerell: Vi har för många mördare på våra gator. Henrik höjer. Kvartal, 8 juni, 2022
9. Så få utländska brottslingar utvisas, Michael Kallin, kvartal,.se, 30 september, 2020.
10. Så få utländska brottslingar utvisas, Michael Kallin, kvartal,.se, 30 september, 2020.
11. Chao F, Gerland P, Cook AR, et al. Projecting sex imbalances at birth at global, regional and national levels from 2021 to 2100: scenario-based Bayesian probabilistic projections of the sex ratio at birth and missing female births based on 3.26 billion birth records. BMJ Global Health 2021;6:e005516.
12. "Gangstrar anser att de vunnit mot staten", Anja Haglund , SVD, 2020-09-19. Källa: Kriminolog Mikael Rying på Noa, samt Polisen.
13. 97 skjutningar – rekord i Stockholmsområdet, svt.se, 3 oktober, 2020. Se även: Statistik antal skjutningar, polisen.se. https://polisen.se/contentassets/430a80f929814107abdd4e648116b8d5/skjutningar-tom.-15-oktober.pdf
14. 676 gängmedlemmar i Stockholm granskade – många minderåriga, svt.se, 1 oktober, 2020.
15. En borgerlig regering hade redan gjort som Danmark, Ulf Kristersson, Expressen, 10 september, 2020. Se även: Så lyckades Danmark pressa tillbaka gängen, DN, 30 augusti, 2020.

16. Polischefen: ”40 släktbaserade kriminella nätverk i Sverige”, Eric Emanulesson, Expressen, 5 sep 2020.
Klarar polisen gängkriminaliteten, Mats Löfving? Studio Ett, sverigesradio.se, 5 september, 2020.
Polischef: ”Klanerna har kommit till Sverige enbart med syfte att organisera och systematisera kriminalitet”, nyheteridag.se, 5 sep 2020.
17. Klarar polisen gängkriminaliteten, Mats Löfving? Studio Ett, sverigesradio.se, 5 september, 2020.
Polischef: ”Klanerna har kommit till Sverige enbart med syfte att organisera och systematisera kriminalitet”, nyheteridag.se, 5 sep 2020.
18. Klarar polisen gängkriminaliteten, Mats Löfving? Studio Ett, sverigesradio.se, 5 september, 2020.
Polischef: ”Klanerna har kommit till Sverige enbart med syfte att organisera och systematisera kriminalitet”, nyheteridag.se, 5 sep 2020.
19. Klarar polisen gängkriminaliteten, Mats Löfving? Studio Ett, sverigesradio.se, 5 september, 2020. Se även: Polischef: ”Klanerna har kommit till Sverige enbart med syfte att organisera och systematisera kriminalitet”, nyheteridag.se, 5 sep 2020.
20. Polisens hemliga rapport: Så styr nätverket Södertälje, Kim Malmgren, Expressen, 18 september, 2020.
21. Polisens hemliga rapport: Så styr nätverket Södertälje, Kim Malmgren, Expressen, 18 september, 2020. Se även: Polisen: 25 släktbaserade nätverk i södra Sverige, Jani Pirttisalo Sallinen, Negra Efendić, SVD, 2020-09-15
22. Staden, Familjen & Makten, Anders Sundelin, Fokus, 2012-05-29
23. Staden, Familjen & Makten, Anders Sundelin, Fokus, 2012-05-29

24. Jobbagentur utnyttjar svenska asylsystemet, svt.se, 8 december, 2020.
25. Klanernas ekobrott hotar grunden för vår välfärd, Björn Rosenlöf, Expressen, 28 september
26. Klanernas ekobrott hotar grunden för vår välfärd, Björn Rosenlöf, Expressen, 28 september
27. Polisen: Klanerna är systemhotande, Gusten Holm, Elin Jönsson, Daniel Ingmo, Simon Larsson, Expressen, 7 september, 2020.
28. Polisen: Klanerna är systemhotande, Gusten Holm, Elin Jönsson, Daniel Ingmo, Simon Larsson, Expressen, 7 september, 2020.
29. Debatt: Den nya våldsbrottsligheten har likheter med terrorism, Nima Rostami, bulletin.nu, 2 november.2021.
30. Experter: Därför har svenska domstolar svårt att döma gängkriminella, Martin Berg, bulletin.nu. Se även: ”Svensk passivitet är inskriven i lagen”, Bo Wennström, SVD, 2020-09-19
31. Experter: Därför har svenska domstolar svårt att döma gängkriminella, Martin Berg, bulletin.nu, 6 februari, 2021
32. Ingenting biter på de nya gängkriminella, Thomas Ahlstrand, Göteborgs-Posten, 21 nov, 2016
33. Experter: Därför har svenska domstolar svårt att döma gängkriminella, Martin Berg, bulletin.nu, 6 februari, 2021
34. Experter: Därför har svenska domstolar svårt att döma gängkriminella, Martin Berg, bulletin.nu, 6 februari, 2021.
35. Experter: Därför har svenska domstolar svårt att döma gängkriminella, Martin Berg, bulletin.nu, 6 februari, 2021.

36. Morgan Johansson har haft fel i 18 år, Zina Al-Dewany, Aftonbladet, 9 oktober, 2020.
37. Öppna drogscener i utsatta områden är här för att stanna, Per Liljas, bulletin.nu, 20 mars, 2021. bulletin.nu, 2021.
38. Ny rapport: Narkotikadödligheten i Sverige högst i Europa, Therese Bergstedt, svt.se, 5 oktober 2020
39. Löfven: "Rikas drogvanor göder gängkriminaliteten" Mats Bråstedt, Expressen, 13 augusti, 2019.
40. CAN: Inte mer droger i överklassen, svt.se, 25 februari 2021. Se även: Löfvens påstående falskt enligt studie, Andres Kriisa, sverigesradio.se, 25 februari, 2021. Se även: Löfvens påstående falskt enligt studie, Andres Kriisa, sverigesradio.se, 25 februari, 2021.Se även: (35)
41. Rikspolischefen: Stor påfyllning av unga till kriminella nätverk, Henrika Åkerman, sverigesradio.se, 24 februari, 2021.
42. Rikspolischefen: Stor påfyllning av unga till kriminella nätverk, Henrika Åkerman, sverigesradio.se, 24 februari, 2021.
43. Rikspolischefen: Stor påfyllning av unga till kriminella nätverk, Henrika Åkerman, sverigesradio.se, 24 februari,
44. Åklagarmyndighetens årsredovisning, 2020, åklagare.se. Se även: Stor brist på åklagare, bulletin.nu, 2 mars, 2021.
45. Stor brist på åklagare, bulletin.nu, 2 mars, 2021.
46. Därför ökar de kriminella gängens makt, Henrik Höjer, Forskning & Framsteg, 2015-05-11.
47. "Läget är jävligt allvarligt", Henrik Höjer, Forskning & Framsteg, 2018-02-08.
48. "Läget är jävligt allvarligt", Henrik Höjer, Forskning & Framsteg, 2018-02-08.

49. ”Läget är jävligt allvarligt”, Henrik Höjer, Forskning & Framsteg, 2018-02-08.
50. ”Läget är jävligt allvarligt”, Henrik Höjer, Forskning & Framsteg, 2018-02-08.
51. Gangsterrap bidrar till att unga blir kriminella, Martin Marmgren, Aftonbladet, 8 januari, 2021.
52. Gangsterrap: Skotten avlossas på riktigt, Fredrik Kärrholm, bulletin.nu, 4 februari, 2021.
53. Gangsterrap: Skotten avlossas på riktigt, Fredrik Kärrholm, bulletin.nu, 4 februari, 2021.
54. Därför ökar de kriminella gängens makt, Henrik Höjer, Forskning & Framsteg, 2015-05-11.
55. Därför ökar de kriminella gängens makt, Henrik Höjer, Forskning & Framsteg, 2015-05-11.
56. Mer än vart tredje svenskt fängelse är överfullt, Patrik Dahlin, Dante Thomsen, svt.se, 8 april, 2019.
57. Kriminalvården går upp i stabsläge,sverigesradio.se, 21 september 2020
58. Tusentals dömda går fria i väntan på fängelse, Oscar Jönsson, svt.se, 12 september 2020.
59. Åklagare: Det räcker nu – vi har fått nog, Aftonbladet, tisdag, 15 september 2020.
60. Åklagare: Det räcker nu – vi har fått nog, Aftonbladet, tisdag, 15 september 2020.
61. Den organiserade brottsligheten - too big to fail, Daniel Larson, nj.se, 22 juni 2021.
62. Många dödsskjutningar förblir ouppklarade, Sydöstran, TT, 23 juni 2021
63. Brottsförebyggande rådets statistik över anmälda brott mot person per 100 000 invånare: http://statistik.bra.se/solwebb/action/index Medelvärde 1975-1977 jämfört med medelvärde 2017-2019

64. Brottsförebyggande rådets statistik över anmälda brott mot person per 100 000 invånare: http://statistik.bra.se/solwebb/action/index Medelvärde 1975-1977 jämfört med medelvärde 2017-2019
65. Antagonistiska hot och dess påverkan på lokalsamhället, Henrik Häggström och Hans Brun, Försvarshögskolan, 2019.
66. Utsatta områden - polisens arbete, polisen.se. https://polisen.se/om-polisen/polisens-arbete/utsatta-omraden/
67. Gängkriminella stoppar och kontrollerar personer, Elin Kardell, Expressen,, 15 november, 2021
68. Fler upplever brottslighet och vandalisering i sitt bostadsområde,scb.se, 2019-04-25.
69. Har brottsligheten ökat? Ludde Hellberg kvartal.se, 15 oktober, 2020.
70. Ny statistikmetod kan förändra polisens arbete, Tomas Lauffs, svt.se, 30 augusti 2020(66) Bawar Ismail, Göteborgs-Posten, gp.se, 1 oktober, 2021.
71. Bawar Ismail: Svenska poliser har fått nog – nu måste regeringen lyssna, Batwar Ismail, Göteborgs-Posten,
72. Krimprofessorn: Strängare straff kan avskräcka från brott, sverigesradio.se, 11 oktober, 2021
73. 155 tungt kriminella gripna i Sverige i stor insats, Akvelina Smed , svt.se 8 juni 2021.
74. Underrättelsechefen: ”Sveriges användare stack ut, Akvelina Smed, Oskar Jönsson, David Boati, svt.se, 2021.
75. Underrättelsechefen: ”Sveriges användare stack ut, Akvelina Smed, Oskar Jönsson, David Boati, svt.se, 2021.
76. Hot och skenavrättningar när unga tvångsrekryteras, Maya Lagerhom, Göteborgs-Tidningen, 2 januari, 2022.

77. Nya rapporten visar gängkriminellas fäste, Leotrim Jusufi, Linda Bergh, Göteborgs-Tidningen, 27 december, 2021.
78. Nya rapporten visar gängkriminellas fäste, Leotrim Jusufi, Linda Bergh, Göteborgs-Tidningen, 27 december, 2021.
79. Larmen från lärare – gängbarn anmäls inte, Federico Moreno, Expressen 2 november, 2022
80. Socialsekreterare vågar inte utreda gängbarnen, Sofie Löwenmark, Expressen, 5 nov 2022
81. Socialsekreterare vågar inte utreda gängbarnen, Sofie Löwenmark, Expressen, 5 nov 2022
82. Hur är det möjligt att ni inte agerar på larmen om tystnadskulturen? Maria Wallin, gp.se, 12 augusti, 2022
83. Hur är det möjligt att ni inte agerar på larmen om tystnadskulturen? Maria Wallin, gp.se, 12 augusti, 2022
84. Brinkemo möter Magnus Norell: Den organiserade kriminaliteten är systemhotande, bulletin.nu, Per Brinkemo, 2 november, 2021.
85. Skärp er, kriminologer och SVT – ni vilseleder folket, Fredrik Kärrholm, Expressen, 18 januari, 2022
86. Skärp er, kriminologer och SVT – ni vilseleder folket, Fredrik Kärrholm, Expressen, 18 januari, 2022
87. Dölj inte röran – stöket är demokrati, Thomas Gür, focus.se, 2021-12-25
88. Varannan i utsatta områden vill flytta, Göteborgs-Posten, 5 juli, 2021
89. Varannan i utsatta områden vill flytta, Göteborgs-Posten, 5 juli, 2021
90. Rikskonferensen 2022 – tisdag, 11 januari, 2022, https://www.youtube.com/watch?v=_kdrmxTbC1U Se även: Skogkär: Det nya normala, bulletin.nu, Mats Skogkär, 2 mars, 202

91. Dödligt skjutvapenvåld i Sverige och andra europeiska länder, Rapport 2021:8, BRÅ.
92. Gudmundson: Hur ska ni stoppa integrationsflyktingarna?, Per Gudmundsson, bulletin.nu, 28 december, 2021
93. Brott mot företagare 2021. Kriminalitetens omfattning och dess konsekvenser för mindre företag i Sverige. Företagarna, 2021. https://www.foretagarna.se/politik-paverkan/rapporter/2021/brott-mot-foretagare-2021/
94. Brott mot företagare 2021. Kriminalitetens omfattning och dess konsekvenser för mindre företag i Sverige. Företagarna, 2021. https://www.foretagarna.se/politik-paverkan/rapporter/2021/brott-mot-foretagare-2021/
95. Brott mot företagare 2021. Kriminalitetens omfattning och dess konsekvenser för mindre företag i Sverige. Företagarna, 2021. https://www.foretagarna.se/politik-paverkan/rapporter/2021/brott-mot-foretagare-2021/
96. Brotten kostar företag flera miljarder, Linda Kante, aktuellsakerhet.se, 2020-09-16.
97. Brotten kostar företag flera miljarder, Linda Kante, aktuellsakerhet.se, 2020-09-16.
98. Brotten kostar företagen 100 miljarder, Kalle Lallerstedt, svensktnaringsliv.se, 31 augusti 2020.:
99. Di: Brottsligheten kostar 100 miljarder, Ola Söderlund, dagensps.se, 8 september, 2020.
100. Brottslighetens kostnader hotar jobben och välfärden, Oliver Rosengren, oliverrosengren.se, 2021-09-22
101. M: Mät brottslighetens verkliga kostnader, Louise Meijer, Oliver Rosengren , Niklas Wykman , dagensamhälle.se, 10 december 2021
102. Så mycket kostar en skjutning för samhället, Johannes Lundberg, mitti.se, 21 september, 2018

103. Så mycket kostar en skjutning för samhället, Johannes Lundberg, mitti.se, 21 september, 2018
104. Så mycket kostar en skjutning för samhället, Johannes Lundberg, mitti.se, 21 september, 2018
105. Nationalekonomen: En gängkriminell kostar samhället 23 miljoner, Jonas Ekman, Jenny Toresson, svt.se, 7 april 2021. Se även: Så mycket kostar gängkriminalitet och extremism, mynewsdesk, 23 April 2012
106. Marie Torstensson Levander: Fattigdom orsakar inte brottslighet, Henrik Höjer, kvartal.se, 8 september, 2022

Skjutningarna

1. Kriminalitet och våld oroar svenskarna, P4, torsdag 9 mars 2017.
2. Folk gör rätt som oroar sig för kriminaliteten, Sanna Rayman, Expressen, 10 mars 2017.
3. Dödsskjutningarna 2017, Ola Hjalmarsson, Linnea Heppling, Hasse Burström, svt.se, 21 december 2017.
4. Dödskjutningar har tiodubblats på en generation och är på väg mot ytterligare rekord. Per år, Tino Sanandaji, facebook, December 13, 2018.
5. Nytt dystert rekord: 45 sköts ihjäl 2018, Aftonbladet, 30 januari, 2019.
6. 2019, Bekräftade skjutningar per region och månad, https://polisen.se/om-polisen/polisens-arbete/sprangningar-och-skjutningar/
7. Kriminolog: Rekordhög brottslighet ger anledning till oro, Anna Dahlberg, Expressen, 12 december 2018.
8. Brå: Allt fler offer för dödligt våld i Sverige, Josefine Holmqvist, Aftonbladet, 27 mars, 2018.

9. Fler ihjälskjutna i år än någonsin tidigare, svt.se, 28 december 2018.
10. Fler ihjälskjutna i år än någonsin tidigare, svt.se, 28 december 2018.
11. 2018, Bekräftade skjutningar per region och månad, https://polisen.se/om-polisen/polisens-arbete/sprangningar-och-skjutningar/
12. 2019, Bekräftade skjutningar per region och månad, https://polisen.se/om-polisen/polisens-arbete/sprangningar-och-skjutningar/
13. 2020, Bekräftade skjutningar per region och månad t.o.m 15 november, https://polisen.se/om-polisen/polisens-arbete/sprangningar-och-skjutningar/
14. 2021, Bekräftade skjutningar per region och månad t.o.m 31 oktober, https://polisen.se/contentassets/430a80f929814107abdd4e648116b8d5/skjutningar-2021.pdf
15. Antalet skjutningar minskar i storstäderna. Nu ökar det istället i mindre städer, Roger Åberg, feber.se, 6 januari, 2020.
16. Increased Gun Violence Among Young Males in Sweden: a Descriptive National Survey and International Comparison, European journal on criminal policy, 07 May 2018. Se även: Skjutningarna i Sverige extrema för hela Europa – ny studie varnar för utvecklingen, dagensjuridik.se, 2018-05. Samt: Därför skjuts tio gånger fler unga i Sverige än i Tyskland, Thomas Lundin, SVD, 2018-06-21.
17. Increased Gun Violence Among Young Males in Sweden: a Descriptive National Survey and International Comparison, European journal on criminal policy, 07 May 2018. Se även: Skjutningarna i Sverige extrema för

hela Europa – ny studie varnar för utvecklingen, dagensjuridik.se, 2018-05.
18. 320 skottlossningar runt om i landet under förra året, svt.se, 6 januari, 2020.
19. Aftonbladets granskning avslöjar: 131 döda – över 520 skottskadade, Erik Wiman, Johanna Bäckström Lerneby, Aftonbladet, 24 januari, 2018.
20. Aftonbladets granskning avslöjar: 131 döda – över 520 skottskadade, Erik Wiman, Johanna Bäckström Lerneby, Aftonbladet, 24 januari, 2018
21. Skjutningarna i Sverige har ökat med 20 procent, Sebastian Orre, DN, 2020-11-09.
22. Skjutningarnas prislapp: 266 000 kronor per patient, svt.se, 21 september, 2020. Se även: Dyr prislapp för ökning av skjutningar, Aftonbladet, 21 september, 2020.
23. Dyr prislapp för ökning av skjutningar, Aftonbladet, 21 september, 2020.
24. 12 årig flicka död efter skjutning vid McDonald´s, Thea Mossige-Norheim, Ebba Larsson, Karl Enn Henricsson, Johan Bratel, Expressen, 2 augusti, 2020.
25. Tino Sanandaji, facebook.com, August 2, 2020
26. Tino Sanandaji, facebook.com, August 2, 2020
27. Grova våldet: framsteg att fler ledargestalter frihetsberövas, Nyhet från Polisen, 23 december 2020.
28. Grova våldet: framsteg att fler ledargestalter frihetsberövas, Nyhet från Polisen, 23 december 2020.
29. "Läget är jävligt allvarligt", Henrik Höjer, Forskning & Framsteg, 2018-02-08.
30. 2021, Bekräftade skjutningar per region och månad t.o.m. maj, https://polisen.se/om-polisen/polisens-arbete/sprangningar-och-skjutningar/
31. Dödligt skjutvapenvåld i Sverige och andra europeiska länder, Brottsförebyggande rådet

2021.https://www.bra.se/download/18.1f8c9903175f8b2aa70c9a1/1621930903076/2021_8_Dodligt_skjutvapenvald_i_Sverige_och_andra_europeiska_lander.pdf
32. Varför skjuts det så mycket i Sverige, Johan Frisk,forskning.se 21 januari, 2021. Se även:
Sveriges dödsskjutningar i topp i Europa, svt.se, 26 maj, 2021.
33. Varför skjuts det så mycket i Sverige, Johan Frisk,forskning.se 21 januari, 2021
Sveriges dödsskjutningar i topp i Europa, svt.se, 26 maj, 2021.
34. Varför skjuts det så mycket i Sverige, Johan Frisk,forskning.se 21 januari, 2021
35. Varför skjuts det så mycket i Sverige, Johan Frisk,forskning.se 21 januari, 2021
36. Varför skjuts det så mycket i Sverige, Johan Frisk,forskning.se 21 januari, 2021
Bara i Sverige som dödsskjutningarna ökat, August Håkansson, Aftonbladet, 26 maj, 2021.
37. BRÅ: Sverige toppar listan över dödsskjutningar i Europa , Hanna Lindqvist, msn.com, 26 maj, 2021
38. Dödligt skjutvapenvåld i Sverige och andra europeiska länder, Brottsförebyggande rådet 2021, (sidan 8)
39. Dödligt skjutvapenvåld i Sverige och andra europeiska länder, Brottsförebyggande rådet 2021, (sidan 8)
40. Brå: Sverige hade näst högst nivå av dödsskjutningar i Europa, August Håkansson, Aftonbladet, 26 maj, 2021.
41. Brå: Sverige hade näst högst nivå av dödsskjutningar i Europa, August Håkansson, Aftonbladet, 26 maj, 2021.
42. Dödsskjutningar: Sverige i Europas topp – unik ökning, Sören Billing, bulletin.nu, 26 maj, 2021.

43. Sverige i Europatoppen för dödsskjutningar - ”vi vet inte varför”, Linda Öhrn, di.se, 26 maj, 2021.
44. 125 fängelseår utdömda i Stockholmspolisens utredningar kopplade till Encrochat, polisen.se, 24 februari 2021.
45. 2022, Bekräftade skjutningar per region och månad till och med 30 juni, polisen.se
46. Blodig inledning på året – 50-procentig ökning av dödsskjutningar, Philip Ramqvist fokus.se, 2022-04-12
47. 39 dödsskjutningar i år – reportern om olika orsaker, Hannah Lindgren, svt.se, 22 juli, 2022
48. 10 dödsskjutningar under augusti: Värsta siffrorna, Frida Svensson, SVD, 2021-09-03
49. Blodigt rekord – 63 dödsskjutningar 2022, Arne Lapidus, Expressen, 31 december, 2022
50. Kvinna och barn skjutna på lekplats i Årby i Eskilstuna, Gusten Holm, Sofia Clason, Jennifer Snårbacka
Expressen, 26 augusti, 2022
51. Polisen om skjutningarna: ”Sverige har tappat greppet”, Paliz Askari, Expressen, 27 maj, 2022
52. Lika många sköts ihjäl i Järva som i hela Norge, Göteborgs-Posten, TT, 11 december, 2022
53. Ann Charlott Altstadt, Altstadt: Med finmedelklassens stjärtpudrade humanism som opium, bulletin.nu, 1 februari, 2023
54. Experten svarar: Så orolig bör allmänheten vara för våldsvågen, 18 januari, 2023
55. Ann Charlott Altstadt, Altstadt: Med finmedelklassens stjärtpudrade humanism som opium, bulletin.nu, 1 februari, 2023

Sprängningarna

1. Nyårsönskning från Malmö, P.M Nilsson, Dagens Industri, 1 januari, 2019. Se även: Increased Gun Violence Among Young Males in Sweden: a Descriptive National Survey and International Comparison, European journal on criminal policy, 07 May 2018. Samt: Explosive violence: A near-repeat study of hand grenade detonations and shootings in urban Sweden, Joakim Sturup, Manne Gerell, Amir Rostami. First Published January 3, 2019.
https://www.researchgate.net/publication/330137442_Explosive_violence_A_near-repeat_study_of_hand_grenade_detonations_and_shootings_in_urban_Sweden
2. Antalet sprängdåd ökar kraftigt i Sverige, svt.se, 28 januari 2020. Se även: Stor ökning av sprängningar 2019, Robert Wettersten, Proletären, 28 januari, 2020.
3 Antalet sprängdåd ökar kraftigt i Sverige, svt.se, 28 januari 2020
4 Det ökande antalet sprängdåd i Sverige. Interpellation 2019/20:16 av David Josefsson (M). riksdagen.se. Se även: Stor ökning av sprängningar 2019, Robert Wettersten, Proletären, 28 januari, 2020. Se även: Experten: Därför ökar sprängdåd i Sverige, Saga Skovdahl, Expressen, 21 jan 2020.
5 Ilskan stiger: "Kriminella tar över hela Sverige, Annica Ögren, Sara Assarsson, SVD, 2019-11-10
6. "Exceptionell" nivå av sprängningar i Sverige, Aftonbladet, 4 november, 2019.
7. "Exceptionell" nivå av sprängningar i Sverige, Aftonbladet, 4 november, 2019.

8. Olagliga sprängningar – Sprängattentat utförda 2019, http://www.sprangningsolyckor.se/olaglig-sprangning/olagliga-sprangningar-sprangattentat-utforda-2019/ Se även: Statistik antal sprängningar - 2019, https://polisen.se/om-polisen/polisens-arbete/sprangningar-och-skjutningar/
9. Sverige jämförs med Afghanistan vad gäller sprängdåd, TV 4 nyheterna, 4 november, 2019.
10. Sverige jämförs med Afghanistan vad gäller sprängdåd, TV 4 nyheterna, 4 november, 2019.
11. Dubbelt så många sprängningar i Sydsverige, Nellie Erberth, svt.se, 31 oktober 2019.
12. Luna, 4, dog i bilexplosionen på Hisingen, Kenan Habul, Aftonbladet, 13 juni, 2015.
13. Yuusuf Warsame, 8, dog i explosionen, Göteborgs-Tidningen, 22 aug 2016.
14. Dubbelt så många sprängningar i Sydsverige, Nellie Erberth, svt.se, 31 oktober 2019.
15. 2020, Sprängningar (allmänfarlig ödeläggelse) per region och månad, https://polisen.se/om-polisen/polisens-arbete/sprangningar-och-skjutningar/
16. 2021, Sprängningar (allmänfarlig ödeläggelse) per region och månad t.o.m. 30 april, https://polisen.se/om-polisen/polisens-arbete/sprangningar-och-skjutningar/
17. 2022, Sprängningar (allmänfarlig ödeläggelse) per region och månad t.o.m. 31 december, https://polisen.se/om-polisen/polisens-arbete/sprangningar-och-skjutningar/
18. Unik kartläggning: Så drabbar sprängvåldet barnen, Maria Ridderstedt, Alexander Gagliano, Victoria Gaunitz, sverigesradio.se, 27 april, 2023

Våldtäkterna

1. Swedish rape offenders — a latent class analysis, Swedish rape offenders — a latent class analysis. / Khoshnood, Ardavan; Ohlsson, Henrik; Sundquist, Jan; Sundquist, Kristina. In: Forensic Sciences Research , 22.02.2021. Se även: Utlandsfödda överrepresenterade blandvåldtäktsmän, Skånska Dagbladet, 2021-03-04
2. Swedish rape offenders — a latent class analysis, Swedish rape offenders — a latent class analysis. / Khoshnood, Ardavan; Ohlsson, Henrik; Sundquist, Jan; Sundquist, Kristina. In: Forensic Sciences Research , 22.02.2021. Se även: Utlandsfödda överrepresenterade blandvåldtäktsmän, Skånska Dagbladet, 2021-03-04
3. Swedish rape offenders — a latent class analysis, Swedish rape offenders — a latent class analysis. / Khoshnood, Ardavan; Ohlsson, Henrik; Sundquist, Jan; Sundquist, Kristina. In: Forensic Sciences Research , 22.02.2021. Se även: Utlandsfödda överrepresenterade blandvåldtäktsmän, Skånska Dagbladet, 2021-03-04
4. Ny studie: Närmare hälften av alla dömda våldtäktsmän födda utomlands, .svt.se, 4 mars 2021.
5. Amnestys rapport om våldtäkter i Norden: Nästan riskfritt att våldta, amnestypress.se, Jennie Aquilonius, 2019-06-19.
6. Amnestys rapport om våldtäkter i Norden: Nästan riskfritt att våldta, amnestypress.se, Jennie Aquilonius, 2019-06-19.
7. Amnestys rapport om våldtäkter i Norden: Nästan riskfritt att våldta, amnestypress.se, Jennie Aquilonius, 2019-06-19.
8. Brottsutredningar ökar snabbare än åklagarna, SVD, Peter Wallberg / TT, 2 mars 2021.

9. Anmälda och uppklarade våldtäkter i Europa, https://www.bra.se/publikationer/arkiv/publikationer/2020-09-30-anmalda-och-uppklarade-valdtakter-i-europa.html
10. Amnestys rapport om våldtäkter i Norden: Nästan riskfritt att våldta, amnestypress.se, Jennie Aquilonius, 2019-06-19.
11. Amnestys rapport om våldtäkter i Norden: Nästan riskfritt att våldta, amnestypress.se, Jennie Aquilonius, 2019-06-19.Se även: Ny kartläggning av våldtäktsdomar: 58 procent av de dömda födda utomlands,.svt.se, 22 augusti, 2018. Se även: Utlandsfödda en majoritet bland dömda i våldtäktsfall, Mattias Wikström, Expressen, 22 augusti, 2018.
12. Ny kartläggning av våldtäktsdomar: 58 procent av de dömda födda utomlands,.svt.se, 22 augusti, 2018. Se även: Utlandsfödda en majoritet bland dömda i våldtäktsfall, Mattias Wikström, Expressen, 22 augusti, 2018.
13. Ny kartläggning av våldtäktsdomar: 58 procent av de dömda födda utomlands,.svt.se, 22 augusti, 2018. Se även: Utlandsfödda en majoritet bland dömda i våldtäktsfall, Mattias Wikström, Expressen, 22 augusti, 2018.
14. De är män som våldtar kvinnor tillsammans, Mattis Wikström, Kim Malmgren, Expressen, 20 mar 2018.
15. Unik granskning: 112 pojkar och män dömda för gruppvåldtäkt, Joachim Kerpner, Kerstin Weigl, Alice Staaf, Aftonbladet, 7 maj, 2018.
16. Unik granskning: 112 pojkar och män dömda för gruppvåldtäkt, Joachim Kerpner, Kerstin Weigl, Alice Staaf, Aftonbladet, 7 maj, 2018.

17. Unik granskning: 112 pojkar och män dömda för gruppvåldtäkt, Joachim Kerpner, Kerstin Weigl, Alice Staaf, Aftonbladet, 7 maj, 2018.
18. Unik granskning: 112 pojkar och män dömda för gruppvåldtäkt, Joachim Kerpner, Kerstin Weigl, Alice Staaf, Aftonbladet, 7 maj, 2018.
19. Unik granskning: 112 pojkar och män dömda för gruppvåldtäkt, Joachim Kerpner, Kerstin Weigl, Alice Staaf, Aftonbladet, 7 maj, 2018.
20 .Unik granskning: 112 pojkar och män dömda för gruppvåldtäkt, Joachim Kerpner, Kerstin Weigl, Alice Staaf, Aftonbladet, 7 maj, 2018.
21.UG-referens: Dömda för våldtäkt, Kristina Levin, nyhetschef Strengnäs tidning, svt.se, 23 augusti, 2018.
22. UG-referens: Dömda för våldtäkt, Kristina Levin, nyhetschef Strengnäs tidning, svt.se, 23 augusti, 2018.
23. Hon vaknade utan minne – film avslöjade våldtäkt, Expressen, 17 februari, 2020 Se även: Filmade våldtäkter på medvetslös kvinna, nsk.se, 2020-04-02
24. Så förändrades brottsligheten under pandemiåret, Linda Hjertén, Jashid Jamshidi, Aftonbladet, 30 mars, 2021.
25. Rape Statistics By Country 2021, worldpopulationreview.com.
26. Rape Statistics by Country, https://wisevoter.com/country-rankings/rape-statistics-by-country/

Integrationen

1. Klantänkande det normala – det är vi som sticker ut, Per Brinkemo, Dagens Samhälle, 17 oktober 2014.

2. Strunta i SD– se verkligheten, Per Brinkemo, Aftonbladet, tis 13 nov 2012.
3.
http://adamcwejman.blogspot.com/2012/11/lognaren-martin-aagard.html
4. Allt fler invandrare som kommer till Sverige är analfabeter, sverigesradio.se, 2 oktober 2012.
5. Anklagelserna om rasism är befängda, Åsa Linderborg, Patric Kronqvist, Expressen, 6 nov 2018
6. Forskning: Sverige är sämst i Norden på integration, Institutet för Näringslivsforskning, 2019-05-29. Se även: Forskning: Sverige är sämst i Norden på integration, www.fplus.se, 29 maj, 2019. Samt: Sverige sämst på att ge invandrare jobb, Ola Söderlund, ww.dagensps.se, 29 maj, 2019
7. Anklagelserna om rasism är befängda, Åsa Linderborg, Patric Kronqvist, Expressen, 6 nov 2018.
8. Sveriges kulturradikala experiment , heimdal.nu, Claes G. Ryn, 24 feb, 2016.
9. Sveriges kulturradikala experiment, heimdal.nu, Claes G. Ryn, 24 feb, 2016.
10. Sveriges kulturradikala experiment, heimdal.nu, Claes G. Ryn, 24 feb, 2016.
11. Att inte vaccinera sig är ett val man gör, Lars åberg, bulletin.nu, Bulletin 15/5 2021.
12. Att inte vaccinera sig är ett val man gör, Lars åberg, bulletin.nu, Bulletin 15/5 2021.
13. En rapport från Almega, Kortutbildade utlandsfödda, Skolplikt för integration och etablering.
https://www.almega.se/app/uploads/imported/Kortutbildade-utlandsfodda-A.pdf Se även:Invandrare jobbar

mindre även på lång sikt, Tino Sanandaji, augusti 17, 2014, https://tino.us
14. Löfvens påstående om arbetskraftsinvandring stämmer inte, Ludde Hellberg, kvartal.se, 17 januari, 2020.
15. Löfvens påstående om arbetskraftsinvandring stämmer inte, Ludde Hellberg, kvartal.se, 17 januari, 2020.
16. Löfvens påstående om arbetskraftsinvandring stämmer inte, Ludde Hellberg, kvartal.se, 17 januari, 2020.
17. Löfvens påstående om arbetskraftsinvandring stämmer inte, Ludde Hellberg, kvartal.se, 17 januari, 2020.
18. Löfvens påstående om arbetskraftsinvandring stämmer inte, Ludde Hellberg, kvartal.se, 17 januari, 2020.
19. Gäst: Tino Sanandaji, DGS_TV ,6 jan. 2017. https://www.youtube.com/watch?v=F1ioU6IIflc
20. Fakta om invandring Tino Sanandaji, DGS_TV, 20 okt. 2015. https://www.youtube.com/watch?v=p_tKO8nvkEo(
21. Fakta om invandring Tino Sanandaji, DGS_TV, 20 okt. 2015. https://www.youtube.com/watch?v=p_tKO8nvkEo
22. Gäst: Tino Sanandaji, DGS_TV,6 jan. 2017. https://www.youtube.com/watch?v=F1ioU6IIflc Se även: Fakta om invandring Tino Sanandaji, DGS_TV, 20 okt. 2015. https://www.youtube.com/watch?v=p_tKO8nvkEo
23. Fakta om invandring Tino Sanandaji, DGS_TV, 20 okt. 2015. https://www.youtube.com/watch?v=p_tKO8nvkEo

24. Fakta om invandring Tino Sanandaji, DGS_TV, 20 okt. 2015.
https://www.youtube.com/watch?v=p_tKO8nvkEo
25. Fakta om invandring Tino Sanandaji, DGS_TV, 20 okt. 2015.
https://www.youtube.com/watch?v=p_tKO8nvkEo
26. Att tala med trollen, Johan Ehrenberg, ETC, 15-05-05.
27. Nationalister är inte bara arbetslösa män, Anders Lindberg, Aftonbladet, 22 dec 2015.
28. Du hittar på för mycket Tino Sanandaji, Anders Lindberg, Aftonbladet, 7/10 2015.
29. Fakta om invandring Tino Sanandaji, DGS_TV, 20 okt. 2015.
https://www.youtube.com/watch?v=p_tKO8nvkEo
30. Tino Sanandaji, Massutmaning : ekonomisk politik mot utanförskap & antisocialt beteende.
https://www.bokus.com/bok/9789198378702/massutmaning-ekonomisk-politik-mot-utanforskap-antisocialt-beteende/
31. Det flyr de från – och så många får stanna, Johan Furusjö, Aftonbladet, 4 februari 2016.
32. Tusentals välutbildade flyr till Sverige, Lena Pettersson,, Johan Ekman, Kenneth Ulander, svt.se, 3 juni 2015
33. Mytbildning om utbildning försvårar integrationen, Rebecca Weidmo Uvell, dagenssamhälle.se, 20 november, 2015.
34. Mytbildning om utbildning försvårar integrationen, Rebecca Weidmo Uvell, dagenssamhälle.se, 20 november, 2015
35. Utbildningsnivå - utrikes födda, ekonomifakta.se, 2020-08-21

36. Fyra av tio nyanlända syrier högutbildade, Petter Ovander, 14 november 2015.
37. Mytbildning om utbildning försvårar integrationen, Rebecca Weidmo Uvell, dagenssamhälle.se,20 november, 2015.
38. Migrationen en fortsatt förlustaffär för Sverige, Mats Hammarstedt, di.se, 18 december 2020
39. Migrationen en fortsatt förlustaffär för Sverige, Mats Hammarstedt, di.se, 18 december 2020
40. Här är de vanligaste inkomstkällorna, Alva Andersdotter, Helena Bengtsson, Lotta Sima, svt.se, 9 november 2020
41. Tricket att gömma folk i statistik, Rebecca Weidmo Uvell, uvell.se, 20 november 2020.
42. Professor: Nattsvart framtid för asylinvandrare på svenska arbetsmarknaden, Henrik Sjögren, bulletin.se, 29 apr 2021.
43. Varannan utrikesfödd fortsatt utan jobb efter åtta år, svt.se, Ylva Larsson, svt.se 17 april 2018.
44. 60 000 flyktingar fick uppehållstillstånd – så många har fått jobb, Erik Wima, Aftonbladet, 3 oktober 2019.
45. 60 000 flyktingar fick uppehållstillstånd – så många har fått jobb, Erik Wima, Aftonbladet, 3 oktober 2019.
46. DN Debatt. ”Migranters korta livsperspektiv ger problem med integrationen”, Bi Puranen, DN, 2021-09-22.
47.) DN Debatt. ”Migranters korta livsperspektiv ger problem med integrationen”, Bi Puranen, DN, 2021-09-22.
48. GRAD AV SJÄLVFÖRSÖRJNING BEROENDE PÅ URSPRUNG, UTBILDNING OCH VISTELSETID I SVERIGE. Åsa Hansson och Mats Tjernberg, Entrepenörskapsforum, 2021. Se även: Forskare: Så lång tid tar det att bli självförsörjande i Sverige, Nicolina Söderqvist, tn.se, 1 nov 2021.

49. Företagaren: Arbetslösa säger nej till jobb – bidragen för höga, Henrik Svidén, .tn.se, 1 november, 2021.
50. Företagaren: Arbetslösa säger nej till jobb – bidragen för höga, Henrik Svidén, .tn.se, 1 november, 2021.
51. Företagaren: Arbetslösa säger nej till jobb – bidragen för höga, Henrik Svidén, .tn.se, 1 november, 2021.
52. Företagaren: Arbetslösa säger nej till jobb – bidragen för höga, Henrik Svidén, .tn.se, 1 november, 2021.
53. En miljon fler under det senaste decenniet, SCB, 2020-02-20, https://www.scb.se/hitta-statistik/statistik-efter-amne/befolkning/befolkningens-sammansattning/befolkningsstatistik/pong/statistiknyhet/folkmangd-och-befolkningsforandringar-2019/
54. Hot mot landets trygghet och välstånd, Gunnar Sandelin, kvartal.se, 25 juni 2020.
55. Hot mot landets trygghet och välstånd, Gunnar Sandelin, kvartal.se, 25 juni 2020.
56. Invandring och brottslighet – ett trettioårsperspektiv, Patrik Engellau, Förrapport från Stiftelsen Det Goda Samhället, 2019.
57. Invandring och brottslighet – ett trettioårsperspektiv, Patrik Engellau, Förrapport från Stiftelsen Det Goda Samhället, 2019.
58. Ingen vet hur många som bor i Sverige – folkbokföringen har vittrat sönder, Henrik sjögren, bulletin.nu, 26 april,
59. Gängen frodas när invånarna inte vågar säga ifrån, DN, 2021-09-08. se även: S vill ha stopp för nyanlända: "Nästan inga svenskar kvar", jonathan Norström, nyheteridag.se, 2021-09-08
60. Snart är arabiska det näst största språket i Sverige, sverigesradio.se, Ingrid forsberg, 5 april 2016.

61. Arabiska kan gå om finska som näst största språk, Lorin Ibrahim, Anders Ljungberg, sverigesradio.se, 5 april 2016.
62. Forskare undersökte språken i Sverige: "Jag blev rasistanklagad", Henrik Sjögren, bulletin.nu, 16 sep 2021.
63. Arabiska kan gå om finska som näst största språk, Lorin Ibrahim, Anders Ljungberg, sverigesradio.se, 5 april 2016.
64. Mustafa Panshiri, twitter, 22 september, 2021.
65. Spännande debatt med @pascalidou på bokmässan, Mustafa Panshiri @Panshiri_M, 25 september, 2021.
66. Man blir inte svensk för att man byter namn, Nalin Pekgul, Expressen, 18 okt 2021.
67. Misstänkta för brott bland personer med inrikes respektive utrikes bakgrund, Rapport 2021:9. https://www.bra.se/download/18.1f8c9903175f8b2aa70f6df/1630415991246/2021_9_Misstankta_for_brott_bland_personer_med_inrikes_respektive_utrikes_bakgrund.pdf
68. Rapport: Vanligare att utrikesfödda misstänks för brott, Maja Nilsson, svt.se, 25 augusti 2021
69. "Brå-rapporten blir en partsinlaga för främlingsfientlighet", DN, 2021-08-25.
70. Kriminolog: Kritiken mot Brå väldigt farlig, Ardavan Khoshnood, DN, 2021-08-27.
71. Det är språket, dumbom! Henrik Höjer, kvartal.se, | 22 augusti 2021
72. Det är språket, dumbom! Henrik Höjer, kvartal.se, | 22 augusti 2021
73. Det är språket, dumbom! Henrik Höjer, kvartal.se, | 22 augusti 2021
74. "Alltför ljus bild av ekonomisk integration" Johan Eklund, SVD, 2020-04-15.

75. ”Alltför ljus bild av ekonomisk integration” Johan Eklund, SVD, 2020-04-15.
76. ”Professor: Fler än 1,3 miljoner försörjer sig inte genom arbete. tn.se, Zoran Cale, 11 oktober, 2021
77. ”Professor: Fler än 1,3 miljoner försörjer sig inte genom arbete. tn.se, Zoran Cale, 11 oktober, 2021
78. DN Debatt. ”Byråkrati och etikregelverk kväver den fria forskningen” , Sten Widmalm, DN, 2023-01-09
79. Nils Littorin får ordet! hogrelius.wordpress.com
80 Tung EU-kommissionär: Majoritet flyktingar har inte rätt att stanna, fredrik Haglund, europaportalen.se, 27 januari 2016
81. Flyktet fra krig til Norge, men mange reiser ofte tilbake til hjemlandet, Olga Stokke, Thomas Olsen, aftenposten.no, 30 des, 2018
82. Bulletin/Novus: Nio av tio utrikesfödda har semestrat i sitt födelseland, Alex Alma, bulletin.nu, sep 2022
83. Stort resande till asylsökandes ursprungsländer, Lars Åberg, kvartal.se, 29 mars, 2023
84. Saeed Alnahhal: Syriska flyktingar kritiserar landsmän som skryter om semestrar i hemlandet, Saeed Alnahhal, DN, 15 september, 2021
85. En havererad myndighet, Henrik Sjögren, fokus.se, 2023-02-10
86. En havererad myndighet, Henrik Sjögren, fokus.se, 2023-02-10
87. En havererad myndighet, Henrik Sjögren, fokus.se, 2023-02-10

Hedersvåldet

1. Hedersrelaterade brott – fakta om, https://polisen.se/lagar-och-regler/lagar-och-fakta-om-brott/hedersrelaterade-brott/
2. "Vår uppfattning att flickor förs ut ur Sverige på löpande band", Katia Elliot, Lotta Sima,, svt.se, 25 augusti 2021
3. "Vår uppfattning att flickor förs ut ur Sverige på löpande band", Katia Elliot, Lotta Sima,, svt.se, 25 augusti 2021
4. "Vår uppfattning att flickor förs ut ur Sverige på löpande band", Katia Elliot, Lotta Sima,, svt.se, 25 augusti 2021
5. SVT kartlägger – minst 900 barn har förts ut ur Sverige på fem år, Sara Ibrahim, Marja Grill, Sara Cosar, svt.se, 13 februari, 2023
6. SVT kartlägger – minst 900 barn har förts ut ur Sverige på fem år, Sara Ibrahim, Marja Grill, Sara Cosar, svt.se, 13 februari, 2023
7. Hedersrelaterade brott – fakta om, https://polisen.se/lagar-och-regler/lagar-och-fakta-om-brott/hedersrelaterade-brott/
8. Hedersrelaterade brott – fakta om, https://polisen.se/lagar-och-regler/lagar-och-fakta-om-brott/hedersrelaterade-brott/
9. Det hedersrelaterade våldets och förtryckets uttryck och samhällets utmaningar. En kartläggning i Göteborg, Malmö och Stockholm 2017–2018. http://www.diva-portal.org/smash/get/diva2:1262572/FULLTEXT01.pdf Se även: Var sjätte elev i nian lever under hedersförtryck, Matilda Aprea Malmqvist, SVD, 2018-11-09.
10. Ny rapport: Var femte niondeklassare lever i hedersförtryck, Markus Celander Lokaltidningen, Malmö, Limhamn, 24 november, 2018.

11. 1 400 utredningar av misstänkt hedersförtryck – men enligt polisen är mörkertalet stort, Dante Thomsen, svt.se, 14 mars 2021, 2021
12. "'Kulturen ingen ursäkt,'" Mona Sahlin, Margaretha Winberg, DN 8 december 2000.
13. 20020118 – Gudrun Schyman: "Talibantalet", tal på Vänsterpartiets kongress 2002, Publicerad 6 juni, 2012. http://www.svenskatal.se/20020118-gudrun-schyman-talibantalet-tal-pa-vansterpartiets-kongress-2002/av Anders Thor.
14. Nej till jämställdhet och kvinnofrid, fritanke.se, 17-12-2013.
15. Mattias Gardell, "Bin Ladin i våra hjärtan: Globaliseringen och framväxten av politisk islam, Stockholm: Leopard förlag, 2005, (sidan 195)
16. Västvärldens möte med militant islam , Ronie Berggren, maj 7, 2019.
17. Nej till jämställdhet och kvinnofrid, fritanke.se, 17-12-2013.
18. Med hedern som insats -hedersrelaterat våld i Sverige och Turkiet. Författare: Zuraiya Longdewa Boularbah Handledare: Carl-Henric Grenholm, Uppsala Universitet, Teologiska institutionen Vårterminen 2014, (sidan 22)
19. Cheko Pekgul, Nalin Pekgul, Jag är ju svensk, Recito, 2015.
20. Maria Hind Alias, socialdemokrat mot hedersförtryck, Dekonstruktiv kritik, 6 juni 2019.
21. Du måste våga koppla hedersvåld till religion, Maria Rashidi, ordförande Kvinnors rätt Nätverket mot hedersrelaterat våld, Sara Mohammad, ordförande Riksorganisationen Glöm aldrig Pela och Fadime, Meheret Dawit, ordförande Eritreanska kvinnoföreningen för integration och Seyran Duran,

ordförande Kurdistans kvinnoförbund, Aftonbladet, 26 juni 2016.
22. Du måste våga koppla hedersvåld till religion, Maria Rashidi, ordförande Kvinnors rätt Nätverket mot hedersrelaterat våld, Sara Mohammad, ordförande Riksorganisationen Glöm aldrig Pela och Fadime, Meheret Dawit, ordförande Eritreanska kvinnoföreningen för integration och Seyran Duran, ordförande Kurdistans kvinnoförbund, Aftonbladet, 26 juni 2016.
23. Drevet mot "Soffan" ett angrepp på kampen mot hedersförtryck, Sara Mohammad, Göterborgs-posten, 20 februari, 2019.
24. Ann-Sofie Hermansson efter domen: Man ska våga tala klarspråk, bulletin.nu, 30 september, 2021
25. Sverige befinner sig i krig och det är politikerna som bär ansvaret, Björn Ranelind, Expressen, 5 juli 2019.
26. Så dags nu, Annika Borg, axess.se, Nummer 9, 2021.
27. Så dags nu, Annika Borg, axess.se, Nummer 9, 2021
28. Busch om hedersförtryck: ”Missriktad välvilja att vara öppen och tolerant”, Sara Chogrich, , bulletin.nu, 25 januari 2021
29. UNG 018 En *kartläggning* av *hedersrelaterat våld* och *förtryck* bland unga i Uppsala, Mariet Ghadimi *och* Serine Gunnarsson, TRIS, TJEJERS RÄTT I SAMHÄLLET, 2019.
30. De som inte får bli kära, Tove Lifvendahl, SVD, 14 februari, 2019.
31. Busch om hedersförtryck: ”Missriktad välvilja att vara öppen och tolerant”, Sara Chogrich, , bulletin.nu, 25 januari 2021
32. Busch om hedersförtryck: ”Missriktad välvilja att vara öppen och tolerant”, Sara Chogrich, , bulletin.nu, 25 januari 2021

33. Över 4500 hedersbrott anmälda på två år, svt.se, 31 oktober 2021.
34. ELVA OMRÅDEN - 64 förslag för ett jämställt samhälle fritt från hedersrelaterat våld och förtryck. GAPF, 2021. (sidan 4)
35. ELVA OMRÅDEN - 64 förslag för ett jämställt samhälle fritt från hedersrelaterat våld och förtryck. GAPF, 2021. (sid.4-5)
36. ELVA OMRÅDEN - 64 förslag för ett jämställt samhälle fritt från hedersrelaterat våld och förtryck. GAPF, 2021. (sid.4-5)
37. Riksorganisationen vill se bidragsstopp till religiösa församlingar, Natalie Radlovacki, svt.se, 11 maj 2022
38. Avslöjar: Shiamuslimska imamer i Sverige viger kvinnor som köps för sex, Katia Wagner, Karin Mattisson, Ali Fegansvt.se, 11 maj, 2022.
39 Avslöjar: Shiamuslimska imamer i Sverige viger kvinnor som köps för sex, Katia Wagner, Karin Mattisson, Ali Fegansvt.se, 11 maj, 2022.
40. Nej till jämställdhet och kvinnofrid, fritanke.se, 17-12-2013.
41. Nej till jämställdhet och kvinnofrid, fritanke.se, 17-12-2013.
42. Malmös rapport om heder i förskolan: Flickor får inte visa benen, Dimitri Lennartsson Sverigesradio.se, 3 november, 2021.
43. Forskaren: Naivt att tro att hedersproblem inte finns i förskolan, Linda Vodopija Stark, sydsvenskan.se, 13 november, 2021.
44. Forskaren: Naivt att tro att hedersproblem inte finns i förskolan, Linda Vodopija Stark, sydsvenskan.se, 13 november, 2021.

45. Var femte i nian lever under hedersförtryck – nu lanseras ny kampanj, Sane Kleiner, svt.se, 20 november 2018.
46. Fler än vart tionde barn som omhändertas är hedersvåldsutsatta, Marja Grill, Fanny Renman, Jenny Küttim, Lotta Sima, svt.se, 7 december 2021.
47. Fler än vart tionde barn som omhändertas är hedersvåldsutsatta, Marja Grill, Fanny Renman, Jenny Küttim, Lotta Sima, svt.se, 7 december 2021.
48. Hedersvåldet frodas – och Sverige sviker, Omar Makram, sakkunnig och projektledare, Riksorganisationen GAPF, Sabina Landstedt, stödsamordnare, Riksorganisationen GAPF, Sara Mohammad, grundare och ordförande, Riksorganisationen GAPF, Expressen 21 januari, 2021.
49. Så naiva får myndigheter inte vara om hedersvåldet, Expressen, 8 dececmber, 2021.

Extremismen

1. Från Nordiska motståndsrörelsen till alternativhögern, En studie om den svenska radikalnationalistiska miljön, Magnus Ranstorp, Filip Ahlin, Centrum för assymetriska hot och terrorismstudier, 2020.
2. Framtider: Så arbetar extremisterna som vill ta över samhället, Lotta Nylander, www.iffs.se, 31 januari, 2019.
3. Från Nordiska motståndsrörelsen till alternativhögern, En studie om den svenska radikalnationalistiska miljön, Magnus Ranstorp, Filip Ahlin, Centrum för assymetriska hot och terrorismstudier, 2020.
4. Granskare som inte tål en granskning, Mikael Törnwall, 19 mars, 2015, dagenssamhalle.se

5. Ambulans transporterade mycket sjuk person – blockerades av aktivister, sverigesradio.se, Se även: Ambulanser stoppade av aktivister på körbana, Amanda Hällsten, Aftonbladet, 29 augusti 2022
6. Kravet: Terrorklassa radikala klimatprotester, Tomas Lundin, SVD, 2022-11-08
7. Hur kan vi göra för att vinna klimatkampen, Socialistiskt Forum, Z-salen, ABF-huset i Stockholm 26 nov 2022
8. Extremistmiljöerna i fokus, sakerhetspolisen.se, 2018-08-24.
9. Koranen, Sura 2, Vers 228, http://heliga-koranen.se/koranen/surat/2/al-baqarah/sida/16#226
10. Koranen, Sura 4, Vers 3: http://heliga-koranen.se/koranen/surat/4/an-nisa
11. Irini Ibrahim, Faridah Hussain, Norazlina Abdul Aziz,The Child Bride: Rights under the Civil and Shariah Law,Procedia - Social and Behavioral Sciences,Volume 38, 2012,
Pages 51-58,ISSN 1877-0428,
https://doi.org/10.1016/j.sbspro.2012.03.323.
(https://www.sciencedirect.com/science/article/pii/S1877042812008026)
12. Koranen, Sura 4, Vers 11, http://heliga-koranen.se/koranen/sok/+kvarlåtenskapen
13. Koranen, Sura 4, Vers 34, http://heliga-koranen.se/koranen/surat/4/an-nisa/sida/3#34
14. Böneboken - En illustrerad introduktion till tvagning och bön, Sammanställd av: Yosuf Abdul Hamid. Design och layout: Abu Safiya.Granskad av: Abdullah Abu Dawud, Moosa Assal, C. G Tancredi. Tryck: Intigo AB, www.intigo.se

15. Drevet mot "Soffan" ett angrepp på kampen mot hedersförtryck, Sara Mohammad, Göterborgs-posten, 20 februari, 2019.
16. Nalin Pekgul: Låt aldrig Miljöpartiet styra asylpolitiken, kvartal.se, 2020-09-03.
17. Hotet från extremistmiljöerna består av två delar, sakerhetspolisen.se, 2019-07-02. https://www.sakerhetspolisen.se/ovrigt/pressrum/aktuellt/aktuellt/2019-07-02-hotet-fran-extremistmiljoerna-bestar-av-tva-delar.html
18. En civilisation som tröttnat på sig själv, Dan Korn, bulletin.nu, 20 juni, 2021.
19. Radikala islamister i mångmiljonaffärer med svenska kommuner, svt.se, 27 augusti 2020. Bolag med radikala islamister gjorde affärer med stat och kommuner, Nyheter24.se, 27 aug, 2020.
20. Extremister driver skolor – Säpo kräver lagändringar, sverigesradio.s, e27 maj, 2020. Se även: Säpo: Skolor bedrivs av personer med koppling till extremism, 27 maj 2020.
21. Extremister driver skolor – Säpo kräver lagändringar, sverigesradio.s e, 27 maj, 2020. Se även: Säpo: Skolor bedrivs av personer med koppling till extremism, 27 maj 2020.
22. Extremister driver skolor – Säpo kräver lagändringar, sverigesradio.se, 27 maj, 2020.
23. Extremister driver skolor – Säpo kräver lagändringar, sverigesradio.se, 27 maj, 2020.
24. Sofie Löwenmark, Islamistiska extremister smiter under radarn, Göteborgs-Posten, 17 oktober, 2017.
25. Sofie Löwenmark, Islamistiska extremister smiter under radarn, Göteborgs-Posten, 17 oktober, 2017.

26. Säpochefen: ”Det finns tusentals radikala islamister i Sverige”, Aftonbladet, 16 juni 2017.
27. Anas Khalifa – därför lämnade jag salafismen, Sofie Löwnmark, doku.nu, 29 juli, 2021.
28. Anas Khalifa – därför lämnade jag salafismen, Sofie Löwnmark, doku.nu, 29 juli, 2021.
29. Avhoppade predikanten: Finns en salafist i varje svensk moské, Oscar Schau, svt.se, 22 september 2021
30. Många våldsbejakande extremister har haft sin bas i Sverige, svt.se, 11 februari 2018
31. Många våldsbejakande extremister har haft sin bas i Sverige, svt.se, 11 februari 2018
32.” Riskerade att bli utpekad som rasist” – Forskare om hur Sverige blev terroristernas fristad, Jonathan Norström, nyheteridag.se, 1 februari, 2018.
33. Ordet islamofobi används som sköld mot kritik, Aje Carlbom, Dagens Samhälle, 5 februari 2015.
34. Ordet islamofobi används som sköld mot kritik, Aje Carlbom, Dagens Samhälle, 5 februari 2015.
35. Ordet islamofobi används som sköld mot kritik, Aje Carlbom, Dagens Samhälle, 5 februari 2015.
36. Bidrag missbrukas – bygger islamiskt parallellsamhälle, Magnus Ranstorp, Aje Carlbom, Expressen, 28 oktober, 2019.
37. Studieförbunden behöver ett renande stålbad, Expressen, 28 september, 2022
38. Jerrold M. Post, "Leaders and Their Followers in a Dangerous World: The Psychology of Political Behavior", Cornell University Press, 2004, (sidan 39)
39. Bart Labuschagne, "Religion, Politics and Law: Philosophical Reflections on the Sources of Normative Order in Society", Brill, 2009 (sidan 280) Se även: Jonathan Matusitz, Symbolism in Terrorism: Motivation,

Communication, and Behavior, Rowman & Littlefield, 2015, (sidan 177)
40. Christopher Hale, "Hitler's Foreign Executioners: Europe's Dirty Secret", The History Press, 2014, (sidan 265) Se även: Rolf Steininger, "Germany and the Middle East: From Kaiser Wilhelm II to Angela Merkel", Berghahn Books, 2019, (sidan 51) Samt: Steven K. Baum, "Antisemitism Explained", University Press of America, 2012, (sidan 176) Samt: Remembrance, by Vladimir Tismaneanu, Bogdan C. Iacob, "History, and Justice: Coming to terms with traumatic pasts in democratic societies",Central European University Press, 2015.
41. Isac Jack Lévy, Rosemary Lévy Zumwalt, The Sephardim in the Holocaust: A Forgotten People (Jews and Judaism: History and Culture) 2020, (sidan 135)
42. Olivier Roy, "Secularism Confronts Islam", Columbia University press,2007, (sid,. 2–3)
43. Mellan salafism och salafistisk jihadism: Påverkan mot och utmaningar för det svenska samhället, Magnus Ranstorp, Filip Ahlin, Peder Hyllengren, Magnus Normark, Centrum för assymetriska hot och terrorismstudier, 2018.Se även: I praktiken finns den läran över hela landet, Kassem Hammadé, Expressen, 29 juni, 2018.
44. 45 IS-resenärer försörjdes av svenska bidrag, Daniel Olsson, GT, 17 dec 2020.
45. 45 IS-resenärer försörjdes av svenska bidrag, Daniel Olsson, GT, 17 dec 2020.
46. 45 IS-resenärer försörjdes av svenska bidrag, Daniel Olsson, GT, 17 dec 2020.
47. 45 IS-resenärer försörjdes av svenska bidrag, Daniel Olsson, GT, 17 dec 2020.

48. Ardalan Shekarabi kan inte ducka ansvaret för IS-bidragen, Patrik Kronqvist, Expressen, 17 dec 2020.
49. Ardalan Shekarabi kan inte ducka ansvaret för IS-bidragen, Patrik Kronqvist, Expressen, 17 dec 2020.
50. IS-återvändare undervisar barn på Vetenskapsskolan, Daniel Olsson, Magnus Sandelin. Expressen, 9 nov 2019.
51. Extremister driver skolor – Säpo kräver lagändringar, Henrika Åkerman, sverigesradio.se, 27 maj, 2020.
52. Så banade S väg för islamisternas skolor, Sameh Egyptsson , Expressen, 7 december, 2020.
53. Så banade S väg för islamisternas skolor, Sameh Egyptsson , Expressen, 7 december, 2020.
54. Tema Terrorism, europaportalen.se, 27 januari 2020.
55. Svenskar bryr sig mindre om terrorism, Anders Selnes, europaportalen.se, 4 augusti , 2017.
56. Terrorism in the EU: terror attacks, deaths and arrests in 2020 , 20-08-2021.
57. Edwin Bakker, Jihadi terrorists in Europe their characteristics and the circumstances in which they joined the jihad: an exploratory study, NETHERLANDS INSTITUTE OF INTERNATIONAL RELATIONS CLINGENDAEL, 2006 (sid.18-27)
58. Jihadist terrorism in the EU since 2015, 21-09-2021, europarl.europa.eu.
59. SUM betalade inte tillbaka – upplöste föreningen, Sofie Löwenmark, doku.nu, 5 februari, 2021.
60. Organisationen Sveriges unga muslimer ska återbetala statsbidrag, domstol.se, 2019-10-31
61. SUM betalade inte tillbaka – upplöste föreningen, Sofie Löwenmark, doku.nu, 5 februari, 2021.

62. Rashid Musa – Demokrati, Islamofobi och Sveriges framtid, Antirasistiska Akademin, https://www.youtube.com/watch?v=XYxfji1lv3E
63. Rashid Musa – Demokrati, Islamofobi och Sveriges framtid, antirasistiskaakademin.se, 10 augusti, 2018.
64. På spaning efter klubben för nöjda medelklassmuslimer, Alen Musaefendić, kvartal.se, 21 oktober, 2020.
65. Medan vi tittar på Akilov sprider predikanter misstro och hat i svenska moskéer, Niclas Orrenius, DN, 16 februari, 2016. Se även: Muslimsk hatpredikant gästade Järfällaförsamling svt.se, 17 juni, 2016. Samt: Predikanter som skapar myllan ur vilken unga muslimer lockas att ansluta sig till IS, Davis Kaza, Arbetaretidningsen.se, 28 juli, 2016. Samt: Sakine Madon: Varför ges bidrag till hatmoskéer, Alice Bah Kuhnke? vlt.se, 19 februari, 2018.
66. Kvinnor trakasseras i Stockholmsförorter, Hannes Lundberg Andersson, Expressen, 4 april, 2017. Se även: Hon kan inte gå ut med hunden utan att bli hotad av män, TV4 Nyhetena, 3 april, 2017
67. Kvinnor trakasseras i Stockholmsförorter, Hannes Lundberg Andersson, Expressen, 4 april, 2017. Se även: Hon kan inte gå ut med hunden utan att bli hotad av män, TV4 Nyhetena, 3 april, 2017.
68. Carolin Dahlman: V saknar trovärdighet i hedersfrågor efter år av förnekelse, Carolin Dahlman, kristiansbladet.se, 5 juli 2019.
69. Bulletins helgintervju: Magnus Ranstorp: Har funnits en enorm beröringsångest, Björn Nordqvist, bulletin.nu, 8 maj 2021.
70. Ibn Rushd är bara toppen på isberget, Malin Lernfelt, timbro.se, 10 maj, 2021.

71. Ibn Rushd är bara toppen på isberget, Malin Lernfelt, timbro.se, 10 maj, 2021.
72. Flirtandet med religiösa extremister är inget nytt, Helena Edlund, helenaedlund.se, 1 september, 2018.
73. Artikelserie om den politiska fegheten i Sverige, Jan Hägglund, nya.nu, 29 oktober 2018.
74. Per Gudmundson: Så infiltrerades Socialdemokraterna av Muslimska brödraskapet, Per Gudmundson ,SVD,
2018,11,08. Se även: Socialdemokraterna och Muslimska brödraskapet, Axess TV, 2018-11-09.
75. Per Gudmundson: Så infiltrerades Socialdemokraterna av Muslimska brödraskapet, Per Gudmundson ,SVD,
2018,11,08. Se även: Socialdemokraterna och Muslimska brödraskapet, Axess TV, 2018-11-09.
76. Artikelserie om den politiska fegheten i Sverige, Jan Hägglund, nya.nu, 29 oktober 2018.
77. Per Gudmundson: Så infiltrerades Socialdemokraterna av Muslimska brödraskapet, Per Gudmundson ,SVD,2018,11,08
78. Per Gudmundson: Så infiltrerades Socialdemokraterna av Muslimska brödraskapet, Per Gudmundson ,SVD,2018,11,08
79. Delaktighet, integritet & integration, Broderskapsrörelsens, Sveriges Kristna Socialdemokrater. Rapport 4/99 https://nya.nu/wp-content/uploads/2017/03/rapport-delaktighet-identitet-o-integration.pdf Se även: Socialdemokraternas kompromiss med islamisterna Davis Kaza, nya.nu, 13 oktober 2016.
80. Socialdemokraternas kompromiss med islamisterna Davis Kaza, nya.nu, 13 oktober 2016.

81. "Socialdemokraterna visar upp bunkermentalitet", Helena Gissén, Expressen, 7 oktober, 2021
82. Magnus Norell om det Muslimska Brödraskapet, ledarsidorna.se, 23 Mars, 2018
83. Provkapitel och Crowd-funding av boken "Islamismen i Sverige – Muslimska brödraskapet", Johan Westerholm, ledarsidorna.se, 4 janjuari, 2020.
84. Barry Rubin, Wolfgang G. Schwanitz, "Nazis, Islamists, and the Making of the Modern Middle East" , Yale University Press, 2014, (sidan 252) Se även: Här 'gillar' Omar Mustafa extremisterna, Karl-Johan Karlsson, Expressen, 13 april, 2013.
85. Sameh Egyptsson, Så har islamisterna byggt upp sin maktbas i Sverige, Göteborgs-Posten,, 14 dec, 2018.
86. Sameh Egyptsson, Så har islamisterna byggt upp sin maktbas i Sverige, Göteborgs-Posten,, 14 dec, 2018.
87. Socialdemokraternas kompromiss med islamisterna Davis Kaza, nya.nu, 13 oktober 2016. Se även: Omar Mustafa lämnar samtliga S-uppdrag, Julia Milder, sverigesradio.se, 13 april, 2013. Samt: Här är mötet som S inte vill tala om, Elisabeth Marmorstein, Karl-Johan Karlsson, Aftonbladet, 11 april, 2013.
88. Carina Hägg stryks från riksdagslistan, Karl-Johan Karlsson, Expressen, 27 januari, 2014.
89. S lovar att samarbeta med Sveriges muslimska råd, Karl-Johan Karlsson, Expressen, 29 januari, 2014.
90. Kristen Socialdemokrat om islam, https://gudskelov.wordpress.com/tag/peter-weiderud/.
91. Dokument: Mehmet Kaplans klavertramp, Expressen, 17 april, 2016.
92. Dokument: Mehmet Kaplans klavertramp, Expressen, 17 april, 2016.

93. Barbaros Leylani fälls för hets mot folkgrupp, Aymen Mussa, svt.se, 14 december 2016.
94. Brevet från Sveriges muslimska förbund, http://www.sr.se/Diverse/AppData/Isidor/files/83/2113.pdf Se även: Muslimskt förbund kräver egna lagar, DN, 2006-04-27.
95. Friskoleprofilen leder islamistiskt parti – misstänks för grov förskingring, Olof Svensson, Expressen, 4 november, 2021. Se även: Skolan får miljoner – rektorn driver islamistparti i Somalia, Christer El-Mochantaf, Daniel Olsson, Göteborgs-Tidningen,14 aug 2020. Samt: Före detta M-toppen åtalas – har slussat miljonbelopp till islamister, Janne Bengtsson, proletaren.se, 4 oktober, 2021.
96. Skolan får miljoner – rektorn driver islamistparti i Somalia, Christer El-Mochantaf, Daniel Olsson, Göteborgs-Tidningen,14 aug 2020. Samt: Före detta M-toppen åtalas – har slussat miljonbelopp till islamister, Janne Bengtsson, proletaren.se, 4 oktober, 2021.
97. Elevernas pengar gick till sexklubbar och lyxiga hotell, Expressen, 10 november, 2021. Se även: Skolpeng till lyxhotell och thailändska sexklubbar, Helena Sällström, omni.se, 10 november, 2021.
98. Dokument inifrån, "Slaget om muslimerna, SVT2 Torsdag 10 dec 2009.
99. Lars Åberg: Nej, islamismen är inte någon befrielserörelse, Lars Åber, bulletin.nu, 11 maj 2021.
100. Bawar Ismail: Saudiska pengar gör inget gott här i Sverige, Batwar Ismail, Göteborgs-Posten 11 augusti, 2021.
101. Saudiarabien finansierar var fjärde svensk moské, Dan Ankersen, ETC, 8 november, 2017.

102. Saudiarabien finansierar var fjärde svensk moské, Dan Ankersen, ETC, 8 november, 2017.
103. Saudiarabien finansierar var fjärde svensk moské, Dan Ankersen, ETC, 8 november, 2017.
104. Stoppa IS-folk från att trakassera förortsbor, Sakine Madon, Expressen, 27 feb 2015.
105. Stoppa IS-folk från att trakassera förortsbor, Sakine Madon, Expressen, 27 feb 2015.
106. Studie: Var tionde elev stöttar religiösa extremister, Göteborgs-Posten, Michael Verdicchio , 28 oktober, 2016.
107. Nalin Pekgul, twitter, 16 maj, 2021.
108. " Rätt att klassa MMRK:s företrädare som extremister, Magnus Sandelin, Göteborgs-Posten, 28 september, 2018.
109. " Rätt att klassa MMRK:s företrädare som extremister, Magnus Sandelin, Göteborgs-Posten, 28 september, 2018.
110. Jag trodde på journalistiken", Magnus Dennert, svt.se, 15 maj 2013.
111. Jag trodde på journalistiken", Magnus Dennert, svt.se, 15 maj 2013.
112. Ann-Sofie Hermansson frias från förtal, Alexander Hultman, Jan Annersson, Göteborgs-Posten, 11 februari, 2020
113. GÖTEBORGS TINGSRÄTT Avdelning 6 DOM 2020-02-11 1 Mål nr: B 12803-18 meddelad i Göteborg https://docplayer.se/183324551-1-goteborgs-tingsratt-avdelning-6-dom-meddelad-i-goteborg.html
114. GÖTEBORGS TINGSRÄTT Avdelning 6 DOM 2020-02-11 1 Mål nr: B 12803-18 meddelad i Göteborg https://docplayer.se/183324551-

1-goteborgs-tingsratt-avdelning-6-dom-meddelad-i-goteborg.html
115. GÖTEBORGS TINGSRÄTT Avdelning 6 DOM 2020-02-11 1 Mål nr: B 12803-18
meddelad i Göteborg https://docplayer.se/183324551-1-goteborgs-tingsratt-avdelning-6-dom-meddelad-i-goteborg.html
116. HOVRÄTTEN FÖR VÄSTRA SVERIGE Avdelning 2 Rotel 2 DOM 2021-09-30 Göteborg Mål nr B 1865-20 https://www.scribd.com/document/528806503/Vastra-HR-B-1865-20-Aktbil-144-DOM-Maimuna-Abdullahi-Fatim
117. Äntligen är rättegångs-soppan mot Hermansson över, Sakine Madon Uppsala Nya Tidning, 31 mars, 2022
118. Rätt att klassa MMRK:s företrädare som extremister, Magnus Sandelin, Göteborgs-Posten, 28 september, 2018
119. "Viktigt att vidga de selektiva problemformuleringarna", Manijeh Mehdiyar och Maimuna Abdullah, Feministiskt perspektiv, 2015-07-03
120. Politikerna tar fortfarande inte extremismen på allvar, Sofie Löwenmark, Expressen, 9 april, 2022
121. Säkerhetspolisen 2021, (sid-38-39) https://www.sakerhetspolisen.se/download/18.55e568c417f50c779e71d5/1648121714690/Sakerhetspolisen_arsbok%202021.pdf
122. European Union Terrorism Situation and Trend report 2022 (TE-SAT), (sidan 7) https://www.europol.europa.eu/cms/sites/default/files/documents/Tesat_Report_2022_0.pdf
123. Kjell Magnusson, Drömmen om en islamisk ordning: Muslimska brödraskapet i Bosnien och Hercegovina, Timbro, 2018, (sidan 3)

124. Kjell Magnusson, Drömmen om en islamisk ordning: Muslimska brödraskapet i Bosnien och Hercegovina, Timbro, 2018, (sidan 3)
125. Kjell Magnusson, Drömmen om en islamisk ordning: Muslimska brödraskapet i Bosnien och Hercegovina, Timbro, 2018, (sidan 3)
126. Kjell Magnusson, Drömmen om en islamisk ordning: Muslimska brödraskapet i Bosnien och Hercegovina, Timbro, 2018, (sidan 3)
127. Hizb ut-Tahrir – positivt att muslimer visade sin vrede, Sofie Löwenmark, doku.se, 20 april, 2022
128. Hizb ut-Tahrir – positivt att muslimer visade sin vrede, Sofie Löwenmark, doku.se, 20 april, 2022
129. Hizb ut-Tahrir – positivt att muslimer visade sin vrede, Sofie Löwenmark, doku.se, 20 april, 2022
130. Hizb ut-Tahrir – positivt att muslimer visade sin vrede, Sofie Löwenmark, doku.se, 20 april, 2022
131. Hizb ut-Tahrir – positivt att muslimer visade sin vrede, Sofie Löwenmark, doku.se, 20 april, 2022
132. Yusuf al-Qaradawi. Priorities of The Islamic Movement in The Coming Phase, Priorities of The Islamic Movement in The Coming Phase, 1992, (sidan 200)
132. Muslimska Brödraskapet i Sverige, Red: Dr. Magnus Norell (Med Docent Aje Carlbom & Fil. Kand Pierre Durrani) På uppdrag av MSB, november-december 2016.

Varningssignalerna

1. ”Våld och brott” toppar för första gången Sverigestudien, Lars Näslund. DN, 19 november, 2020.
2. Utanförskapet växer i Sverige, Andrea Hökerberg, SVD, 2004-12-05.

3. Utanförskapet växer i Sverige, Andrea Hökerberg, SVD, 2004-12-05.
4. Alarmsignalen som ingen lyssnade till, Mauricio Rojas, SVD, 2014-06-06.
6. Alarmsignalen som ingen lyssnade till, Mauricio Rojas, SVD, 2014-06-06.
7. Mot nya utmaningar, Paula Neuding, magasinetneo.se, 2016, 06, 15. Se även: Ny rapport: "Utanförskapets karta – en uppföljning av Folkpartiets rapportserie." http://www.dnv.se/nyheter/ny-rapport-utanforskapets-karta-en-uppfoljning-av-folkpartiets-rapportserie/
8. S-profilen: Vi ska inte ta emot fler flyktingar, Gusten Holm, Expressen, 15 oktober, 2021.
9. Håkan Boström: Det som Löfven inte såg komma, Håkan Boström, Göteborgs-Posten, 21 oktober, 2021
10. Håkan Boström: Det som Löfven inte såg komma, Håkan Boström, Göteborgs-Posten, 21 oktober, 2021
11. 28/10 -07: Göteborgs somalier - ett folk i kris, Göteborgs-Posten, 28 oktober, 2007.
12. Håkan Boström: Det som Löfven inte såg komma, Håkan Boström, Göteborgs-Posten, 21 oktober, 2021
13. Håkan Boström: Det som Löfven inte såg komma, Håkan Boström, Göteborgs-Posten, 21 oktober, 2021
14. 28/10 -07: Göteborgs somalier - ett folk i kris, Göteborgs-Posten, 28 oktober, 2007
15. Utsatta områden -social ordning, kriminell struktur och utmaningar för polisen 2017, Nationella operativa avdelningen, 2017
16. Ann Törnkvist: Fallskärmsjournalister som Tim Pool är ett demokratiskt problem, Ann Törnkvist, sverigesradio.se, 7 mars 2017.

17. Mattias Lindberg: Plötsligt rumsrent att tala om hot mot journalister i förorten, Mattias Lindberg, bulletin.nu, 27 juni, 2021. Se även:
https://twitter.com/avpublicservice/status/841361621515657216?lang=bg
18. Polisen i tårar om klanernas förtryck, Axel Lundqvist, Expressen, 27 juni, 2021.
juni, 2021.
19. Polisen i tårar om klanernas förtryck, Axel Lundqvist, Expressen, 27 juni, 2021.
20. Lamotte borde ha lämnat skyddsvästen i sandlådan. Annika Strandhäll, 28 feb 2020
21. Åter till medeltiden, Olof Öhlén, magasinetparagraf.se, 2021-12-02
22. Åter till medeltiden, Olof Öhlén, magasinetparagraf.se, 2021
23. Varningen: Europa underskattar riskerna från 50 års invandring, Dorothée Enskog, bulletin.nu, 29 mar 2022

Yttrandefriheten

1. FN:s förklaring om de mänskliga rättigheterna, www.amnesty.se
2. R. Potter "The tragedies of Euripides translated", 1814,Euripides translated", J. Mawman; C. Law ; Longman, , Hurst, Rees , Orme, And Brown ; J. M. Richardson ; S. Bagster, J.Otridge ; Craddock Aand Joy; T. Hamilton, Ogles, Duncan, Cochran; Gale, Curtis and Fenner; And J Walker and Co; J. Cooke, J. PArker, Oxford: And Deighton and Sons Cambridge, 1814, (sidan 307)
3. Nätjättarnas censur är ett hot mot demokratin, Jonathan Lundqvist, bulletin.nu, 21 februari, 2021

4. Donald Trump riskerar finansiell deplattformering – fler Republikaner i riskzonen, Johan Westerholm, ledarsidorna.se, 13 januari, 2021
5. Donald Trump riskerar finansiell deplattformering – fler Republikaner i riskzonen, Johan Westerholm, ledarsidorna.se, 13 januari, 2021
6. "Nobody should trust Wikipedia,' its co-founder warns: Larry Sanger says site has been taken over by left-wing 'volunteers' who write off sources that don't fit their agenda as fake news", Ariel Zilber, dailymail.co, 16 July 2021.
7. "Nobody should trust Wikipedia,' its co-founder warns: Larry Sanger says site has been taken over by left-wing 'volunteers' who write off sources that don't fit their agenda as fake news", Ariel Zilber, dailymail.co, 16 July 2021.
8. Protest under SD-föreläsning på universitet, Foud Youcefi, svt.se, 5 december, 2019.
9. Gränslöst #2 - Jens Ganman - Årets svensk.
10. Gränslöst #2 - Jens Ganman - Årets svensk.
11. Alexander Bard deplattformerad från studentkonferens i Linköping: "alla ska känna sig trygga", Av academicrightswatch.se , 24 september, 2022
12. Alexander Bard deplattformerad från studentkonferens i Linköping: "alla ska känna sig trygga", Av academicrightswatch.se , 24 september, 2022
13. Interaktiv rasism på internet, i pressen och politiken, Delmi Policy Brief, 2021:8. https://www.delmi.se/media/s40dgfqc/delmi-policy-brief-2021-8_web.pdf
14. TU: Häpnadsväckande att statlig expertkommitté pekar ut SvD och GP, tu.se, 2021-06-11

15. Statlig myndighet går till attack mot Arpi och Bali, varldenidag.se, 12 juni, 2021.
16. Ivar Arpi, Hanif Bali och jag brännmärkta av staten, Per Gudmundson, bulletin.nu, 11 juni, 2021.
17. "Förvånande många" svenskar vill begränsa yttrandefriheten, Philip Ramqvist, fokus.se, 2022-04-01
18. "Förvånande många" svenskar vill begränsa yttrandefriheten, Philip Ramqvist, fokus.se, 2022-04-01
19. Vi måste tala om deplattformering, , Carl lindstrand, kvartal.se, 2 oktober 2018
20. Vi måste tala om deplattformering, , Carl lindstrand, kvartal.se, 2 oktober 2018
21. Om du tror samhällsdebatten har högt i tak, pröva att ställa dig upp, David Eberhard, fokus.se, 2022-06-06
22. Våldsamma upplopp efter Paludans koranbränningar, Erik Göthlin, Emil Schröder, Cecilia Anderberg, Adam Koskelainen, Expressen, 14 april, 2022
23. Våldsamma upplopp efter Paludans koranbränningar, Erik Göthlin, Emil Schröder, Cecilia Anderberg, Adam Koskelainen, Expressen, 14 april, 2022
24. "Kvinnor i 40-60 årsåldern kastar sten mot oss, deras egna barn gör likadant", nyhetereidag.se, 19 april, 2022
25. LOKPOL, twitter, 18 april, 2022. Se även: "Kvinnor i 40-60 årsåldern kastar sten mot oss, deras egna barn gör likadant", nyhetereidag.se, 19 april, 2022
26. I Sverige har du rätt att provocera, Carolin Dahlman, substack.com, April 17, 2022
27. Mustafa Panshiri. Twitter, 17 april, 2022
28. Sofie Löwenmark, twitter, 19 april, 2022
29. Kränktheten är det öppna samhällets fiende, Alice Teodorescu Måwe, smejan.se, 19 april, 2022
30. Att bränna en religiös skrift är inte hets mot folkgrupp, april 14, 2022, Redaktionen juridikfronten.org

31. Det är de kränkta som har fel, Emma Jaenson, Blekinge Läns Tidning, 20 april, 2022
32. Rikspolischefen: Har inget med protester att göra, Jullia Linder, svt.se, 18 april, 2022
33. Hezbollah hetsar mot Sverige – Svenska opinionsbildare faller in bakom, Johan Westerholm, ledarsidorna.se, 20 april, 2022
34. Hezbollah hetsar mot Sverige – Svenska opinionsbildare faller in bakom, Johan Westerholm, ledarsidorna.se, 20 april, 2022
35. Partiet Nyans vill förbjuda anklagelser om extremism – kallar Nyheter Idag "högerextrema", nyheteridag.se, 5 oktober, 2021
36. Partiet Nyans vill förbjuda anklagelser om extremism – kallar Nyheter Idag "högerextrema", nyheteridag.se, 5 oktober, 2021
37. Skogkär: Upploppen handlar om islam, bulletin.nu, Mats Skogkär, 21 april, 2022
38. Skogkär: Upploppen handlar om islam, bulletin.nu, Mats Skogkär, 21 april, 2022
39. Brinkemo: Civilisationens fernissa är tunn, Per Brinkemo, bulletin.nu, 21 april, 2022
40. Brinkemo: Civilisationens fernissa är tunn, Per Brinkemo, bulletin.nu, 21 april, 2022, Se även: Portland, Oregon, Mayor Proposes Increasing Police Budget, By Associated Press, usnews.com, Nov. 3, 2021
41. Paludan tvingar oss att erkänna självcensuren, Peter Santesson, Expressen, 24 april, 2022
42. Paludan tvingar oss att erkänna självcensuren, Peter Santesson, Expressen, 24 april, 2022
43. Paludan tvingar oss att erkänna självcensuren, Peter Santesson, Expressen, 24 april, 2022

44. Hur gränser flyttas, Jörgen Huitfeldt, kvartal.se, 24 april, 2022
45. Yttrandefriheten måste skyddas till varje pris - även om det kan skapa ilska? P1-morgon, sverigesradio.se, 25 april, 2022
46. Påskupploppen har gjort debatten nipprig, Oisin Cantwell, Aftonbaldet, 26 april, 2022
47. Kravallerna blottar migrationsmisslyckandet, Paulina Neuding, SvD, 7 mars, 2023
48. Polisen Peppe hamnade mitt i upploppskaoset i Malmö: "Helt förjävligt", TV4 Nyhetsmorgon, 22 april, 2022
49. Interna rapporter visar: Över 100 poliser skadades under upploppen, Josefin Lennen Merckx, Helena Bohm-Nilsson, svt.se, 21 april, 2022
50. Religious Fundamentalism and Hostility against Out-groups: A Comparison of Muslims and Christians in Western Europe, Ruud Koopmans Pages 33-57 , tandfonline.com, 21 Jul 2014
51. Sundeen: Teokratins nya ansikte, Johan Sundeen , bulletin.nu, 23 maj, 2022
52. Jag är rädd att upploppen har gjort det värre för muslimerna, Nadim Ghazale, Expressen, 19 april, 2022 Se även: Bränna böcker handlar inte om yttrandefrihet, Jonas Gardell, Expressen, 3 maj 2022 Samt: Integrationspolisen Ulf Boström vill att koranbränningar prövas i domstol, Josefin Marjomaa, svt.se, 28 februari, 2023
53. Susanne Nyström: Både Koranen och Bibeln måste få grillas över öppen eld,
Susanne Nyström, Dagens Nyheter, 2023-02-20
54. Polisen: Bara Koranen som inte får brännas, Expressen, Filip Bolmgren, 20 februari, 2023

55. Ahmed: Välkommen till islamiseringen, Luai Ahmed, bulletin.nu, 8 april, 2022
56. Statsvetarprofessor: Politikerna uppfattas som hycklare, Lina Lund, Åsa Erlandsson, Dagerns Nyheter, 25 april, 2023
57. Den liberala ordningens sönderfall: Martin Kragh & Adam Gopnik, fritanke.se, 29.08.22

Rasismen

1. Hatbrott 2018. Statistik över polisanmälda brott med identifierade hatbrottsmotiv Rapport 2019:13. Se även: Hatet förstörde Yayas familj, Federico Moreno, Kvällsposten, 19 dec 2017, Samt: Sverige får inte blunda för rasism mellan invandrare, Sofie Löwenmark, Expressen, 16 december 2022, Samt: Afrofobiska hatbrott, BRÅ, Rapport 2022: 7
2. Vi drabbas av rasism – från invandrare, Elaine Eksvärd , Aftonbladet, 14 augusti 2019.
3. Hatet förstörde Yayas familj, Federico Moreno, Kvällsposten, 19 dec 2017.
4. Hatet förstörde Yayas familj, Federico Moreno, Kvällsposten, 19 dec 2017
5. Skolgårdsrasism, konspirationsteorier och utanförskap, om antisemitism och det judiska minoritetskapet i Malmös förskolor, skolor, gymnasier och vuxenutbildning (2020)", Mirjam Katzin https://malmo.se/download/18.4f363e7d1766a784af11a96d/1613644369102/Skolg%C3%A5rdsrasism,%20konspirationsteorier%20och%20utanf%C3%B6rskap%20,%20slutversion.pdf Se även: Malmös judiska elever är inte längre säkra, Aron Verständig, Judiska centralrådet ,

Petra Kahn Nord. World jewish congress. Nina Tojzner. Judiska ungdomsförbundet i Sverige, Expressen, 15 mar 2021.
6. Hatet förstörde Yayas familj, Federico Moreno, Kvällsposten, 19 dec 2017.
7. Hatet förstörde Yayas familj, Federico Moreno, Kvällsposten, 19 dec 2017.
8. Hatet förstörde Yayas familj, Federico Moreno, Kvällsposten, 19 dec 2017.
9. Hatet förstörde Yayas familj, Federico Moreno, Kvällsposten, 19 dec 2017.
10. Hatet förstörde Yayas familj, Federico Moreno, Kvällsposten, 19 dec 2017.
11. Hatet förstörde Yayas familj, Federico Moreno, Kvällsposten, 19 dec 2017
12. Carolin Dahlman: Rasism mot vita är lika illa som rasism mot svarta, Kristiansbladet, 1 juni 2020. Se även: https://ligator.files.wordpress.com/2020/05/4-bilan-osman-george-floyd-dog-och-jag-kc3a4nde-1.-han-ropade-efter.._.pdf
13. Identitetspolitiken är den nya rasismen, Gunnar hökmark, Expressen, 24 augusti 2020.
14. Identitetspolitiken är den nya rasismen, Gunnar hökmark, Expressen, 24 augusti 2020.
15. Identitetspolitiken är den nya rasismen, Gunnar hökmark, Expressen, 24 augusti 2020.
16. Att i antirasismens namn rikta hat mot vita är bara destruktivt, Carolin Dahlman, Göteborgs-Posten, 5 juni, 2020
17. Bilan Osman: Debatten om islam kantas av tröttsamma fördomar, Bilan Osaman, DN, 2017-05-16
18. Hur kan vi? 143: Det finns något konstruktivt med manshat – Bilan Osman

19. Därför slutar Raseriet prata med vita journalister om rasism, Jenny Rönngren, feministisktperspektiv.se, 2021-02-12
20. BITTE ASSARMO: Idén om den strukturella rasismen är lönsam, detgodasamhallet.com, 17 juni, 2021.
21. Konstfacks utställningsrum ”Vita havet” skapar konflikt, Hedvig Wrede, svt.se, 17 februari 2021
22. Konstfacks utställningsrum ”Vita havet” skapar konflikt, Hedvig Wrede, svt.se, 17 februari 2021 Se även: Interna förslaget: Byt namn på ”Vita havet” till ”Havet”, Johanna Wak, Expressen, 16 februari, 2021
23. Konstfacks utställningsrum ”Vita havet” skapar konflikt, Hedvig Wrede, svt.se, 17 februari 2021
24. Sara Kristoffersson: Nej, Vita havet på Konstfack har inget med rasism att göra, DN, 2021-02-01
25. AI mistakes ‘black and white’ chess chat for racism, Anthony Cuthbertson, .independent.co.uk, 18 februaryl, 2021. Se även: Googles AI blev matt – trodde schacksnack var rasism, Viktor Eriksson, computersweden.idg.se, 2021-02-23.
26. Särbehandling av personer med viss hudfärg, Interpellation 2020/21:632 av Ludvig Aspling (SD) Anf. 124 Statsrådet Märta Stenevi (MP)
27. Den ideologiska frågan, 31 mars 2021, Är Miljöpartiet på väg att bli ett vänsterparti?
28. Vilka jobbar Miljöpartiet för?, Caroline Dahlman, bulletin.nu, 8 april, 2021
29. Håll rasutbildning borta från universiteten, Petter Birgersson, Kristianstadsbladet,, 23 april 2020.
30. En meningslös sortering av människor, Henrik Höjer, Forskning och Framsteg Nr 8, 2012-09-07
31. "Expoanställd dömd. 25-åring skyldig till sabotage och hot mot rasister", DN, 1996-06-12

32. "Expoanställd dömd. 25-åring skyldig till sabotage och hot mot rasister", DN, 1996-06-12.
33. Svartvitt, nr. 1/1996.
34. Creol, nr. 1/1996.
35. Nygammal bok tar bl a upp svenska stereotyper av asiater, tobiashubinette.wordpress.com, 9 december 2017
36. Forskaren: Klimatrörelsen borde spränga oljeledningar, Göteborgs-Posten, 20 februari. 2021. Se även: "Nu räcker det inte att sjunga Idas sommarvisa", Peter Alestig, SVD, 18 oktober, 2020.
37. Därför ska vi stödja Hizbollah, Aftonbladet, Andreas Malm,11 augusti 2006. Se även: Andreas Gustavsson: Vad är det Andreas Malm beundrar med Hamas? ETC, 22 juli, 2021.Samt: Andreas Malms lovsång till Hamas är grotesk, Rasmus Fleischer, May 29th, 2021.
38. Forskaren: Klimatrörelsen borde spränga oljeledningar, Göteborgs-Posten, 20 februari, 2021. Se även: Adam Cwejman: Det goda våldet skadar också, Göteborgs-Posten, 22 februari, 2021.
39. Forskaren: Klimatrörelsen borde spränga oljeledningar, Göteborgs-Posten, 20 februari, 2021. Se även: Adam Cwejman: Det goda våldet skadar också, Göteborgs-Posten, 22 februari, 2021.
40. Arbetaren nr. 31/2006. Se även; Hatets röster, Dilsa Demirbag-Sten, Expressen, 21 januari, 2009.
41. SR-profil kallade Janne Josefsson nazist, sverigesradio.se, 8 maj 2014
42. SR-profil kallade Janne Josefsson nazist, sverigesradio.se, 8 maj 2014
43. SR-profil kallade Janne Josefsson nazist, sverigesradio.se, 8 maj 2014

44. When I See Racial Disparities, I See Racism.' Discussing Race, Gender and Mobility, Claire Cain Miller, Emily Badger, Noelle Hurd, Ibram X. Kendi, Nathaniel Hendren, Raj Chetty, New York Times, March 27, 2018, Se även: Thomas Sowell's Inconvenient Truths. Hard questions about discrimination, diversity, and civil rights. by William Voegeli, claremontreviewofbooks.com, 2018.
45. Rasism kan inte bekämpas med kollektivt skuldbeläggande", Dan Korn, Göteborgs-Posten, 2 oktober, 2021
46. Moa Berglöf: Ingen tvekan om att debatten har förflyttat sig, sydsvenskan.se, 23 januari 2020.
47. https://twitter.com/JensGanman/status/1220656539419148289/photo/1
48. https://twitter.com/moabrglf/status/1220661669225009152
49. https://twitter.com/JensGanman/status/1220672052706738176
50. Var det här verkligen årets svensk? Andreas Magnusson, magasinet paragraf, 2020-01-25
51. Var det här verkligen årets svensk? Andreas Magnusson, magasinet paragraf, 2020-01-25
52. Martina Montelius, Inte en dag för tidigt att Ganman blir Årets svensk! Expressen, 23 jan 2020.
53. Johannes Klenell på tidningen Arbetet : Årets svensk är Jens Ganmans svans
54. https://twitter.com/paulinaneuding/status/1220249409067327489

55. Adam Cwejman, Göteborgs-Posten, Adam Cwejman: Ni behöver inte vara rädda för Jens Ganman
56. Till de obekväma , Jörgen Huitfeldt, kvartal.se 26 januari 2020.
57. Den mediala kostcirkeln, Jens Ganman, 9 april, 2017.https://m.facebook.com/story.php?story_fbid=10154595776523251&id=644748250
58.
https://twitter.com/JensGanman/status/1106294194828656641
https://twitter.com/Panshiri_M/status/1052303351147302913
59. DEN SKRATTANDE RASISTEN, 30 januari, 2020 av jensganman.
60. Rasskolan: "Alla ser hudfärg, om man inte är synskadad". Amat Levin, Nöjesguiden, 18 februari, 2013
61.Least Racist Countries 2023, worldpopulationreview.com
62. Survey: UK is one of the least racist countries in the world, Rob Lownie, unheard.com, 27 April 2023
63. Så grundmurades bilden av Sverige som genomrasistiskt, Sofie Löwenmark, fokus.se, 2022-03-02
64. Så grundmurades bilden av Sverige som genomrasistiskt, Sofie Löwenmark, fokus.se, 2022-03-02
65. Så grundmurades bilden av Sverige som genomrasistiskt, Sofie Löwenmark, fokus.se, 2022-03-02
66. John McWhorter, Woke Racism: How a New Religion Has Betrayed Black America, Penguin Random House, 2021, (sid. 4-5)
67. John McWhorter, Woke Racism: How a New Religion Has Betrayed Black America, Penguin Random House, 2021, (sidan 23)

Hur kunde samhällssplittrande idéer få ett sådant fotfäste i Sverige?

1. Gustave Le Bon "The Crowd: A Study of the Popular Mind", Cosimo Inc, 2006, (sidan 67)
2. Förening som hyllat terror får storbidrag – av staten, Jenny Strindlöv, Expressen, 28 sep 2020. Se även: Radikala islamister i mångmiljonaffärer med svenska kommuner, Diamant Salihu, svt.se, 27 augusti 2020. Samt: Säpo: Extremister får miljoner i bidrag, Expressen, 11 nov 2019.
3. Det här är en svensk tiger – Historien om historien, Johan Westerholm, ledarsidorna.se, 16 Okt 2019. https://ledarsidorna.se/2019/10/det-har-ar-en-svensk-tiger-historien-om-historien/ Se även: DET HÄR ÄR EN SVENSK TIGER! av Aron Flam, https://www.aronflam.com/merchandise/det-hr-r-en-svensk-tiger-av-aron-flam-1
4. Så blev Sverige en del av Nato, popularhistoria.se 2 april 2019, av Daniel Rydén. https://popularhistoria.se/sveriges-historia/1900-tal/sa-blev-sverige-en-del-av-nato
5. Den svenska DDR-skolan, 10 december 2010, skolvarlden.se Se även: Birgitta Almgre, "Inte bara Stasi:relationer Sverige-DDR 1949-1990." https://www.adlibris.com/se/bok/inte-bara-stasi-relationer-sverige-ddr-1949-1990-9789173315869
6. Den svenska DDR-skolan, 10 december 2010, skolvarlden.se Se även: Birgitta Almgre, "Inte bara Stasi:relationer Sverige-DDR 1949-1990."

https://www.adlibris.com/se/bok/inte-bara-stasi-relationer-sverige-ddr-1949-1990-9789173315869
7. Vem fick Generation Z att hata yttrandefriheten? Blanche Sanded, Timbro.se, 7 november 2018,
8. Lärare tvingas bort efter studentprotester, Lenart Kriisa, psykologtidningen.se, 30 januari.2020.
9. Lärare tvingas bort efter studentprotester, Lenart Kriisa, psykologtidningen.se, 30 januari.2020.
10. Lärare tvingas bort efter studentprotester, Lenart Kriisa, psykologtidningen.se, 30 januari.2020.
11. Lärare tvingas bort efter studentprotester, Lenart Kriisa, psykologtidningen.se, 30 januari.2020.
12. Lärare tvingas bort efter studentprotester, Lenart Kriisa, psykologtidningen.se, 30 januari.2020.
13. Psykologins elände, Torsten Sandström, anti-pk-bloggen.se, 13 januari, 2020
14. Johan Gärdebo: Universitets uppgift är att främja fritt tänkande, Johan Gärdebo, gp.se, 11 november, 2022
15. James Boswell, The Life of Samuel Johnson, LL.D, Heritage Press, 1963, (sidan 166)
16. Addicted To Being Good? The Psychopathology Of Heroism By Andrea Kuszewski | September 28th 2009.
17. Addicted To Being Good? The Psychopathology Of Heroism By Andrea Kuszewski | September 28th 2009.
18. Unga svenskar mår sämst i Europa, ideerforlivet.se, 2020-12-10. Se även: Skandias Idéer för Livet: Unga svenskar mår sämst i hela Europa, Gunnar Loxdal, sakochliv.se, 10 december, 2020"Ungas välmående och framtidstro", Idéer för livet, Skandia 2020 https://sakochliv.se/wp-content/uploads/2020/12/Skandia-ungas-ma%CC%8Aende-1346596.pdf

19. Unga svenskar mår sämst i Europa, ideerforlivet.se, 2020-12-10. Se även: Skandias Idéer för Livet: Unga svenskar mår sämst i hela Europa, Gunnar Loxdal, sakochliv.se, 10 december, 2020
20. Nya bilden av Sverige: farligast i EU, Lotta Engzell-Larsson,.di.se, 27 oktober 2021
21. Sverige attackeras hårt för LVU-lagen, Sofie Löwenmark, Doku, 27 januari, 2022.
22. Terrorforskare: ”Sverige har internationellt rekord i naivitet”, Henrik Sjögren, fokus.se, 2023-02-10
23. Terrorforskare: ”Sverige har internationellt rekord i naivitet”, Henrik Sjögren, fokus.se, 2023-02-10
24. Terrorforskare: ”Sverige har internationellt rekord i naivitet”, Henrik Sjögren, fokus.se, 2023-02-10
25. De upptagna bryr sig inte om hudfärg och ”ras”, Nina Solomin, fokus.se, 2022-01-23
26. Syskonen Sabuni: Stridbara debattörer – och motpoler, Ludde Hellberg, Expressen, 1 juni, 2019
27. Syskonen Sabuni: Stridbara debattörer – och motpoler, Ludde Hellberg, Expressen, 1 juni, 2019
28. Kitimbwa Sabuni: "All politik är identitetspolitik, Sao-Mai Dao, etc.se, 9 februari, 2017
29. Kitimbwa Sabuni – Afrofobi och den koloniala maktordningen, antirasistiskaakademin.se,7 februari, 2018
30. Forskare i flock kortsluter debatten, Johan Gärdebo, Fanny Forsberg Lundell, kvartal.se, 19 april 2023
31. Sakine Madon, Sluta särbehandla! Om identitetspolitikens återvändsgränd, Bertil Ohlin institutets skeriftserie # 17, 2010, (sidan 3)
32. Lars Åberg, Landet där vad som helst kan Karneval Förlag, 2018, (sidan 102)

Postmodernismen

1. Boken som förklarar de cyniska Social Justice-teorierna , www.ronie.se, juli 7, 2021.
2. Boken som förklarar de cyniska Social Justice-teorierna , www.ronie.se, juli 7, 2021.
3. Boken som förklarar de cyniska Social Justice-teorierna , www.ronie.se, juli 7, 2021.
4. Boken som förklarar de cyniska Social Justice-teorierna , www.ronie.se, juli 7, 2021.
5. Tankeviruset som infekterar västvärlden, Ivar Arpi, SVD, 2020-07-18.
6. Tankeviruset som infekterar västvärlden, Ivar Arpi, SVD, 2020-07-18.
7. The Saturday Evening Post, October 26, 1929
8. Skogkär: Med mångkultur kom hederskultur och tystnadskultur, Mats Skogkär, bulletin.nu, 19 augusti, 2021.
9. Reinfeldt: Det ursvenska är blott barbari, DN, 15 november 2006.
10. Multikulturen och högerpopulismen, Göran Adamson, kvartal.se, 2016.
11. Fredrik Kärrholm, twitter, 17 juli, 2021.
12. Fredrik Kärrholm, twitter, 17 juli, 2021.
13. Den ovillige medborgaren – Identitetspolitik, motupplysning, dekonstruktion, Fredrik
14. Obama says 'buzzkill' Democrats can make people feel like they're 'walking on eggshells' by Zachary Rogers, The National Desk,October 19th 2022,

Massmediernas självcensur

1. Journalistkårens partisympatier, Kent Asp, 2011, https://docplayer.se/23864486-Journalistkarens-partisympatier.html
2. Partisympatier hos svenska journalister 2019 - en kortrapport, Björn Lantz, https://research.chalmers.se/publication/518198/file/518198_Fulltext.pdf
3. Rapport: Vittnesmål om vänstervriden public service blottar demokratiproblem, epochtimes.se, 18 september, 2020.
4. En ny kritisk diskurs om Public service - En kritik från tidigare anställda. Uppsatsförfattare: Jonathan Kender. Institution: Statsvetenskapliga institutionen Universitet: Stockholms universitet Handledare: Hedvig Ördén. 2020
5. Jonathan Kender vid Statsvetenskapliga institutionen vid Stockholms universitet med studien "En ny kritisk diskurs om Public Service - En kritik från tidigare anställda" https://detgodasamhalletdotcom.files.wordpress.com/2020/09/gunnar-sandelin-public-service-bilaga.pdf
6. Hanne Kjöller, "En halv sanning är också en lögn", Broombergs Bokförlag AB, 2013, (Förord)
7. "Journalister har svårt att ta till sig den sakliga kritik som finns", .resume.se, 24 januari 2017 Se även: Fler sluter upp i Kjöllerkritiken, sverigesradio.se, 30 september, 2013.
8. Peter Wennblad, Twitter, 14 september, 2022
9. MODIGA MÄNNISKOR AVSNITT 107 - PER SHAPIRO, FOLKETS RADIO, 16 maj 2022
10. Journalister vinklar för att inte gynna SD, Sakine Madon, Expressen, 16 jan 2016

11. Journalister vinklar för att inte gynna SD, Sakine Madon, Expressen, 16 jan 2016
12. Sakine Madon Sommar och -Vinter i P1, 15 jul 2016
13. Sakine Madon Sommar och -Vinter i P1, 15 jul 2016
14. Sakine Madon Sommar och -Vinter i P1, 15 jul 2016 Se även: Madon: Journalister ska inte bli aktivister, Sakine Madon, Expressen, 22 januari, 2016
15. Sakine Madon Sommar och -Vinter i P1, 15 jul 2016 Se även: Madon: Journalister ska inte bli aktivister,
16. Sakine Madon Sommar och -Vinter i P1, 15 jul 2016 Se även: Madon: Journalister ska inte bli aktivister, Sakine Madon, Expressen, 22 januari, 2016
17. Medier har visst vinklat, Virtanen, Sakine Madon, Expressen, 11 juni, 2016
18. Migrationen i medierna –men det får en väl inte tala om, Institutet för Mediestudier, 2016, (sid. 23-33)
19. "Journalisthögskolan var rena Kommunisthögskolan", Jennifer Wegerup, fokus.se, 17 september, 2022
20. Lasse Granestrand: Mina tjugosju år med flyktingfrågan och hur jag kom fram till att medierna (och politikerna) misskött den, SvD, 4 december 2015
21. "Jag blev som alla andra, jag drogs med," Christian Daun, Emma-Sofia Olsson, SVD 2020-07-18
22. "Med public service får du opartiska nyheter, Cilla Benkö, Aftonbladet, november 2020.
23. Inser SR:s vd hur totalitär hon låter? Carl-Vincent Reimers, Expressen, 1 december, 2020
24 Inser SR:s vd hur totalitär hon låter? Carl-Vincent Reimers, Expressen, 1 december, 2020
25. Inser SR:s vd hur totalitär hon låter? Carl-Vincent Reimers, Expressen, 1 december, 2020.
26. Inser SR:s vd hur totalitär hon låter? Carl-Vincent Reimers, Expressen, 1 december, 2020

27. Upprop mot rasism på SR: "Misstänkliggörs", Karin Thurfjell, SvD, 2020-09-25.
28. SR:s sortering efter etnicitet är olaglig, Gunnar Strömmer, Expressen, 29 september 2020.
29. SR:s sortering efter etnicitet är olaglig, Gunnar Strömmer, Expressen, 29 september 2020.
30. En demokratisk plikt att vara en konservativ röst? Marika Formgren, marikaformgren.se/ 7 juni, 2014.
31. Jörgen Huitfeldt: Debatten om invandringen måste ta sig ut ur de gamla återvändsgränderna, Jörgen Huitfeldt, DN, 2021-07-19.
32. The War on Sensemaking, Andrew Sweeny, Jan 24, 2020, medium.com. Se även: War on sensemaking, http://civilizationemerging.com/media/rebel-wisdom-war-on-sensemaking/(25) DN-reporter om Husby: "Journalistiskt riskprojekt" Daniel Löfstedt, naringslivets-medieinstitut.se, Maj 23, 2013.
33. DN-reporter om Husby: "Journalistiskt riskprojekt" Daniel Löfstedt, naringslivets-medieinstitut.se, Maj 23, 2013.
34. DN-reporter om Husby: "Journalistiskt riskprojekt" Daniel Löfstedt, naringslivets-medieinstitut.se, Maj 23, 2013.
35. "Talet om volymer är en politisk ätstörning", Josefin Pehrson, omni.se, 31 augusti 2015.
36. Principryttarna klarar inte mötet med verkligheten, Anna Dahlberg, Expressen, 1 maj 2021.
37. Nyheten som Ekot inte ville ha, Ludde Hellberg, kvartal.se, 3 oktober, 2021.
38. Nyheten som Ekot inte ville ha, Ludde hellberg, kvartal.se, 3 oktober, 2021.
39. Nyheten som Ekot inte ville ha, Ludde Hellberg, kvartal.se, 3 oktober, 2021.

40. Sverige ökar osäkerheten men politiker och journalister fortsätter att ljuga, Bianca Muratagic nyheter24.se, 15/03, 2017.
41. Sverige ökar osäkerheten men politiker och journalister fortsätter att ljuga, Bianca Muratagic nyheter24.se, 15/03, 2017.
42. Fortsatt blytung vänster-liberal dominans i SR:s Godmorgon världens panel, nyheteridag.se, Söndag 4 okt 2020.
43. Journalister ska inte slå fast vad som är normalt Viktor Barth-Kron, Expressen, 14 november, 2021.
44. DN:s skräckscenario är dagens mittenpolitik, Johan Hakelius, Focus, 9 november, 2021
45. Ingen minns en fegis, Ivar Arpi, ivararpi.substack.com, 3 maj, 2021.
46. Ronie Berggren: Svenska journalister har glömt sin huvuduppgift – att berätta sanningen, nyheteridag.se
47. Ronie Berggren: Svenska journalister har glömt sin huvuduppgift – att berätta sanningen, nyheteridag.se
48. Önskar att rånaren hade varit blond, Anders Westgårdh, Aftonbladet, 13 december 2005
49. Ger medierna hela bilden eller väljs viktiga aspekter bort? Publicistklubben, Kulturhuset i Stockholm måndag 8/11, 2021.
https://www.youtube.com/watch?v=W5LrWfMC5Z
50. Ligorna spelar rollen som samhällets fiende nummer ett, Jan Guillou Aftonbladet, 19 december 2021.
51. Ligorna spelar rollen som samhällets fiende nummer ett, Jan Guillou Aftonbladet, 19 december 2021.
52. Statistikdatabas för dödsorsaker, https://sdb.socialstyrelsen.se/if_dor/val.aspx Se även: Jan Guillous badkarsanka, Henrik Höjer, kvartal.se, 20 december 2021.

53. Mord och dråp, BRÅ, https://bra.se/statistik/statistik-utifran-brottstyper/mord-och-drap.html
54. Organiserad brottslighet är som en aggressiv cancer, Fredrik Kärrholm, kvartal.se, 22 september 2021.
55. Jan Guillous badkarsanka, Henrik Höjer, Kvartal, 20 december, 2021.
56. Jan Guillous badkarsanka, Henrik Höjer, Kvartal, 20 december, 2021
57. En halkmatta till Guillou efter veckans bråk, Anton Säll, fokus.se, 2021-12-21
58. ”Kriminalitet handlar inte om socioekonomiska faktorer”, Blanche Sande, 25 mars, timbro.se, 2018
59. ”Kriminalitet handlar inte om socioekonomiska faktorer”, Blanche Sande, 25 mars, timbro.se, 2018
60. In Marseille, 33 gunshot deaths in 2022, the highest figure for 20 years Sugar Mizzy, Europe cities.com, December 26, 2022
61. Partiskhet i pressen- En kvantivativ studie av Nerikes Allehandas och Aftonbladets rapportering av Miljöpartiet, Kristdemokraterna och Sverigedemokraterna, Av: Anna Falk och Isabelle Mannersjö. Handledare: Karin Stigbrand. Södertörns Högskola, 2012.
62. Journalist: Partiskhet i Israelfrågan på public service, Samuel Teglund, varldenidag.se, 3 mars, 2021
63. Journalist: Partiskhet i Israelfrågan på public service, Samuel Teglund, varldenidag.se, 3 mars, 2021
64. I sökandet efter objektivitetsidealet - En studie om rapporteringen kring FRA-lagen i Dagens Nyheter och Svenska Dagbladet ur ett objektivitetsperspektiv, Jörgen Westerståhl, Linnéuniversitetet, Institutionen för Samhällsvetenskaper.

65. En ny kritisk diskurs om Public service - En kritik från tidigare anställda. Uppsatsförfattare: Jonathan Kender. Institution: Statsvetenskapliga institutionen Universitet: Stockholms universitet Handledare: Hedvig Ördén. 2020
66. En ny kritisk diskurs om Public service - En kritik från tidigare anställda. Uppsatsförfattare: Jonathan Kender. Institution: Statsvetenskapliga institutionen Universitet: Stockholms universitet Handledare: Hedvig Ördén. 2020
67. Chris Forsne, twitter, 25 mars, 2018

Var hittar vi det första ursprunget till dagens polariserade samhälle?

1. INTEGRATION ELLER ASSIMILATION? EN UTVÄRDERING AV SVENSK INTEGRATIONSDEBATT, Andreas Johansson Heinö, Timbro, 2011-01-11.
2. Integration eller assimilation? En utvärdering av svensk integrationsdebatt, - mynewsdesk.com, 11 Januari 2011
3. INTEGRATION ELLER ASSIMILATION? EN UTVÄRDERING AV SVENSK INTEGRATIONSDEBATT, Andreas Johansson Heinö, Timbro, 2011-01-11, (sidan 34)
4. INTEGRATION ELLER ASSIMILATION? EN UTVÄRDERING AV SVENSK INTEGRATIONSDEBATT, Andreas Johansson Heinö, Timbro, 2011-01-11, (sidan 42)
5. The Refugee Convention 1951, https://www.unhcr.org/4ca34be29.pdf

6. Prop. 1975:26. Regeringens proposition om riktlinjer för invandrar- och
minoritetspolitiken m. m.
https://lagen.nu/prop/1975:26
7. Prop. 1975:26. Regeringens proposition om riktlinjer för invandrar- och minoritetspolitiken m. m.
https://lagen.nu/prop/1975:26
8. Gästskribent Nils Littorin: Multikultur är fascismens spegelbild, Nils Littorin, detgodasamhallet.com, 19 december, 2019
9. Landet där alla visste, Jens Ganman, Facebook, 24 september, 2020.
10. Mångkulturalismen blundar för våldet, Dan Korn, Expressen, 12 juli, 2019
11. Altstadt: Carl Bildt – inte Birgit Friggebo – orsakade We shall over come-haveriet i Rinkeby 1992, Ann Charlott Altstadt, bulletin.nu, 31 juli,, 2021
12. Tillsyn som förbättring eller ritual med prof. Mats Alvesson.
https://www.youtube.com/watch?v=cZtVD1JsMWs Se även: Jubileumskurs: Varför dominerar okritiskt tänkande på jobbet? Mats Alvesson, Ekonomihögskolan.
https://www.youtube.com/watch?v=41bOKzltrkc
13. Krampaktig godhet slår ofta bakut, ostrasmalan.se,17 oktober 2019
14. Tillsyn som förbättring eller ritual med prof. Mats Alvesson.
https://www.youtube.com/watch?v=cZtVD1JsMWs
15. Fredagsintervjun: Mats Alvesson, kvartal.se, 6 december 2019
16. Därför växer pessimismen i Europa, Johannes Heuman, SVD, 2016-04-11.

17. En bok av Dan Korn, malinkim, kulturminnet.wordpress.com, 25 mars, 2018
18. Fredrik Kärrholm:Brott lönar sig för bra i Sverige, Fredrik Kärrholm, SVD, 2021-10-06.
19. Fredrik Kärrholm:Brott lönar sig för bra i Sverige, Fredrik Kärrholm, SVD, 2021-10-06.
20. https://migri.fi/documents/5202425/12242840/Asylsökande+och+beslut+1990-1999+%28sv%29 Se även: En miljon fler under det senaste decenniet. Statistiknyhet från SCB 2020-02-20. https://www.scb.se/hitta-statistik/statistik-efter-amne/befolkning/befolkningens-sammansattning/befolkningsstatistik/pong/statistiknyhet/folkmangd-och-befolkningsforandringar-2019/
21. https://migri.fi/documents/5202425/12242840/Asylsökande+och+beslut+1990-1999+%28sv%29 Se även: En miljon fler under det senaste decenniet. Statistiknyhet från SCB 2020-02-20. https://www.scb.se/hitta-statistik/statistik-efter-amne/befolkning/befolkningens-sammansattning/befolkningsstatistik/pong/statistiknyhet/folkmangd-och-befolkningsforandringar-2019/
22. Åtta av tio flyktingar saknar id-handlingar, SVD, Ronja Mårtensson, Tobias Brandel, 2016-01-04. Se även: Åtta av tio asylsökande saknade pass 2015, Susanna Nygren, Aftonbladet, 4 januari 2016.
23. Åtta av tio flyktingar saknar id-handlingar, SVD, Ronja Mårtensson, Tobias Brandel, 2016-01-04.
24. Vi måste skilja mellan migrations- och flyktingpolitik, Göteborgs-Posten, 10 nov, 2019.
25. Ny rapport: Invandring och brottslighet – ett trettioårsperspektiv, 4 juni, 2019.

https://detgodasamhallet.com/2019/06/04/ny-rapport-invandring-och-brottslighet-ett-trettioarsperspektiv/
26. Ny rapport: Invandring och brottslighet – ett trettioårsperspektiv, 4 juni, 2019.
https://detgodasamhallet.com/2019/06/04/ny-rapport-invandring-och-brottslighet-ett-trettioarsperspektiv/
27. Socialdemokraterna ville ersätta Gud, Per Ewert, fokus.se, 2023-01-19
28. Här är vänsterns knep och härskartekniker, Nils Littorin, Expressen, 10 okt 2019.
29. Här är vänsterns knep och härskartekniker, Nils Littorin, Expressen, 10 okt 2019.
30. Jag vägrar vänja mig vid våldet, Nils Littorin, Expressen, 11 jan 2020.
31. Jag vägrar vänja mig vid våldet, Nils Littorin, Expressen, 11 jan 2020.
32. Jag vägrar vänja mig vid våldet, Nils Littorin, Expressen, 11 jan 2020.
33. Polisens kris hotar rikets säkerhet, Anna Dahlberg, Expressen, 20 aug 2016
34. Lars Åberg, Landet där vad som helst kan hända, Karneval Förlag, 2018, (sidan 216)
35. Timbro-statsvetare: "Juholt är ingen ensam galning", Göran Eriksson, DN, 2017-10-20
36. Sverige är ingen fullvärdig liberal demokrati, Emmanuel Öretengren. timbro,se, 24 augusti 2018
37. Mattias Desmet "The Psychology of Totalitarianism, Chelsea Green publishing co, 2022
38. Springare: Det är skillnad på poliser med rätt åsikter och poliser med fel, Peter Springare, bulletin.nu, 21 juli, 2021.
39. Var Ghazales tweets särskilt märkvärdiga?, Johannes Nilsson, nyheteridag.se, 23 juli, 2021

40. Morgan Johansson, twitter 20 juli, 2021.
41. Isabella Löwengrip rasar: ”Häxjakt” Hävdar att personer som röstat blått trakasseras, Sean O´Brien, Aftonbladet, 13 september, 2022
42. Mikrokosmos | filosofi, delphipages.live, 20 Oct, 2020
43. Svenska statens synligaste signum, Thomas Gür, bulletin.nu, 10 februari, 2021.
44. I Landet liknöjdhet, Lena Andersson, SvD, 2022-12-23
45. Jag hatar klassamhället som Centern har skapat, Jan Emanuel Johansson, Expressen, 28 oktober 2020.
46. Jag hatar klassamhället som Centern har skapat, Jan Emanuel Johansson, Expressen, 28 oktober 2020.
47. Goda föresatserna och haveriet utan återvändo, Mikael Sandström, fokus.se, 2 december, 2016
48. Goda föresatserna och haveriet utan återvändo, Mikael Sandström, fokus.se, 2 december, 2016
49. Allt fler beviljade medborgarskap, Statistiknyhet från SCB, scb.se/ 2021-03-18
50. Drygt 70 000 beviljades medborgarskap 2021, migrationsverket.se, 2022-01-25
51. Sveriges 100 år av invandring, Ola Wong, kvartral.se, 30 januari,, 2020
52. Sveriges 100 år av invandring, Ola Wong, kvartral.se, 30 januari, 2020
53. Den Sista Måltiden #96 2022-06-01, - Saknad (Gäster: Katarina Barrling & Cecilia Garme)
54. Gästskribent Nils Littorin: Multikultur är fascismens spegelbild, Göran Adamson. , detgodasamhallet.com19 december, 2019
55. Brinkemo: Ett våld bortom både stat och klan, Per Brinkemo, bulletin.nu, 12 mars, 2023

56. Väljare är inga dumbommar, Henrik Ekengren Oscarsson politologerna.wordpress.com, December 10, 2013
57. Väljare är inga dumbommar, Henrik Ekengren Oscarsson politologerna.wordpress.com, December 10, 2013
58. Väljare är inga dumbommar, Henrik Ekengren Oscarsson politologerna.wordpress.com, December 10, 2013
59. Väljare är inga dumbommar, Henrik Ekengren Oscarsson politologerna.wordpress.com, December 10, 2013
60. Ann-Charlotte Martéus, Det är jag som är åsiktskorridoren Expressen, 12 februari, 2015
61. Ann-Charlotte Martéus, Det är jag som är åsiktskorridoren Expressen, 12 februari, 2015
62. "Åsiktskorridoren Öppenhet och tolerans i den moraliska stormakten - eller? - En kritisk idéanalys av det mediala, akademiska, politiska etablissemanget", Eric Gustafsson, Kandidatuppsats i Statsvetenskap II, Linnéuniversitetet.
63. Altstadt: Partiet Nyans – ett alternativ för vit wokevänster?, bulletin.nu, 5 februari, 2020

Vad kan vi göra åt den rådande situationen i Sverige?

1. Nödropet inifrån, SvD granskar: Därför löser inte polisen gängmorden, Frida Svensson, SvD, 2022-06-01
2. En fallstudie av Polismyndighetens mediala kommunikation efter ett granskande reportage i juni 2022, Stefan Holgersson, Ossian Grahn och Rolf Granér, (sid 6-7)

3. Brynäskillen som blev mästare på kriminologi, Henrik Hojer, fof.se, 2020-02-27 (
4. Brynäskillen som blev mästare på kriminologi, Henrik Hojer, fof.se, 2020-02-27
5. Rinkebypolisen: De kriminella skrattar åt våra lagar, svt.se,Dilsan Fernando, 19 september 2019
6. Förminska inte allvaret, Fredrik Kärrholm, kvartal.se, 6 oktober 2020
7. Statens institutionsstyrelse (2017). Betydelse av öppenhet under in situationstiden för ungdomar dömda till sluten ungdomsvård. Hur påverkas vardagen vid institutionen och återfall i brott? Rapport 2017:8.
8. Brottsligheten påverkas främst av kultur och moral, Mustafa Panshiri, Expressen, 30 december, 2020
9. Nästan en skjutning om dagen under 2018 ledde till 45 dödade, Tommy Hansson., blaljus.se, 30 januari 2019
10. Lise Tamm: ”Vi måste sluta skylla allt på fattigdom och narkotika”, Lise Tamm, DN, 2023-02
11. Ett trygghetssamhälle för alla, Mattias Dahl, Li Jansson, Nima Sanandaji, di.se, 11 juni, 2019
12. Marie Torstensson Levander: Fattigdom orsakar inte brottslighet, Henrik Höijer, kvartal.se, 8 september 2022
13. Forskare sågar socialtjänsten: ”Lär sig om intersektionalitet och genus istället för ungdomsvåld”, Johannes Nilsson, nyheteridag, 13 juni, 2022.
14. Robert Hannah, twitter, 25 augusti, 2022
15. Så motverkar vi extrema krafter i utsatta områden, Nyamko Sabuni, Robert Hannah, Expressen, 27 maj, 2021
16. ”Att vara svensk är att ta ansvar”, Henrik Sjögren, fokus.se, 2022-08-31
17. ”Att vara svensk är att ta ansvar”, Henrik Sjögren, fokus.se, 2022-08-31

18. Omar Makram: Att bevara en civilisation, Omar Makram, bulletin.nu, 4 maj, 2021.
19. Gängvåldet: 174 ihjälskjutna på fem år, Robert Wettersten, proletären.se, 21 augusti, 2019.
20. Vad är ett empatiskt straff för den nya tidens gärningsmän, Tommy Hansson, blaljus.nu, 10 augusti, 2020
21. Åtgärderna mot gängvåldet delar svenska folket, Filippa Rogvall, Expressen, 17 aug.
22. Bidragsbrott hotar välfärden – "stort läckage", Sofie Fogde, SvD, 2022-06-15. Se även: ”Kriminella dränerar våra välfärdssystem”, Amir rostami, SvD, 2022-06-15
23. Power Outside The Matrix: The Free Individual Returns from the Dead, Jon Rappoport, canadafreepress.com, May 8, 2021
24. Jonathan Cole, ”The Great American University: Its Rise to Preeminence, Its Indispensable National Role, Why It Must Be Protected”, PublicAffairs; Reprint edition, 2012, (sidan 451)
25. De upptagna bryr sig inte om hudfärg och ”ras, ” Nina Solomin, fokus.se, 2022-01-23
26, SD:s riktiga mål i kulturpolitiken, Gunilla Kindstrand, kvartal.se, 2 oktober, 2022
27. ”Du har 4 000 veckor i livet – ägna dem åt verkligheten, Nina Solomin, fokus.se, 22 december 2021
28. Thomas Gür om Verner von Heidenstam, den svenska identiteten och vad en nation består av, Oikos-Pdden, 2022-03-23
29. Richard Pearson, The History of Astronomy, Lulu, 2020, (sidan 175) Se även: Herman Philipse, Reason and Religion: Evaluating and Explaining Belief in Gods, Cambridge University Press, 2022, (sidan 48)

30. Galileo and Truth, libraryofsocialscience.com. Se även: Det han såg fick inte vara rätt, Olov Amelin, fof.se, 2009-06-09
31. Thomas Sowell, Is Reality Optional?: And Other Essays, Hoover Institution Press, 1993, (sidan 23)
32. Åsa Wikforss: Att kalla någon hysterisk passar utmärkt i högernationalistisk retorik, Åsa Wikforss, DN, 18 november, 2022-12-13
33. DESINFORMATION, Henrik Jönsson, youtube.com, 7 maj 2022
34. Det som var foliehattigt i går är okej i dag, Nina Solomin, fokus.se, 2022-05-29
35. Klyftan genom Sverige, Paulina Neuding, magasinetneo.se, 14 september, 2014.
36. Forskning: Demokratins ställning ifrågasatt, Telegram från TT / Omni, 28 March 2023
37. Våld och misshandel, Brottsförebyggande rådet, https://www.bra.se/statistik/statistik-utifran-brottstyper/vald-och-misshandel.html
38. ”Samhället drar sig tillbaka – en rapport om arbetsmiljön på våra bibliotek”, Johanna Alm Dahlin, DIK. DIK 2019:2. Se även: Ökning av social oro och våld på bibliotek de senaste två åren – DIK presenterar ny rapport om arbetsmiljön på bibliotek, dik.se, 24 september, 2019.
39. Paul Johnson, "Enemies of Society," Weidenfeld & Nicolson, 1977, (sidan 85)